国家出版基金项目
NATIONAL PUBLICATION FOUNDATION

祁门红茶史料丛刊

第八辑（茶商账簿之三）

康健◎主编
王世华◎审订

安徽师范大学出版社
ANHUI NORMAL UNIVERSITY PRESS
·芜湖·

图书在版编目(CIP)数据

祁门红茶史料丛刊.第八辑,茶商账簿之三 / 康健主编.— 芜湖:安徽师范大学出版社,2020.6
ISBN 978-7-5676-4605-6

Ⅰ.①祁… Ⅱ.①康… Ⅲ.①祁门红茶-贸易史-史料 Ⅳ.①TS971.21

中国版本图书馆CIP数据核字(2020)第077030号

祁门红茶史料丛刊 第八辑(茶商账簿之三)　　康 健◎主编　王世华◎审订
QIMEN HONGCHA SHILIAO CONGKAN DI-BA JI (CHASHANG ZHANGBU ZHI SAN)

总 策 划:孙新文　　执行策划:何章艳
责任编辑:何章艳　　责任校对:蒋 璐
装帧设计:丁奕奕　　责任印制:桑国磊
出版发行:安徽师范大学出版社
芜湖市九华南路189号安徽师范大学花津校区
网　　址:http://www.ahnupress.com/
发 行 部:0553-3883578　5910327　5910310(传真)
印　　刷:苏州市古得堡数码印刷有限公司
版　　次:2020年6月第1版
印　　次:2020年6月第1次印刷
规　　格:700 mm × 1000 mm　1/16
印　　张:20
字　　数:373千字
书　　号:ISBN 978-7-5676-4605-6
定　　价:64.00元

凡　例

一、本丛书所收资料以晚清民国（1873—1949）有关祁门红茶的资料为主，间亦涉及19世纪50年代前后的记载，以便于考察祁门红茶的盛衰过程。

二、本丛书所收资料基本按照时间先后顺序编排，以每条（种）资料的标题编目。

三、每条（种）资料基本全文收录，以确保内容的完整性，但删减了一些不适合出版的内容。

四、凡是原资料中的缺字、漏字以及难以识别的字，皆以□来代替。

五、在每条（种）资料末尾注明资料出处，以便查考。

六、凡是涉及表格说明“如左”“如右”之类的词，根据表格在整理后文献中的实际位置重新表述。

七、近代中国一些专业用语不太规范，存在俗字、简写、错字等，如“先令”与“仙令”、“萍水茶”与“平水茶”、“盈余”与“赢余”、“聂市”与“聂家市”、“泰晤士报”与“太晤士报”、“茶业”与“茶叶”等，为保持资料原貌，整理时不做改动。

八、本丛书所收资料原文中出现的地名、物品、温度、度量衡单位等内容，具有当时的时代特征，为保持资料原貌，整理时不做改动。

九、祁门近代属于安徽省辖县，近代报刊原文中存在将其归属安徽和江西两种情况，为保持资料原貌，整理时不做改动，读者自可辨识。

十、本丛书所收资料对于一些数字的使用不太规范，如“四五十两左右”，按照现代用法应该删去“左右”二字，但为保持资料原貌，整理时不做改动。

十一、近代报刊的数据统计表中存在一些逻辑错误。对于明显的数字统计错误，整理时予以更正；对于那些无法更正的逻辑错误，只好保持原貌，不做修改。

十二、本丛书虽然主要是整理近代祁门红茶史料，但收录的资料原文中有时涉及其他地区的绿茶、红茶等内容，为反映不同区域的茶叶市场全貌，整理时保留全文，不做改动。

十三、本丛书收录的近代报刊种类众多、文章层级多样不一，为了保持资料原貌，除对文章一、二级标题的字体、字号做统一要求之外，其他层级标题保持原貌，如“（1）（2）”标题下有“一、二”之类的标题等，不做改动。

十四、本丛书所收资料为晚清、民国的文人和学者所写，其内容多带有浓厚的主观色彩，常有污蔑之词，如将太平天国运动称为“发逆”“洪杨之乱”等，在编辑整理时，为保持资料原貌，不做改动。

十五、为保证资料的准确性和真实性，本丛书收录的祁门茶商的账簿、分家书等文书资料皆以影印的方式呈现。为便于读者使用，整理时根据内容加以题名，但这些茶商文书存在内容庞杂、少数文字不清等问题，因此，题名未必十分精确，读者使用时须注意。

十六、原资料多数为繁体竖排无标点，整理时统一改为简体横排加标点。

目 录

一 茶草流水账簿

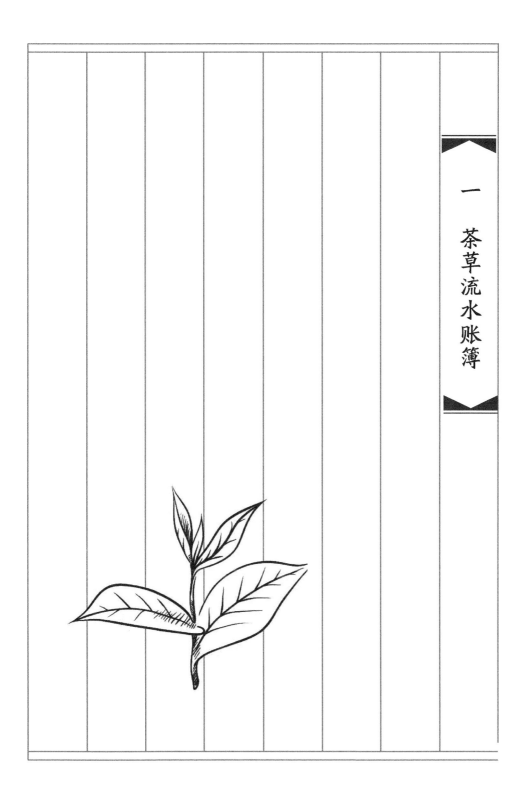

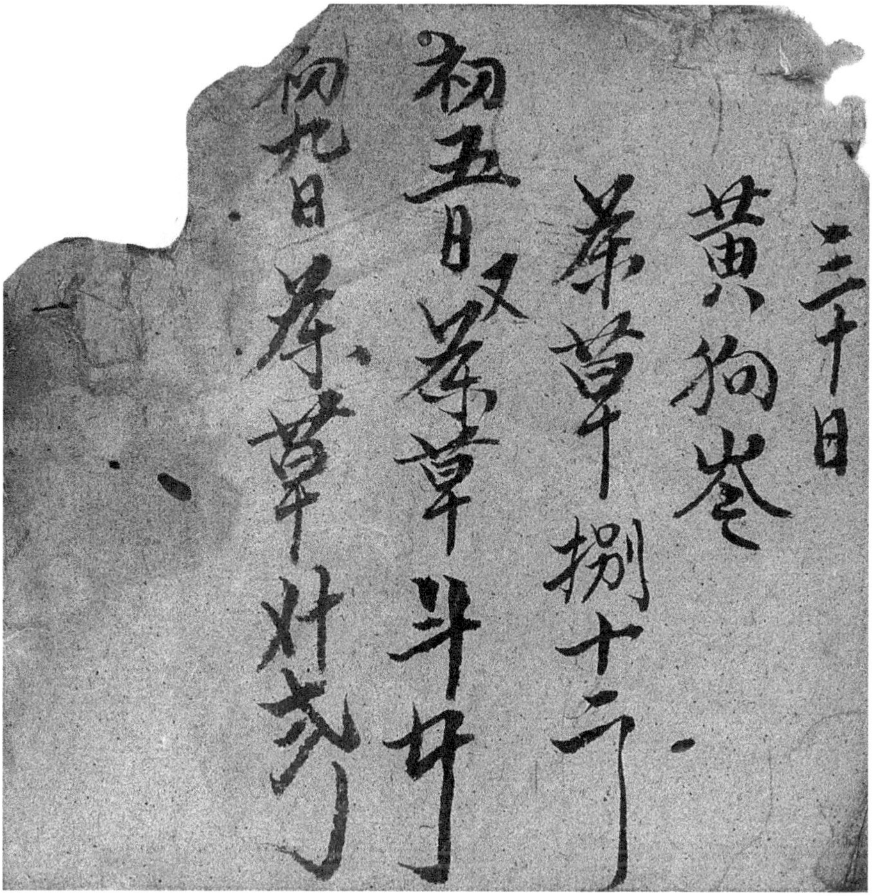

二十日
黄狗卷
茶草捌十二斤
初五日 又茶草斗廿斤
初九日 茶草廿弍斤

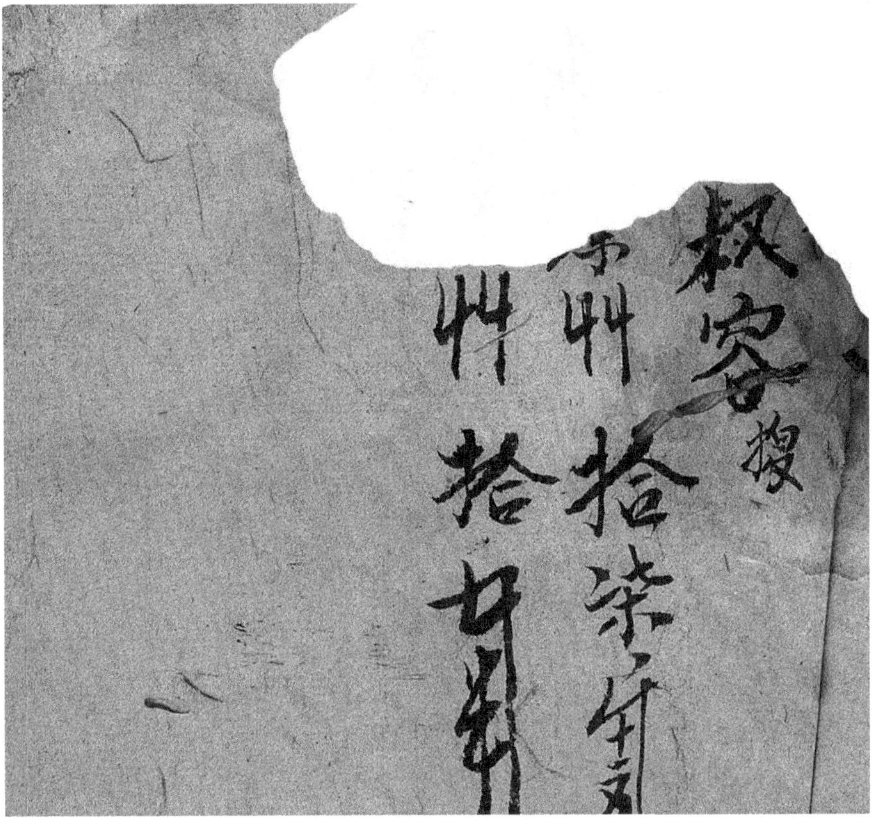

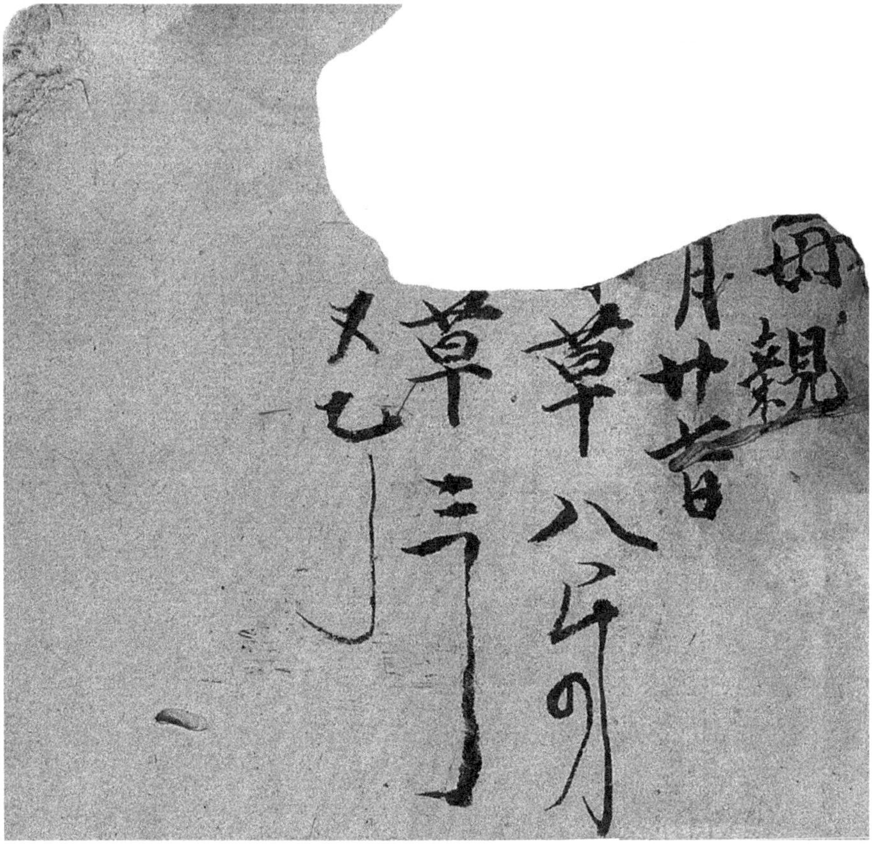
親
月廿
草八斤
草
又

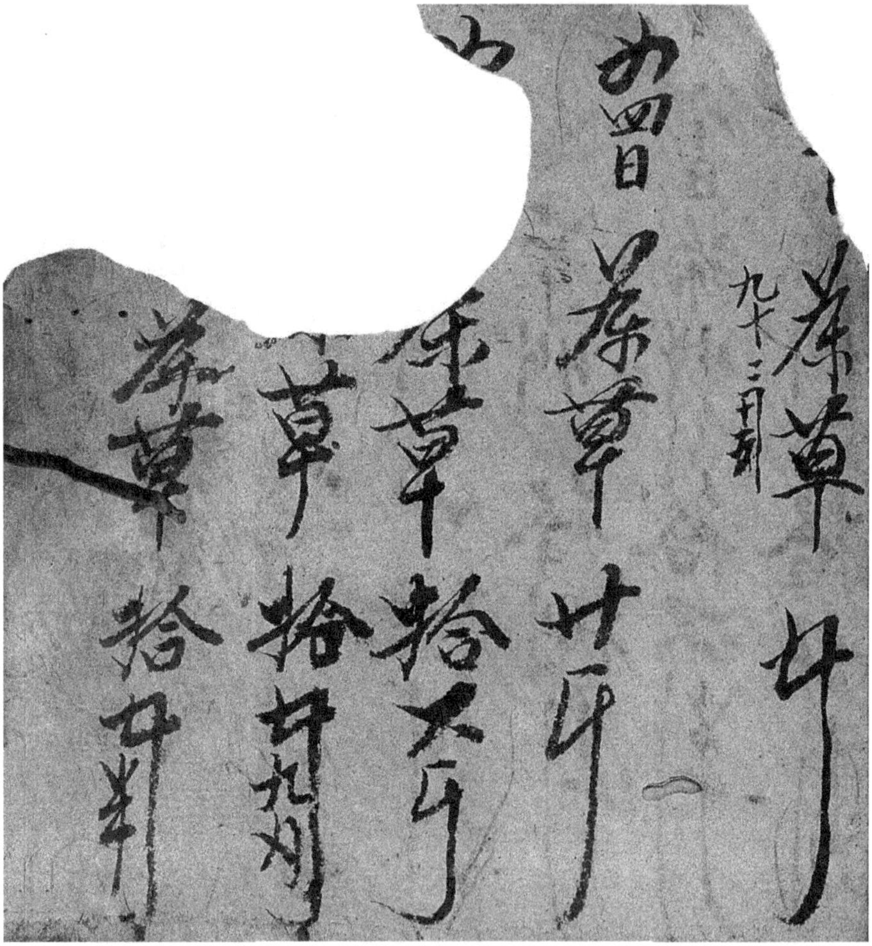
茶草廿斤 九十三两
曾 茶草廿斤
茶草拾六斤
茶草拾廿九斤
茶草拾斤半

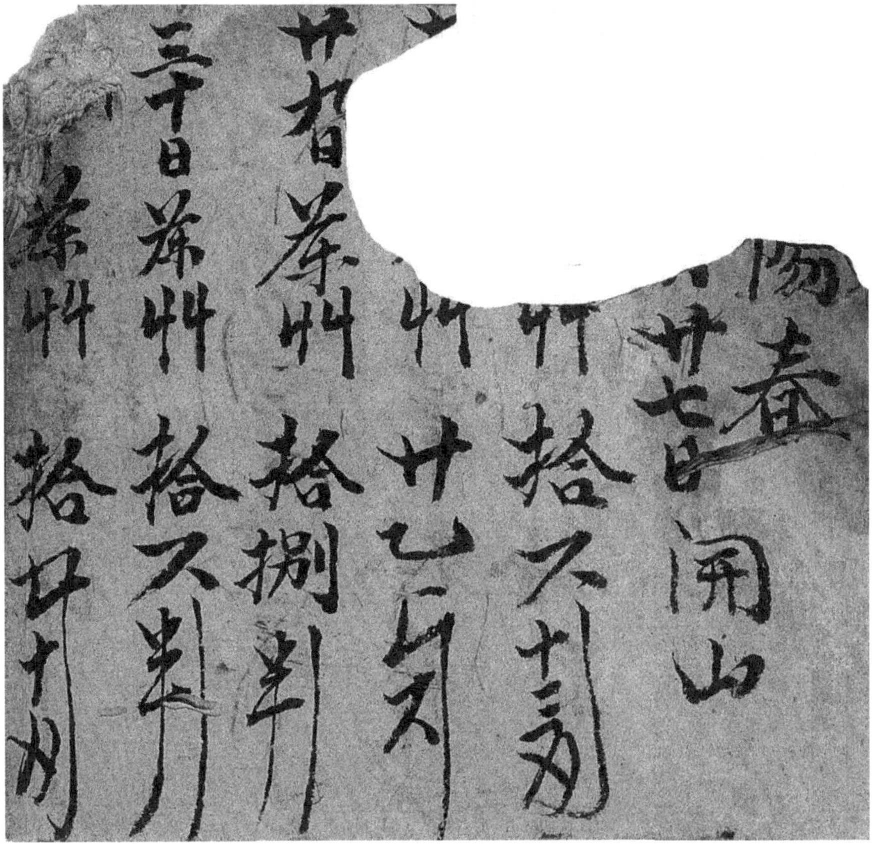
阳春
廿七日 开山
三十日

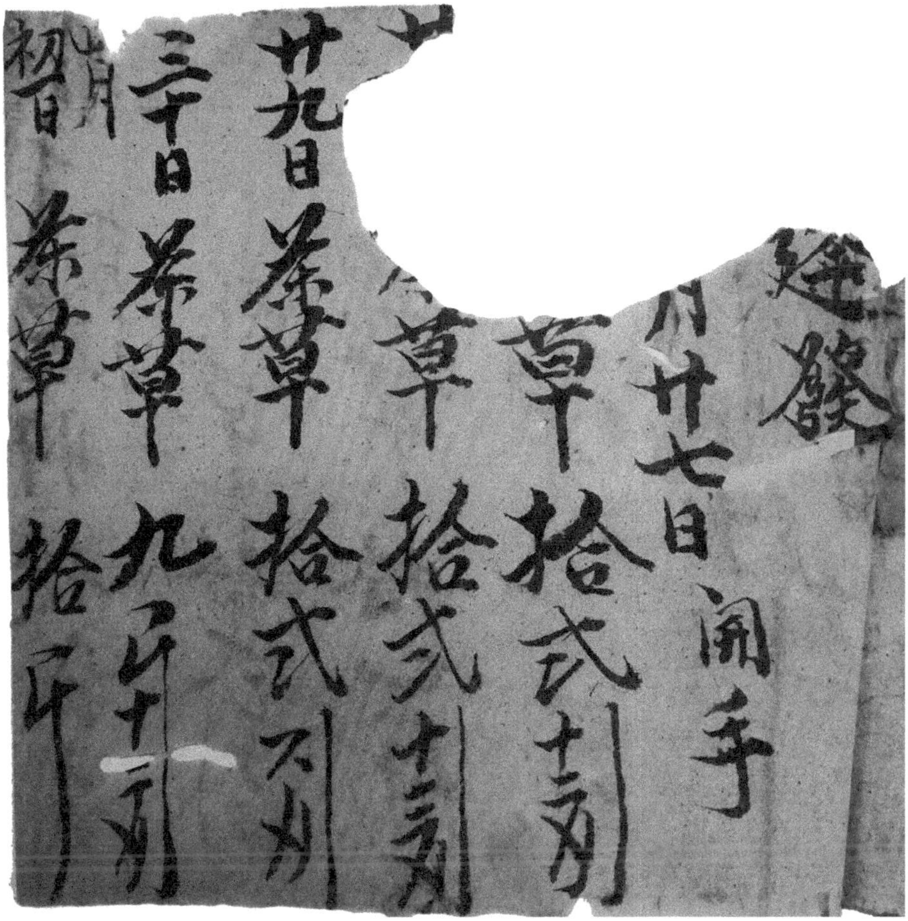

[illegible]廷馥
[illegible]月廿七日開手
[illegible]草拾弍斤十两
廿[illegible]草拾弍斤十两
廿九日茶草拾弍斤六两
三十日茶草九斤十二两
初一日茶草拾斤

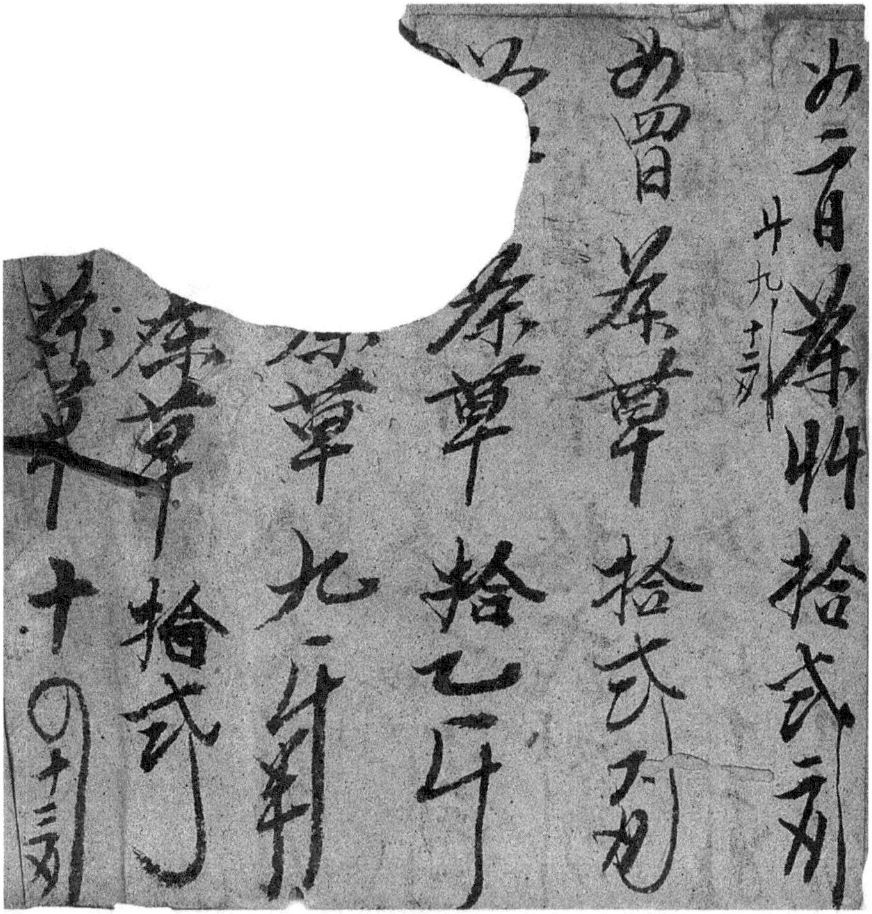

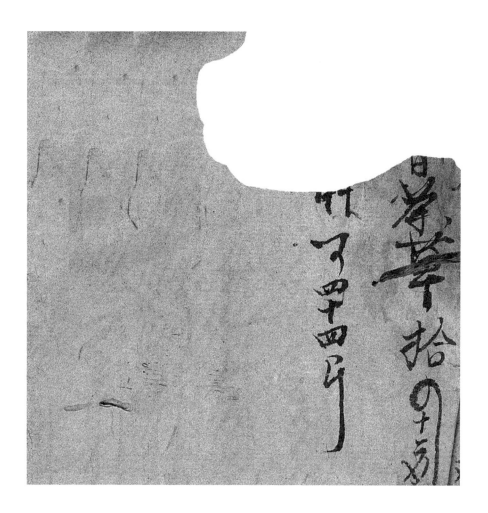

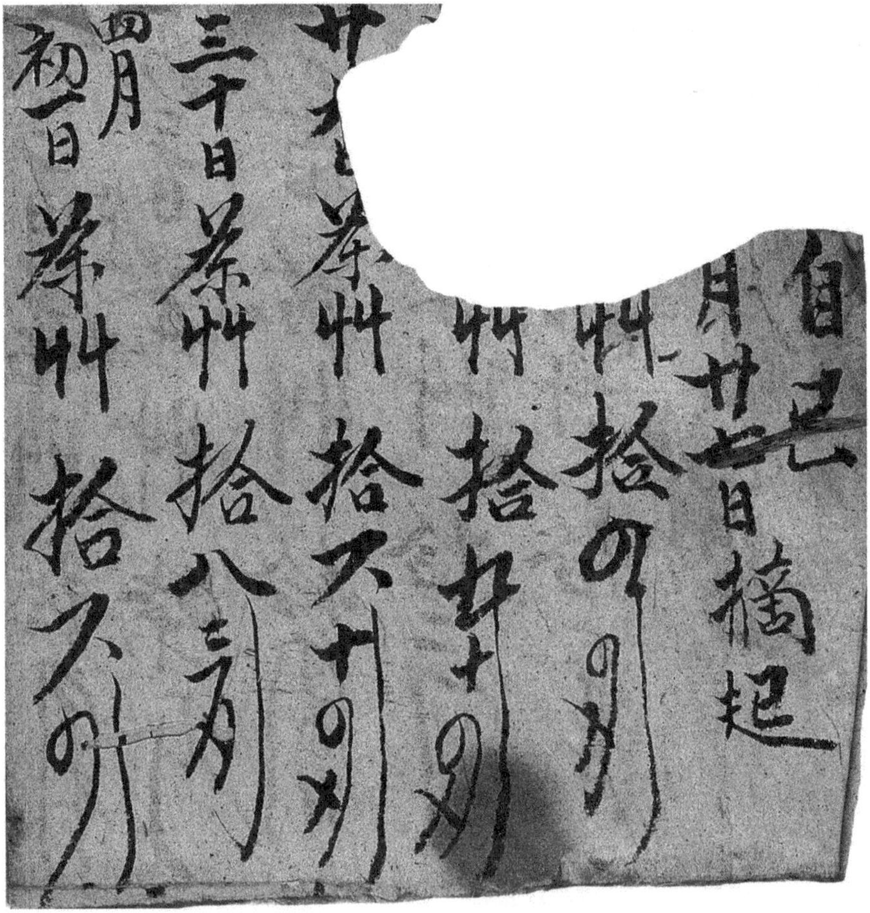
自己
月廿七日摘起
卄 拾
卄 拾
廿九日 茶卄 拾
三十日 茶卄 拾八
四月初一日 茶卄 拾

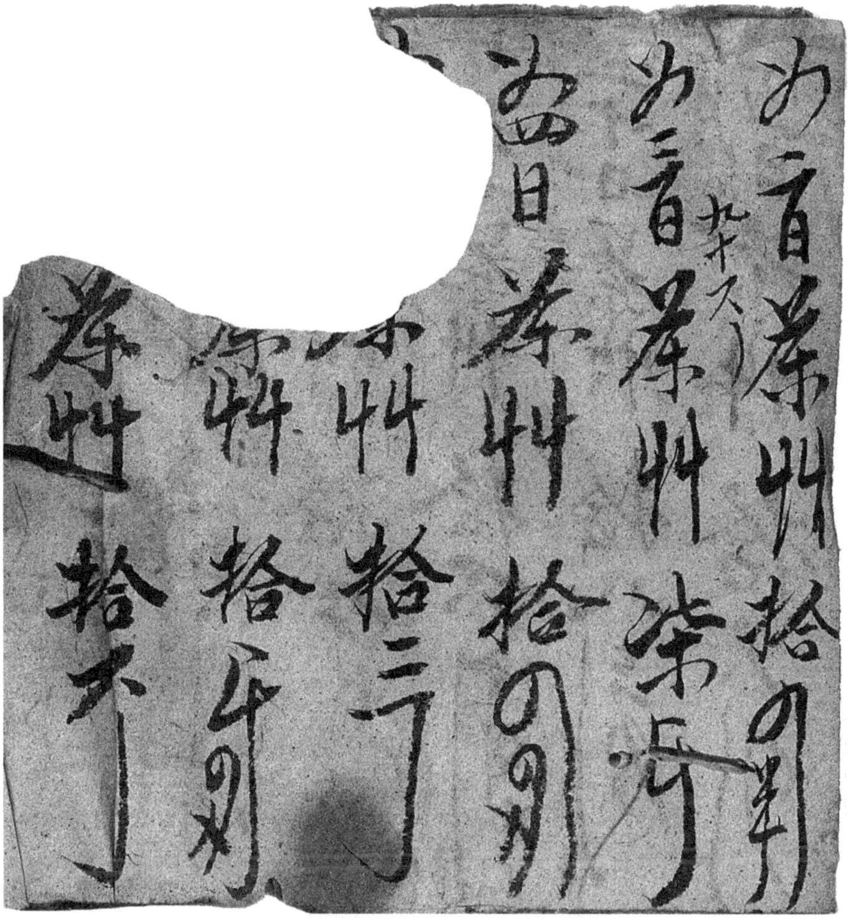
廿一日茶草拾四斤半
廿二日茶草柒斤
廿三日茶草拾四斤
茶草拾三斤
茶草拾四斤半
茶草拾柒斤

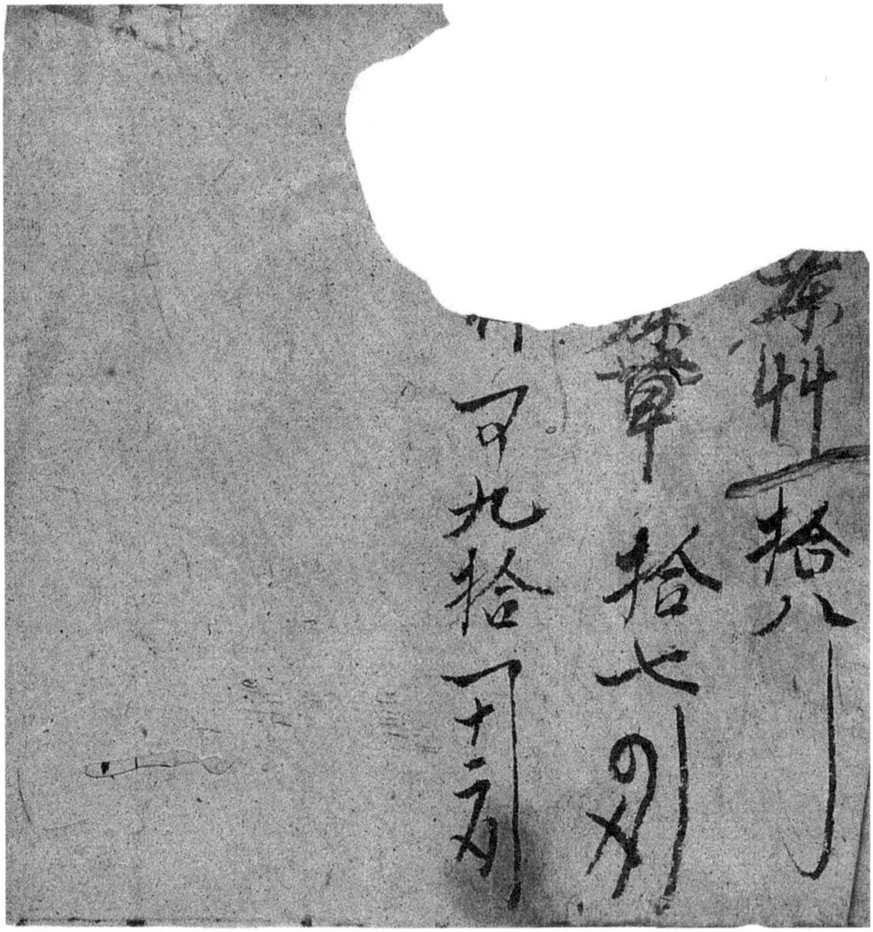
拾八
拾七
九拾

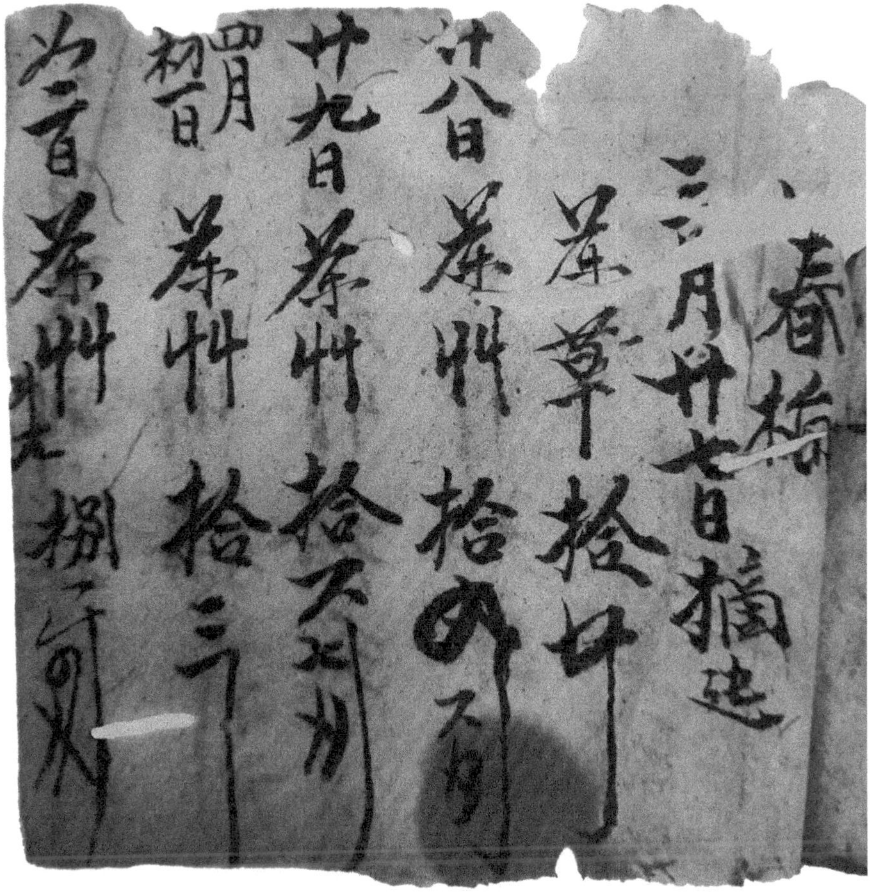

春桥
三月廿七日摘造
茶草拾廿〡
廿八日茶艹拾〤不〡
廿九日茶艹拾又〡〢
四月初一日茶艹拾三〡
初二日茶艹[illegible]捌〡

廿三日孫卅茶斤刘

廿四日孫卅拾二斤刘

廿五日孫卅拾弍刘

廿六日孫卅九斤刘

廿七日孫卅拾弍斤刘

孫斤拾九七刘

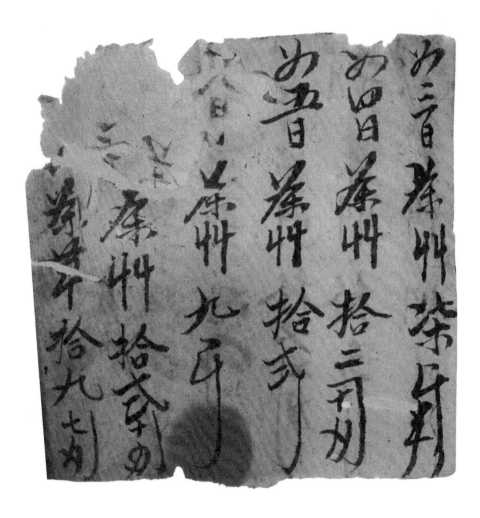

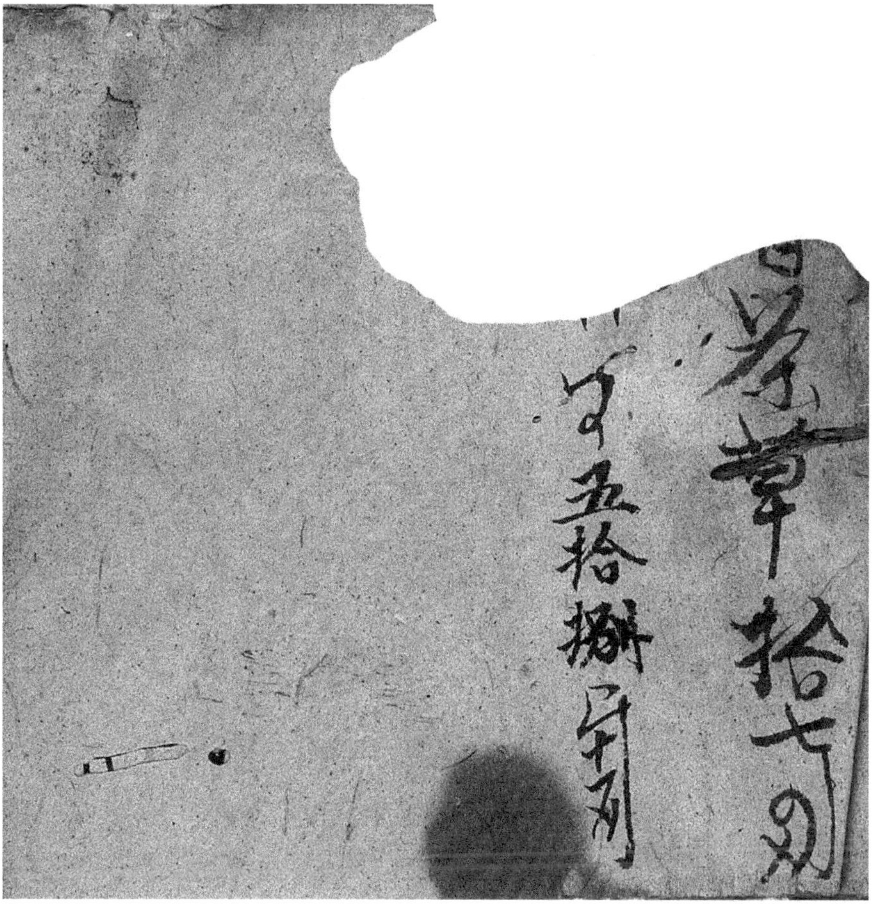
茶草拾七
五拾捌

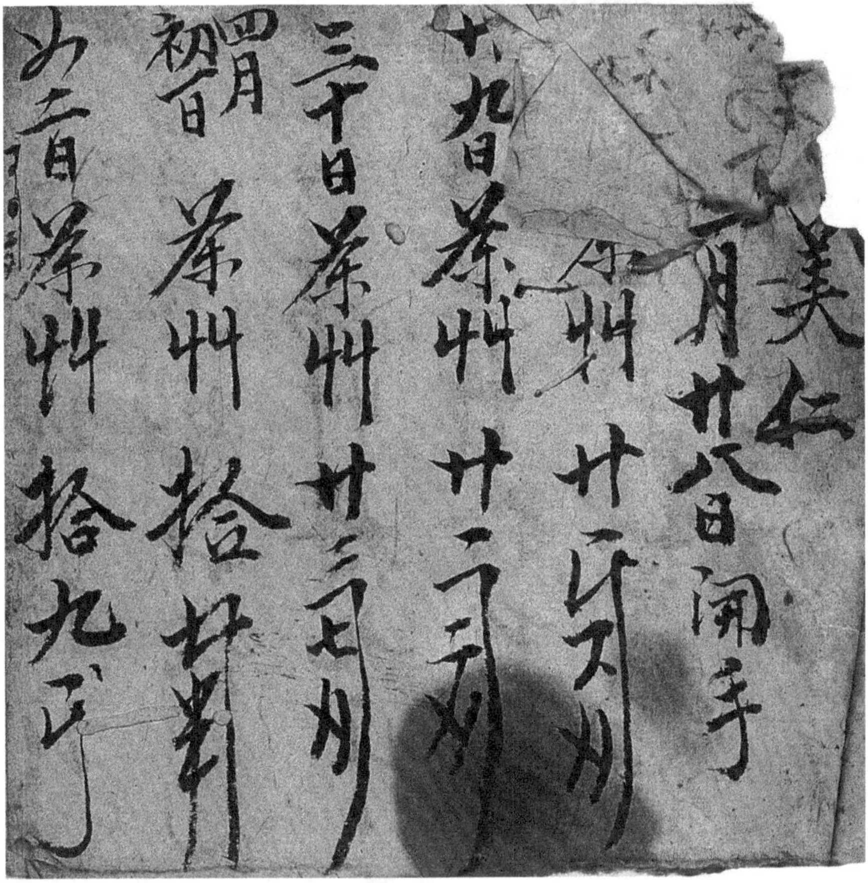
美仁
□月廿八日開手
□卅 廿一斤
廿九日茶卅 廿二斤
三十日茶卅 廿三斤
四月初一日茶卅 拾
初二日茶卅 拾九斤

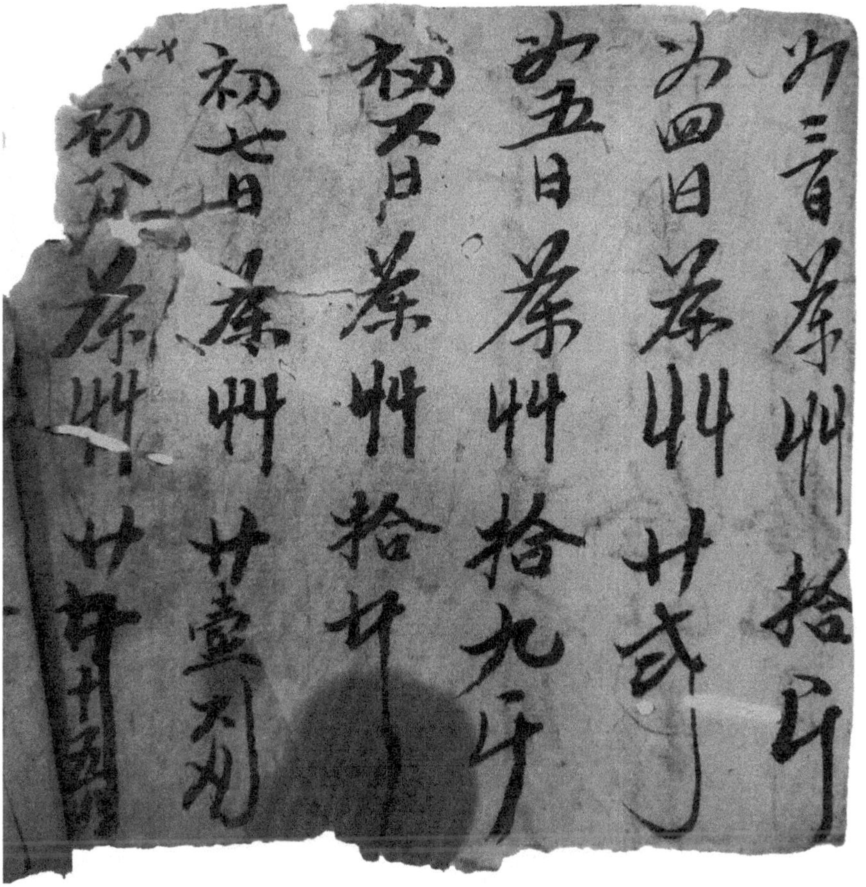
初三日茶草 拾斤
初四日茶草 廿弍斤
初五日茶草 拾九斤
初六日茶草 拾廿
初七日茶草 廿壹斤九
初八日茶草 廿 廿斤廿五

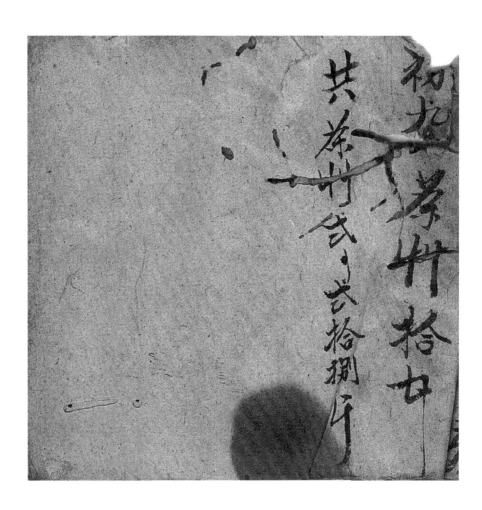

初九日茶廿拾女

共茶卅式，式拾捌斤

致香

三月廿七日開手摘起

茶艸拾八斤

廿八日茶艸拾八斤

廿九日茶艸廿二斤

三十日茶艸拾捌斤

四月

初一日茶艸拾[illegible]

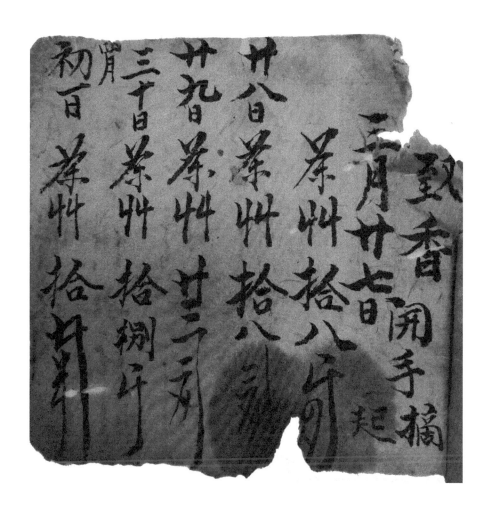

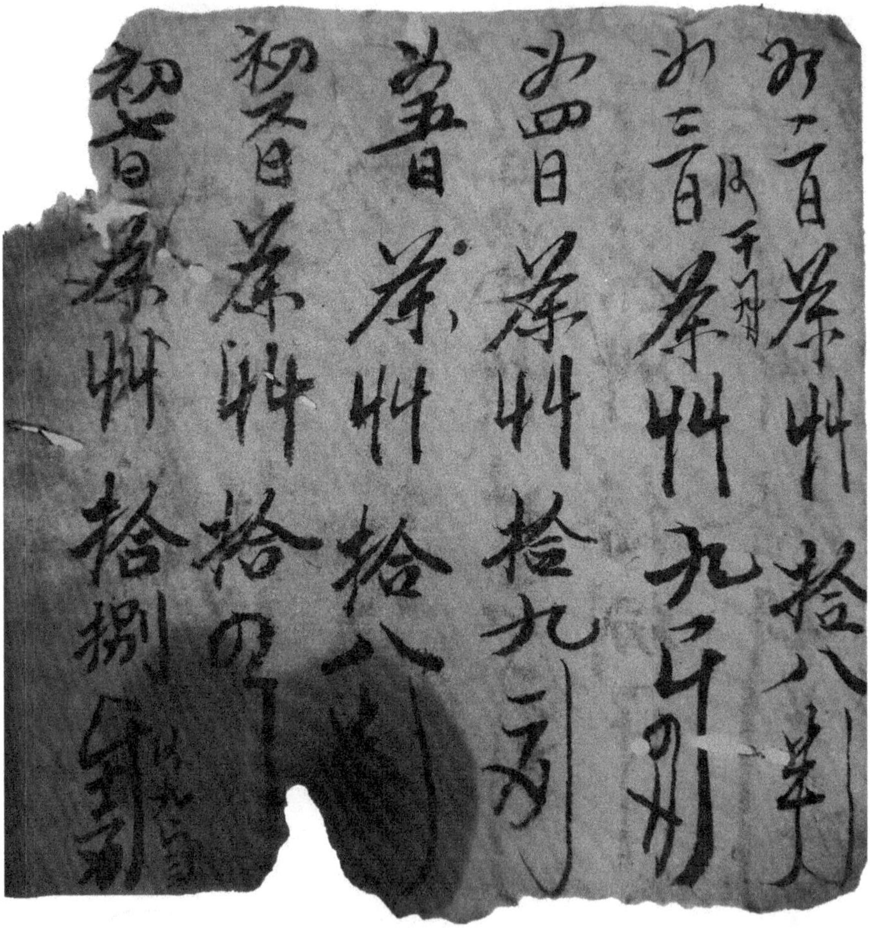

廿二日茶卅拾八斤
廿三日茶卅九斤四两
廿四日茶卅拾九两
廿五日茶卅拾八两
初六日茶卅拾四两
初七日茶卅拾捌两

初[illegible]茶艸廿三斤半
初九日茶艸拾三斤十四两
共茶草贰[illegible]

二 茶草开摘记录

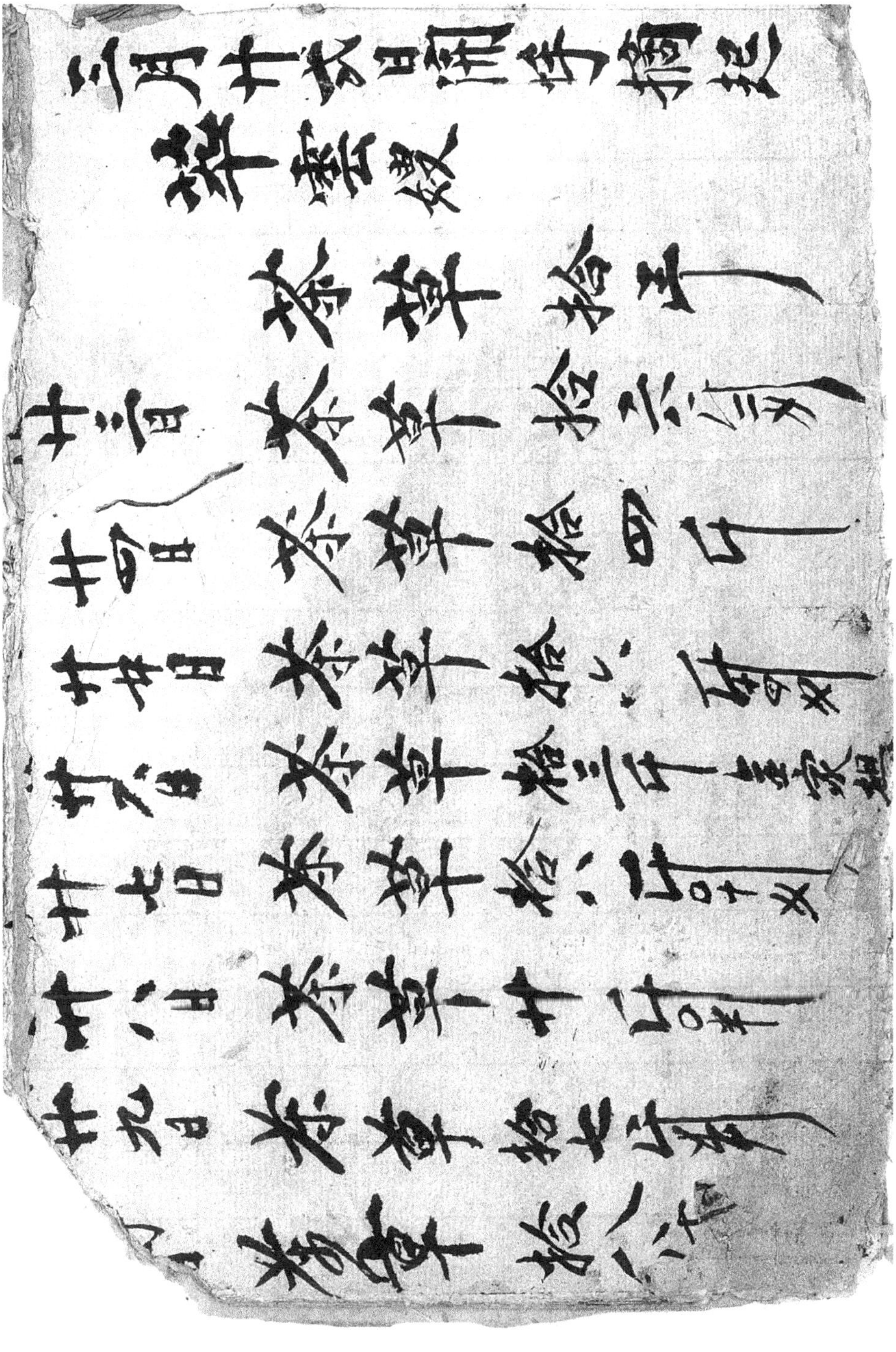

三月廿九日开摘记
蒋云发

茶草拾五斤
廿三日 茶草拾六斤三两
廿四日 茶草拾四斤
廿五日 茶草拾八斤四两
廿六日 茶草拾三斤十二两
廿七日 茶草拾八斤〇十两
廿八日 茶草廿斤〇半
廿九日 茶草拾七斤十两
茶草拾八六

二日茶草拾八斤三两

初三日茶草拾七斤三两

初四日茶草拾七斤十三两

初五日茶草拾六斤七两

初六日茶草拾七斤

初七日茶草拾四斤十三两

初八日茶草拾弍斤

一共弍百四拾九斤两

付洋三元半三千弍文

茶草　拾

茶草　拾六

茶草　拾三十

茶草　拾

茶草　拾六

茶草

茶草

茶草　拾七

茶草　拾八

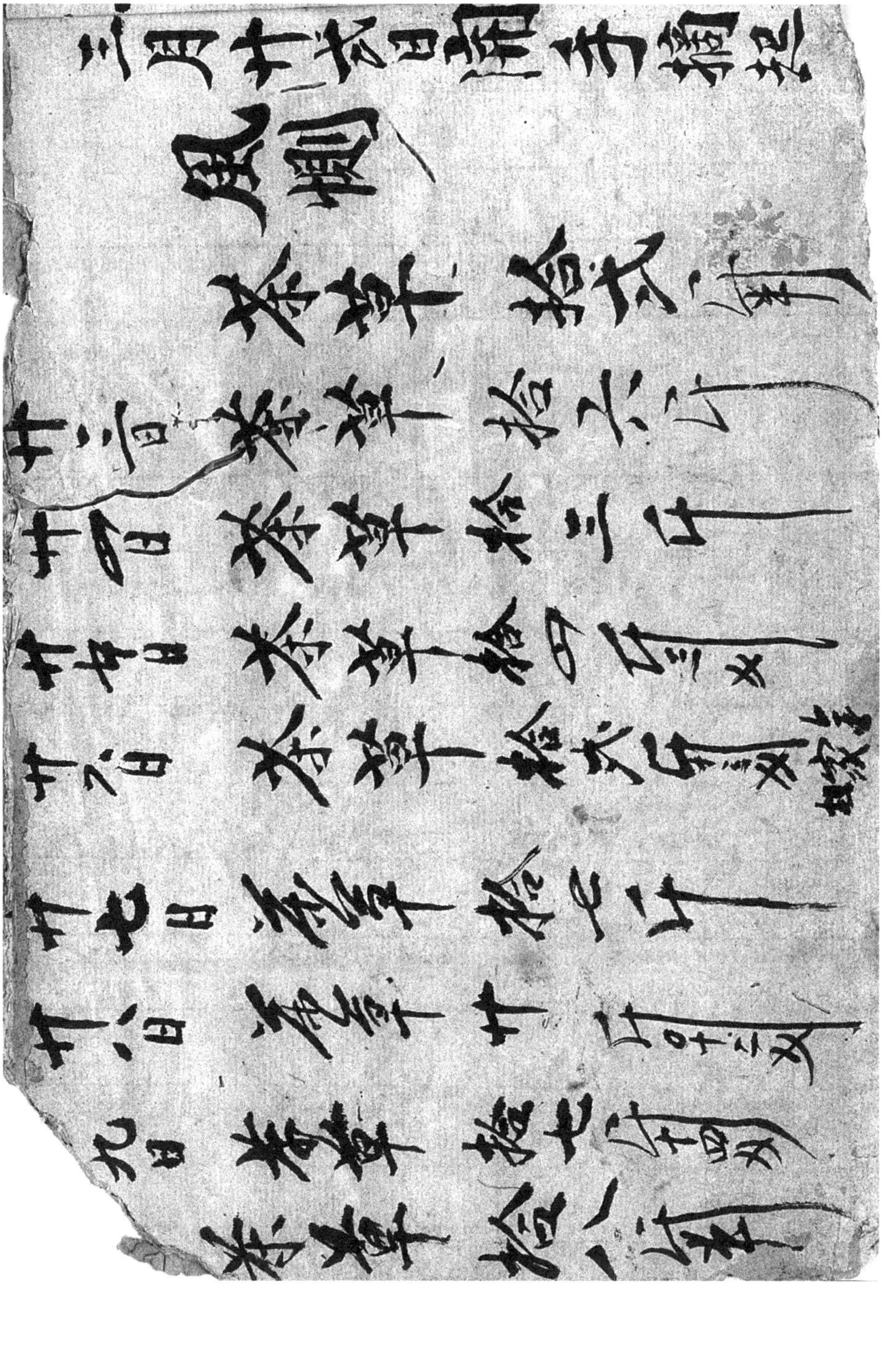

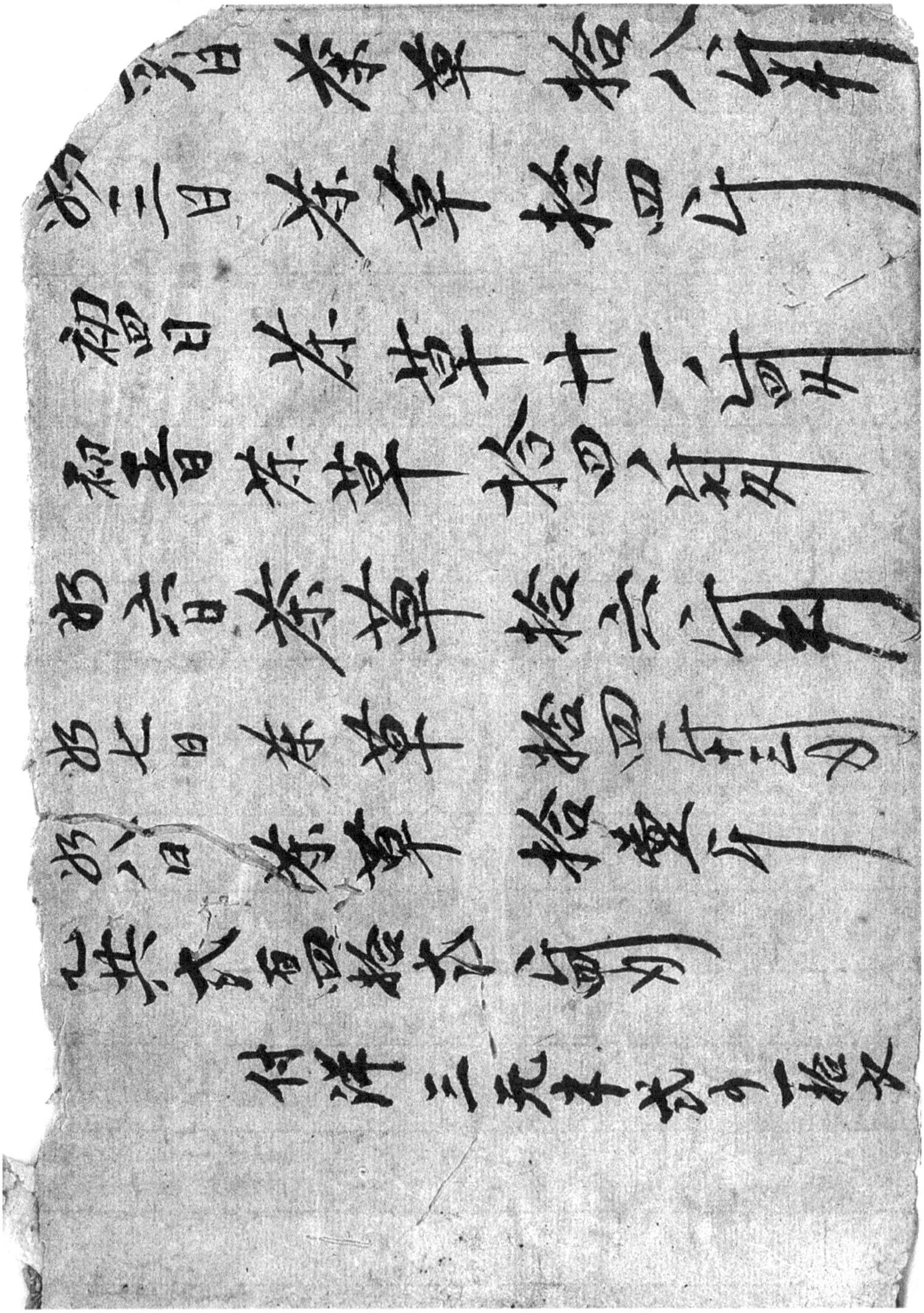
二日 茶草拾八斤半
初三日 茶草拾四斤
初四日 茶草廿一斤四两
初五日 茶草拾四斤[illegible]两
初六日 茶草拾六斤半
初七日 茶草拾四斤十三两
初八日 茶草拾壹斤
乙共式百四拾式斤四两
付洋三元本式寸一拾文

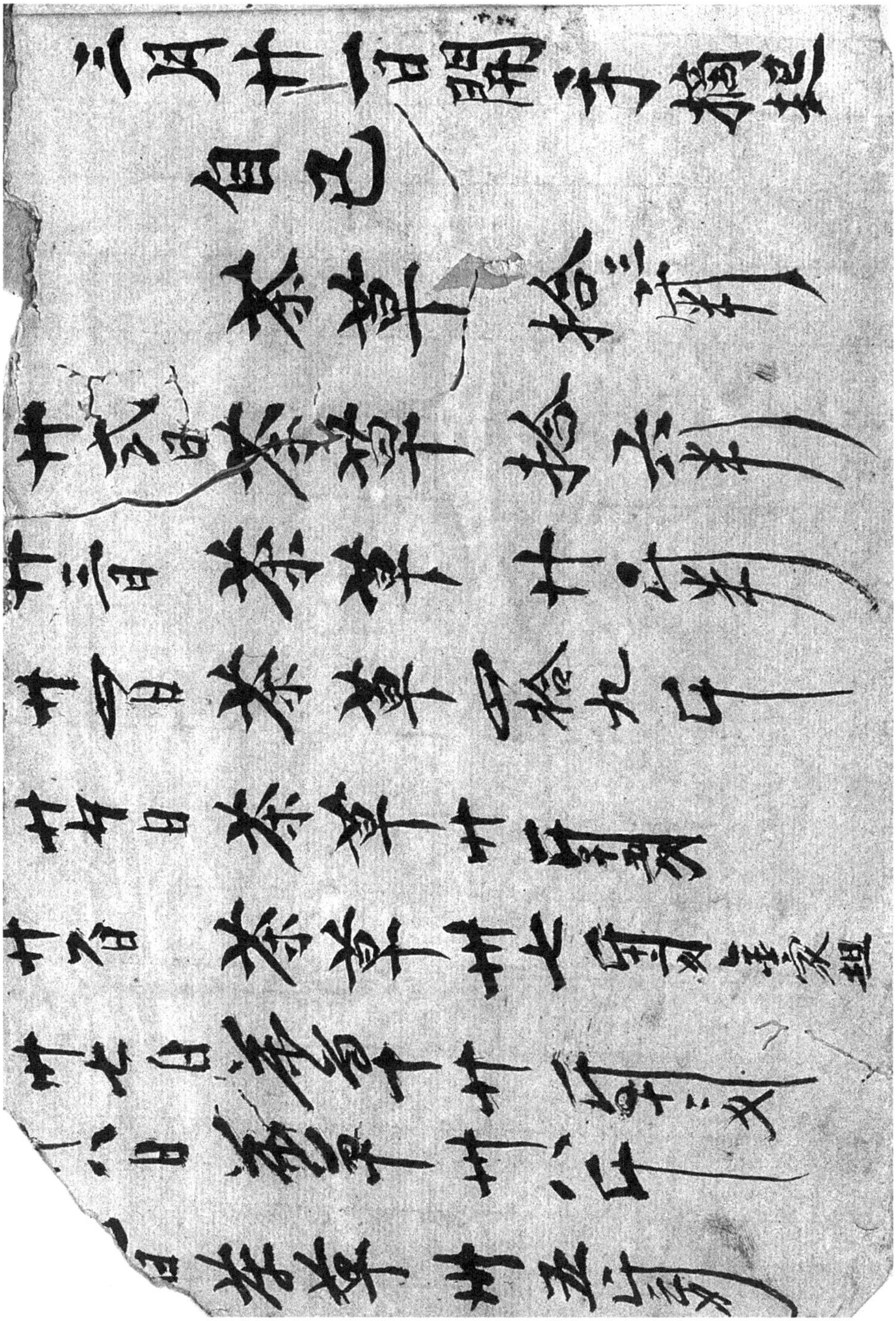

[illegible]茶草廿八斤六两
初弍日茶草廿七斤十三两
初三日茶草廿五斤三两
初四日茶草十四斤
初五日茶草廿八斤五两
初六日茶草廿八斤六两
初七日茶草卅八斤十二两
初八日茶草拾四斤

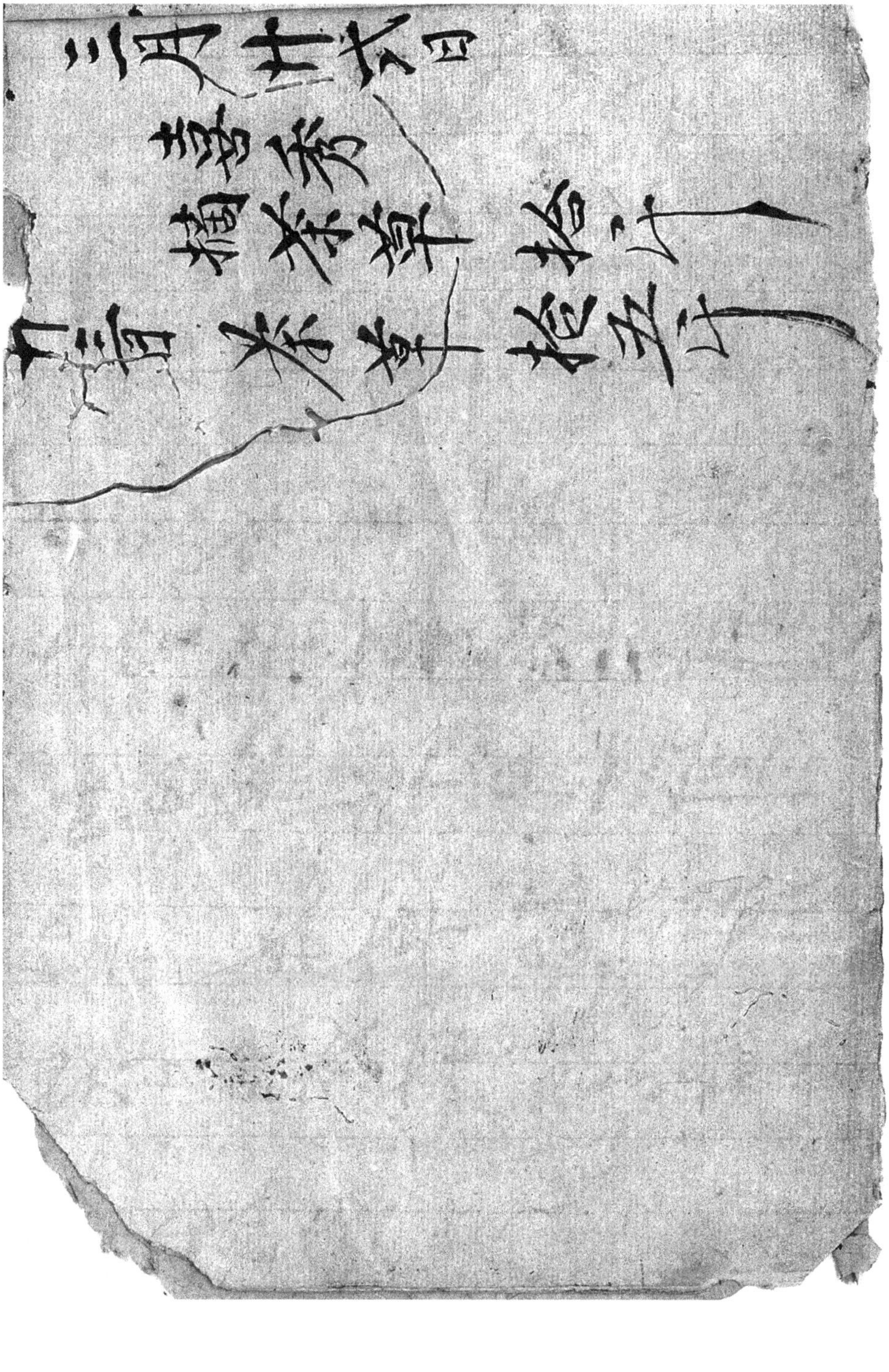

有之

初弍日摘茶草拾九斤四两

初三日 茶草拾六斤六两

初四日 茶草廿一斤半

初六日茶草拾七斤四两

初七日 茶草 拾六斤三两

共九拾一斤三两

付洋壹元本了八拾

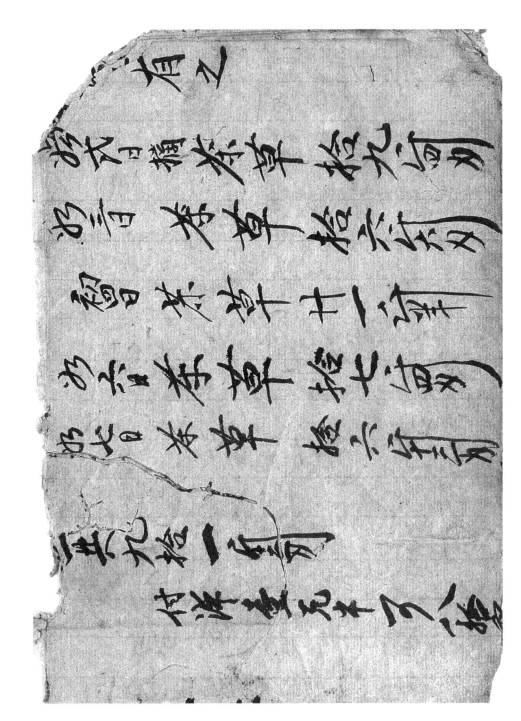

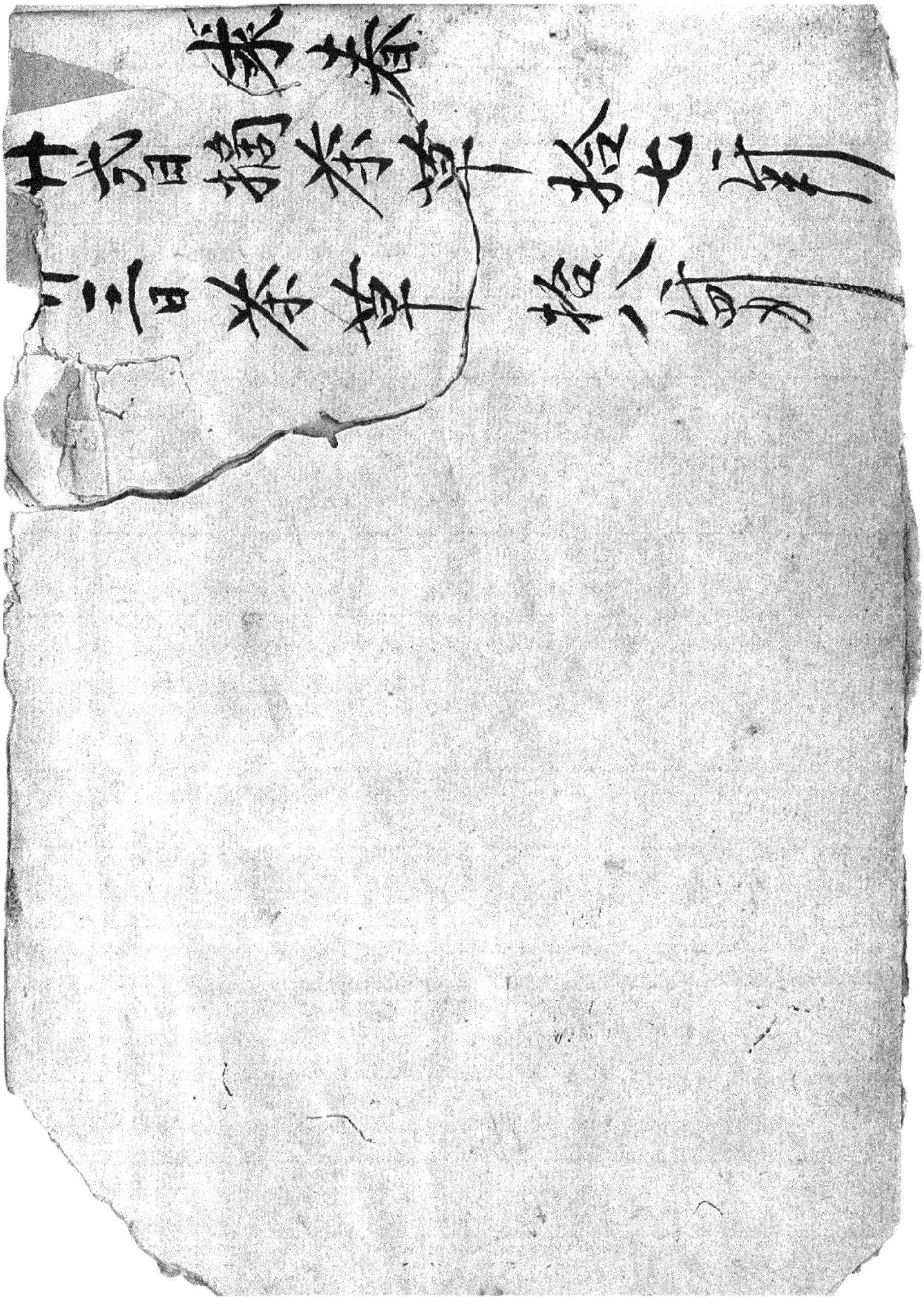

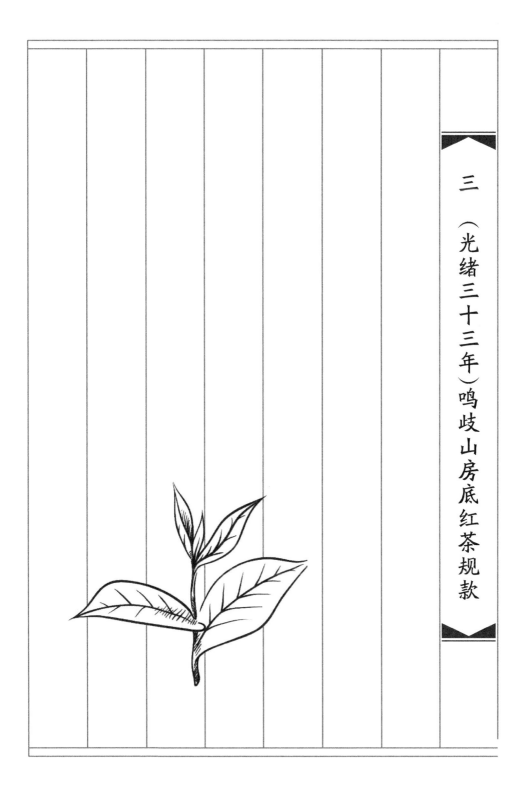

三　（光绪三十三年）鸣歧山房底红茶规款

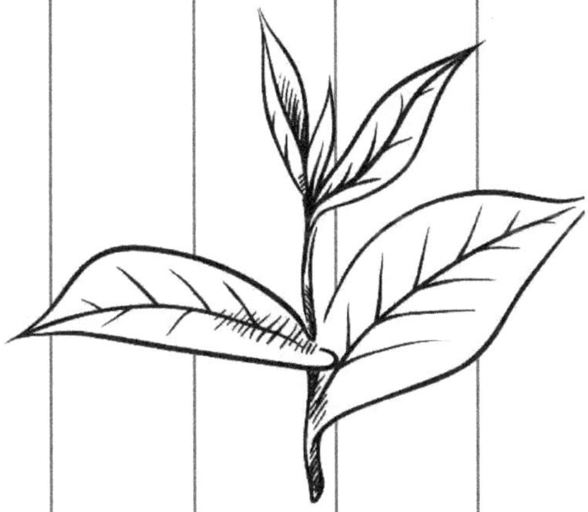

鳴歧山房底

光緒叁拾叁年春月 立

紅茶規歀

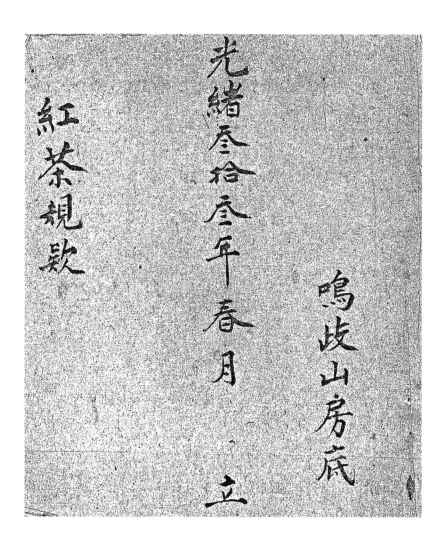

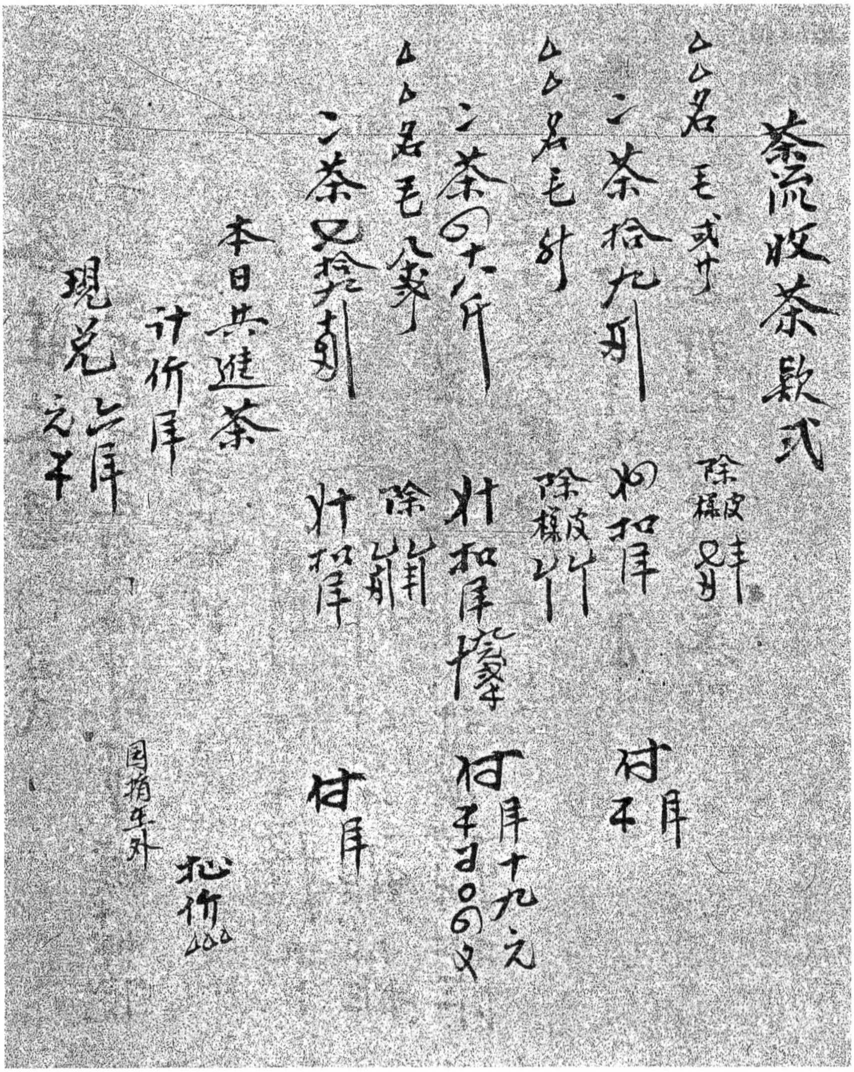

茶流收茶款式

△△名毛贰廿 除樖皮 [illegible]

二茶拾九斤 [illegible]扣洋 付[illegible]

△△名毛廿 除樖皮 [illegible]

二茶〇六斤 [illegible]扣洋[illegible] 付洋十九元[illegible]文

△△名毛八[illegible] 除[illegible]

二茶又[illegible]斤 [illegible]扣洋 付洋

本日共进茶 计价洋

现兑[illegible]洋 之平

因揹年外 [illegible]价[illegible]

今將各莊办茶總數列左

一本门莊　共办毛茶叁千四百九拾三斤十二两

计去价洋六佰卅五元八角

每斤扯洋拾八元五千四厘

一客　莊　共办毛茶叁千四百九拾四斤十三两

计去价洋壹千零廿三元九角三分

每斤扯洋念壹元三千六厘

以上两莊共进毛茶捌千五佰八拾八斤十两

總共价洋壹仟六佰五拾九元八角三分

每斤扯洋二拾元八千六厘

客莊式　落家公　莊客公先 看茶 司賬

付拾公美洋壹千元

付手公公元平又拾千文

付柚园户平九千四百五文

付被力平（墨）罗廿一文

付拾公六洋四元八千六百文

前收田美洋五拾贰元

收元平纲捌洋叁千柒文

留餘

两比例付美洋玖伯五拾贰元八千六百文

元平赚仟八百又拾元叁千文

收墹地每叔美洋拾五元

收二平

收平平補食每天美洋四元

收掩力每担扣[illegible]揽美洋拾八元九角[illegible]

收襟用并肩[illegible]美洋[illegible]元[illegible]角[illegible]分
洋秒力

收办茶价洋九佰捌拾九元[illegible]

收西庄洋茶四千八百念六斤十二两 [illegible]洋

收复号洋茶四千[illegible]九十四斤十二两 [illegible]洋

计去价[illegible]洋壹仟另卅叁元九角[illegible]

每斤扣价美洋念[illegible]元[illegible]角六分

有样复号洋合[illegible]

每斤扣使用洋九角一[illegible]

各莊進茶總　莊多均照式

第（留吉）号（拖人△△）紅茶△担　原八十斤　復七十九斤　簽返以下

付力千若干

總共復号拼茶四千五百九十斤十一两

計肩力千拾八千九百廿七文

各莊逐日毛茶扣價總　莊多均照式

△月△日共办毛茶△佰△斤　計價洋△△元　扣價△△△洋

首字共毛茶△佰△斤　計價洋△△元　扣

△月△日共办毛茶△仟△佰斤　計價洋△△元　扣價△△△洋

弍字共毛茶△仟△佰斤　計價洋△△元　扣

復將客莊活帳款式

前支收付照前式成截照依式

收塌地（每担[illegible]）計[illegible]洋若干

收福食（每天[illegible]）計[illegible]洋若干

收挑力（每担[illegible]）計[illegible]扣洋若干

收裸用 計[illegible]扣洋若干

收办茶行 計[illegible]洋若干

收办莊仁 若干

收夏另時洋紅茶 若干

除發樣茶若干

两此弍件解融茶若干

计办莊秤斤扣价若干

计复子秤每担扣价若干

除注樣每担扣价若干

弍除融解茶每担扣价若干

使用每担扣洋若干

计去六洋若干

每担并使用扣价洋若干

園户捐總

收本门莊 元半若干

收客莊 元半若干

付首字捐元半庫若干

付弍字捐庫若干

付三字捐庫若干

付五字捐庫若干

共收元半若干

共付庫若干

再揭兩比個該存若干

戌箱

運〇〇棧售
首幫大盛收箱茶壹伯八拾叁件　　卡秤收
每箱除皮磅實淨茶〇〇〇〇觔
售〇〇洋行作〇拾〇兩共過磅秤八件四拾斤〇〇較〇〇每箱〇斤
共出磅

因水漬〇件
弍幫大盛收箱茶壹伯　　卡秤收
每箱除皮磅實淨茶〇〇〇〇觔
售〇〇洋行作〇拾〇兩共過磅秤五千〇〇〇〇較〇〇每箱〇斤
共缺磅〇〇觔

以上五封幫均四弍

總共成箱壹仟〤伯拾〢件

共計叁萬伍伯念叁担〤十〦觔

毛茶共進〤伯〤十〥枚廿觔 折合〢〡做

計共磅秤茶五伯〩拾弍枚〢〡斤 并水漬在內

毛茶磅秤折合〤〇〇〤〥做

花朩梗子出数　坪廿刻

每斤毛茶扣彩拉

一出花香　壹万壹千四百斤

一出梗　四伯斤

一出子　六伯斤

付樣支过工（花朩每斤山文推子）平[illegible]拾元另二角

收售△△樣　英洋壹仟[illegible]九元八角

付㭆花朩　壹万山仟[illegible]斤

收售△△号　英洋又十叁元[illegible]

付㭆梗子　壹千另[illegible]斤

两比实到手[illegible]　壹千六伯六拾叁元一角

售茶花码

△△大号磅拜茶八件〡〢〥九十斤　六扣例文五仟〥伯〢〤九十〢文

△△大号磅拜茶五件廿十斤〤扣例文〢仟〢佰廿〤八十文

△△大号破箱壹件计拾〢斤　计例文〥〤〡文

△△大号水湿箱件〢〥九十斤　计例文〢佰〤〥〢九十文

以果数封帛照此款式

共磅拜茶五万〤千〢伯〤十〢斤

共计洋例文〢万〥仟〣十〤千〤〢〥文

每斤扯沽价例文〇拾〇毫〇丝

除姑税等费 计实实到手例文弍万〇千〇八十〇毫〇丝

每担扯到手艮〇十〇两〇钱〇分

总扣收艮：弍萬叁仟〇百卅弍两〇钱〇分

花香子并梗 实到手收艮〇千〇百〇十〇两〇钱〇分

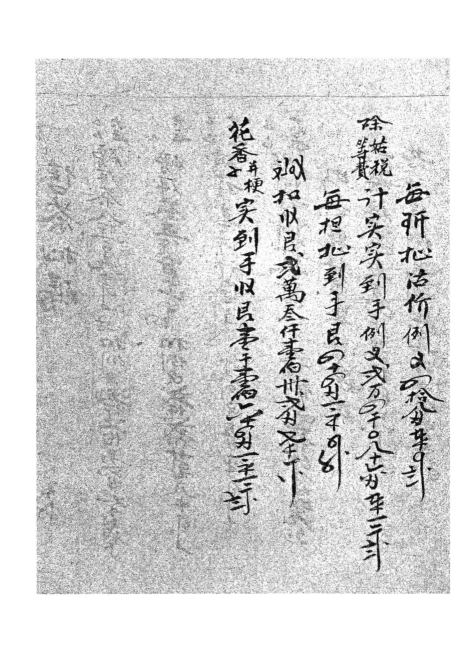

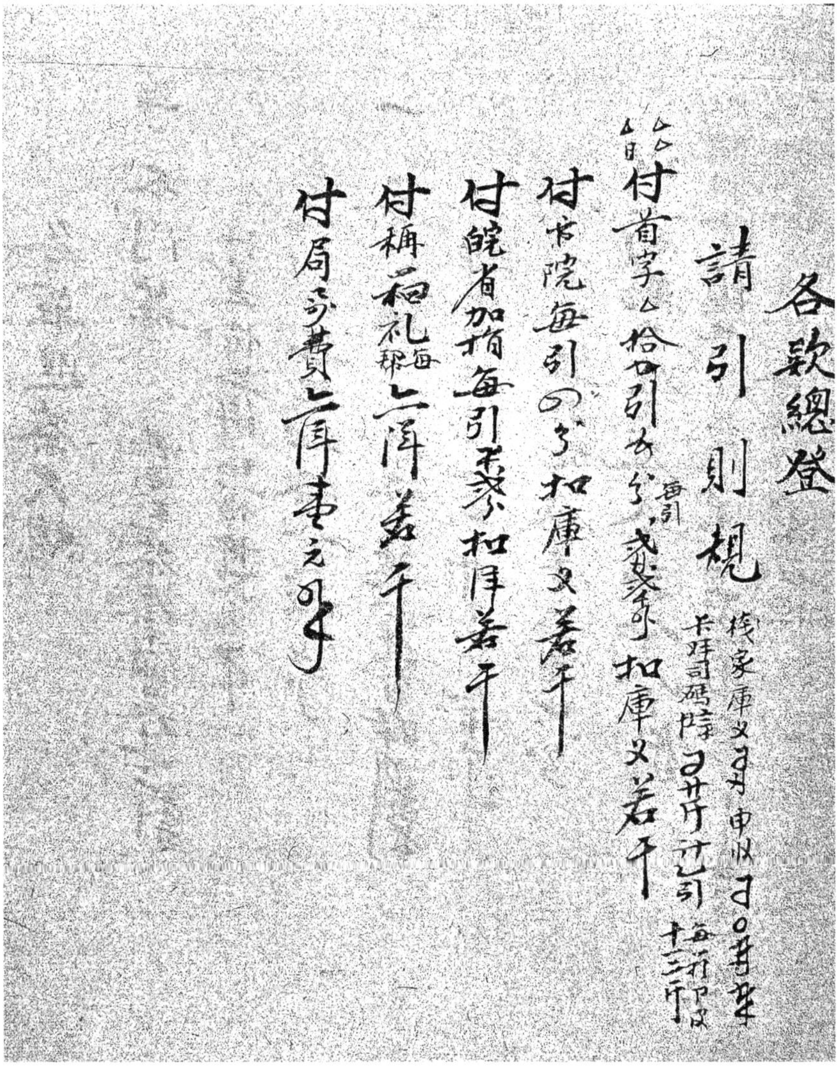
各款總登

請引則規 棧家庫文[illegible]申以[illegible] [illegible]計引[illegible]

付首字[illegible]拾[illegible]引[illegible]扣庫文若干

付書院每引[illegible]扣庫文若干

付皖省加捐每引[illegible]扣洋若干

付桶[illegible]礼每[illegible]洋若干

付局[illegible]費[illegible]洋[illegible]

各莊進茶大總

一本门莊　共办毛茶叁千[illegible]斤[illegible]

计去价洋六伯卅[illegible]元[illegible]

每担扯拾八元[illegible]

一客　莊　共办毛茶[illegible]

计去价洋壹千[illegible]册三元九[illegible]

每担扯念壹元[illegible]

以上两莊共進毛茶八千[illegible]斤[illegible]

總共价洋壹千[illegible]元[illegible]　每担流扯[illegible]

合做熟茶每担

水脚

一

頭付首封帮 元半△仟△伯文 计△伯△两

付栈外力△ 元千△拾△伯文

付来客 售茶兑茶旦 大帮一引每担仅 扣元半若干

以上共洋若干

以洋三〇五六封單旦式膳

總共计二洋若干

又元半若干

再揭總共壹二洋若干

鉛錫入爐 火耗约扣拆之谱 焊錫每斤合一两幾千 揀錫楂盡合八成讓

付△△棧志鉛△△条計重△伯△斤 价△△斤 扣洋文若干

付××点銅△条計重△拾斤 价△△△斤 扣洋文若干

付本号旧存鍋底△個計重△伯△斤 扣洋文若干

付××買××吕△×計重△拾斤 扣洋文若干

付××錫焊△塊計重△斤 扣洋文若干

總共点銅、志鉛、焊錫若干

共計价洋艮若干

本年實用吕鑽△伯△拾隻 每隻計重稱二斤 肩当 共罰

剩回青条、点铜、吕底共计若干

计存

青铅△条计重△斤

点铜△条计重△斤

吕底△個计重△斤

焊锡△块计重△斤

共计存收又若干 次年入新账簿

本年实用点△㕣△斤 计价若干（入存前后總）

蚀耗合九裁折

焊锡加匀裁手

澆焊手工

如果踩皮未焊此貫每文工手參

焊口沁水每文洽〇文

付〻〻錫丁澆焊工手八仔傳

收扣收文卅發正

錫司補鑽用紙列

毛边紙每文乚床三三三〇床可蘇補二文

表芯每文〤床有餅眉紙乚条

厚边料每文〇〤手

茶司做工

付[illegible]名司做春茶成箱[illegible]文，每[illegible]斤扣[illegible]茶[illegible]的 扣[illegible]

付[illegible]手十六名 工饭𤊄十五文，式共[illegible]文[illegible]斤扣[illegible]茶[illegible]的 撑[illegible]
每名爪虚[illegible] 虚補人手[illegible]文

付茶司[illegible]名[illegible]每名[illegible]扣[illegible]文

付[illegible]官堆礼茶每名扣[illegible]文 [illegible]

付貼看揀，式名計[illegible]元

付毛淨茶秤 名計[illegible]

付做夜作湯[illegible]

本年吳去[illegible]

每名湯資外賞

箱司

付〻〻司去箱壹千贰百隻

收扣文贰伯八拾八两

箱司钉口 洋平每隻〇文

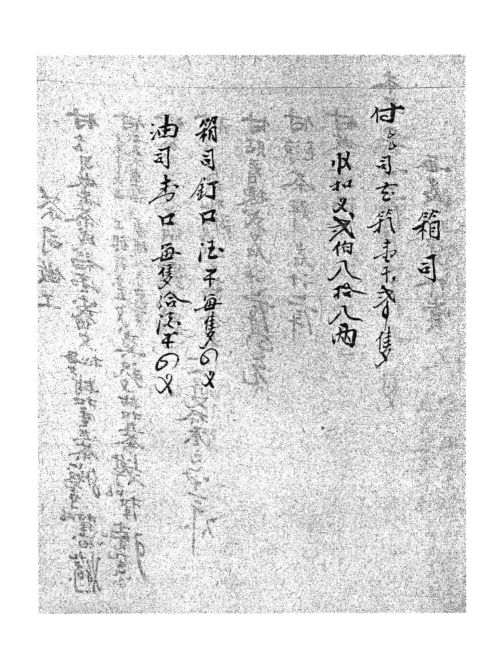

油司寿口 每隻拾洋平〇文

號租傢伙租
付租交△△收叉廿两
付租交△△收叉卌两
付傢伙租交△△收叉廿两
付乂乂交△△收叉十两
共计交號租傢伙租壹卌（捌拾）两
添置修理
本年计去六洋若干

俸金

共付乚仟△伯△元

拣工

付△休邑△拣工乚仟△拾元

付本号用拣工乚仟△伯△元

共计乚仟△伯△元

每担毛九茶扎乚仟 若干

若干

紙張

毛边紙△刀价　春芯紙△刀价

院纫紙△刀价　雄尖紙△刀价

宣堆紙△刀价　红皮紙△刀价

共计洋若干

本年除存实用去洋若干

计存

一存宣堆△刀　一存院纫△帖

一存红皮紙△刀　一存春芯△刀

共存洋若干 次年入新簿

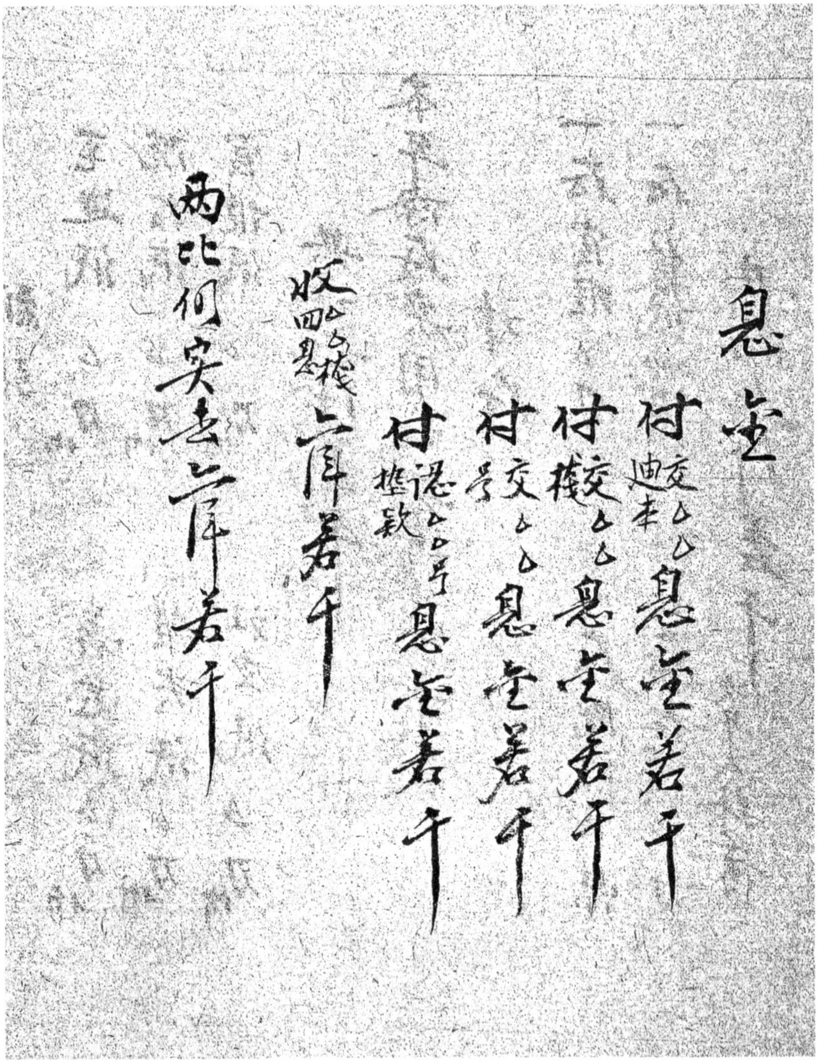
息金
付迪本交△△息金若干
付棧交△△息金若干
付号交△△息金若干
付墊款認△△号息金若干
收△△棧四息大洋若干
两比例实存大洋若干

油燭

付桕油△△斤

付大灯△九斤 计价若干

付炭△△斤

共计去洋若干入襍款總

雜支

共付洋若干

元炭

付旧办之炭△千△伯斤计价若干

付本年之炭△十△伯斤计价若干

本年除存实用之炭△千△伯△斤计若干

毛茶每担秏若干

九茶每担秏若干

何存之炭△仟△伯斤计洋若干

福食

付米△△石计洋若干

付△△号入全天△斤计洋若干

付△△号入全猪△斤计洋若干

付△△号入上零物计洋若干

付△△号茶油△斤计洋若干

付△△号边油△斤计洋若干

共计洋若干

〻〻茶栈

付大〻〻箱茶壹佰八十贰件此扣重若干

佳〻〻洋行佣上扣例文若干

付大〻〻箱茶壹佰另贰件此扣重若干

佳〻〻洋行佣上扣例文若干

付大〻〻破箱山件除破箱各十斤计重〻斤共扣例文若干

付大〻〻破箱加〻贰件除破箱十斤计重〻斤共扣例文若干

总共付例文若干

收得汉等费除回税计例文若干

两比何实付例文若干

八生来 [illegible]

今將同寅股份開列於后

△△記 廸本六仟〇捌十元 計〇十文

△△記 廸本六仟壹千四十元 計五十文

△△記 廸本六仟壹千六十元 計十六文

△△號 廸本六仟叁千元 計卅文

共成廸本六仟壹萬元

逐日進茶大總

门莊∆月∆日 共進毛茶若干

某々莊 共進毛茶若干

以有數莊 均照前式々共茶若干

门莊∆日 共進毛茶若干

以有數莊 均照此式々共茶若干

首字 自∆日起至∆日止 共毛茶若干 内揀茶幾伯斤 歸弍字

门莊∆日 共進毛茶若干

以有數莊 均照此式々共茶若干

弍字 自∆日起 共毛茶若干

或做三四五六披均照前式

大共進毛茶幾仟幾伯拾△斤△兩

内

某莊　茶若干　某莊

门莊　茶若干　某莊　茶若干

某莊　茶若干　某莊

划漢盤△△△　元字毛茶若干　批价若干　計洋若干

划漢盤△△△△　弍字毛茶若干　批价若干　計洋若干

划漢盤△△　三字毛茶若干　批价若干　計洋若干

以有四五六披均照此式

祈将麦茶書後各款縷呈

一门莊 共办毛茶若干 计价若干 扣价

一客莊 共办毛茶若干 计价若干 扣价

以有数莊照前款式

以上数莊共办毛茶若干计价若干 每扣扣价若干

成箱

首幫第○號計○箱○伯○件 每箱 扣重○件○伯○斤

毛茶合价○○○ 到漢盤碼○○○

以有数披均照此式謄

以上共○披共収箱○伯○件 计重○件○伯斤

毛茶合○○○做

一花子　计△伯△枚

一茶梗　计△伯斤

一茶子　计△伯斤

各位滙款

一△△栈　月日收規叉粟若干　　月日收△庫若干

收寄△若干　　收丘銅若干

收首三三の五六引庫叉若干

一△△錢莊規叉若干

水客△△先生台鑒　　△年月日本號抄呈

坐数△款式　係是本號寄上漢口交本東水客

如果水客無支不須抄呈

亦将春茶各款成本续總列后

一 毛茶 △△△斤 计价△洋若干

一 茶箱做工 共茶△△△斤 计△洋若干

一 鉛锡 共△伯斤 正斤 计△洋若干

一 花箱 计△伯只 计△洋若干

一 焊工 计△伯只 计△洋若干

一 號租 计△洋若干

一 傢伙租 计△洋若干

一 水脚 计△洋若干

一 □引 计△引 计△洋若干

一俸金计△位　计洋若干
一栋工　计洋若干
一元炭计斤　计洋若干
一纸张　计洋若干
一息金　计洋若干
一添置　计洋若干
一禄支　计洋若干
一福食　计洋若干
以上共计茶价六洋若干
使用若干

旦（戥上篇）磅秤　毛茶每担扣使用二斤△△△　计扣收叉△△△

去不在外

收△栈实到手例叉△仟△伯△两　衹扣收叉△千△伯△两

计申二斤△仟△伯△元△半

收售△△号茶共二斤△伯△元△半

收售△△老嫩梗二斤△伯△元△半

共总到手二斤△万△仟△伯△拾△元

除收两比何沾餘利二斤△仟△伯△元

旦耗核实餘水二斤△伯△元

再揭实沾餘利二斤△仟△伯△元△半

旦[illegible]人　王[illegible]盤[illegible]　[illegible]書

△月△日盘查账底

计存

一存青钱并点 计洋若干

一存纸件 计洋若干

一存去箱 计洋若干

一存完炭 计洋若干

一存△△记 计洋若干

共计存洋若干

计该

一该△△号 计洋若干

一茯△△记　计△斤若干

共计茯△斤若干

除茯两比例实沾余利△斤若干

但股每支派沾余利△斤若干

付○△△记　十支计△斤若干

付入△△号　廿支计△斤若干

付○△△记　卅支计△斤若干

付入△△记　卌支计△斤若干

内存号底△斤△伯△元

但支派存号底△斤△元△角

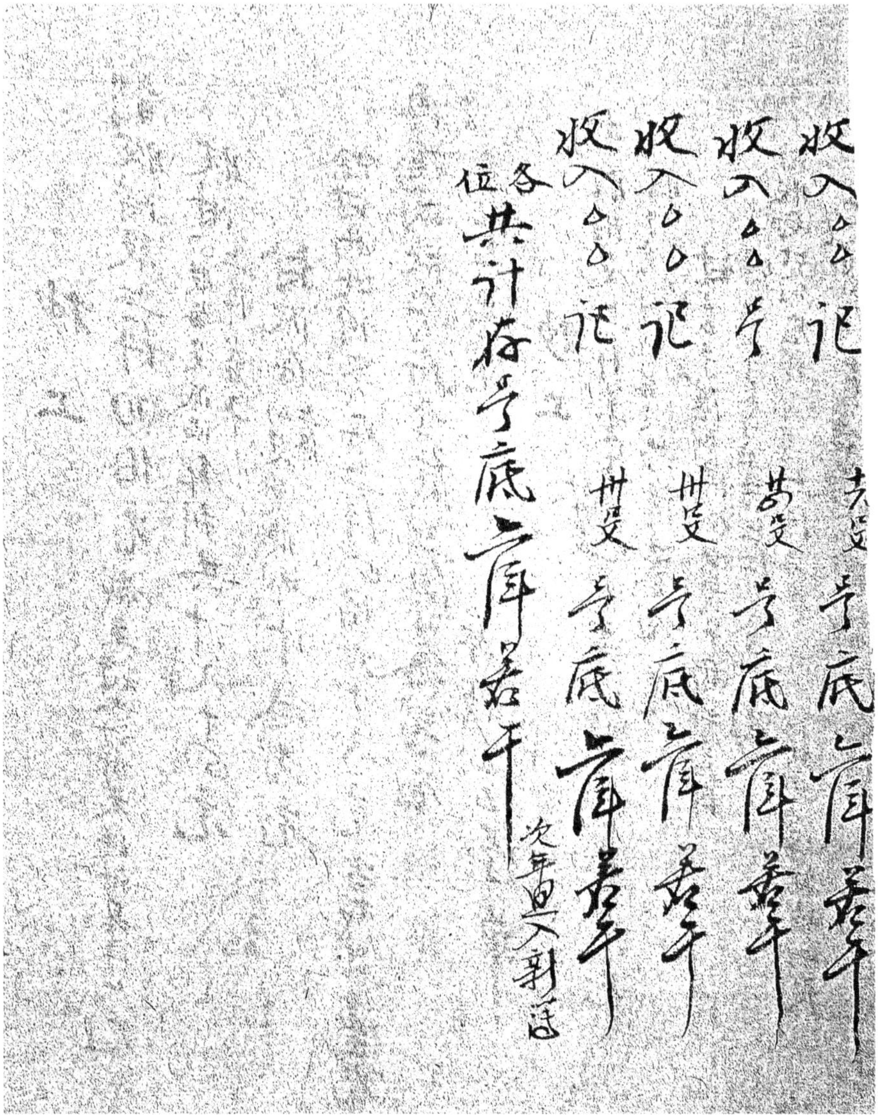
收入△△記　十支　字底二庫若干
收入△△號　廿支　字底二庫若干
收入△△記　卅支　字底二庫若干
收入△△記　卅支　字底二庫若干
各位共計存字底二庫若干　次年當入新話

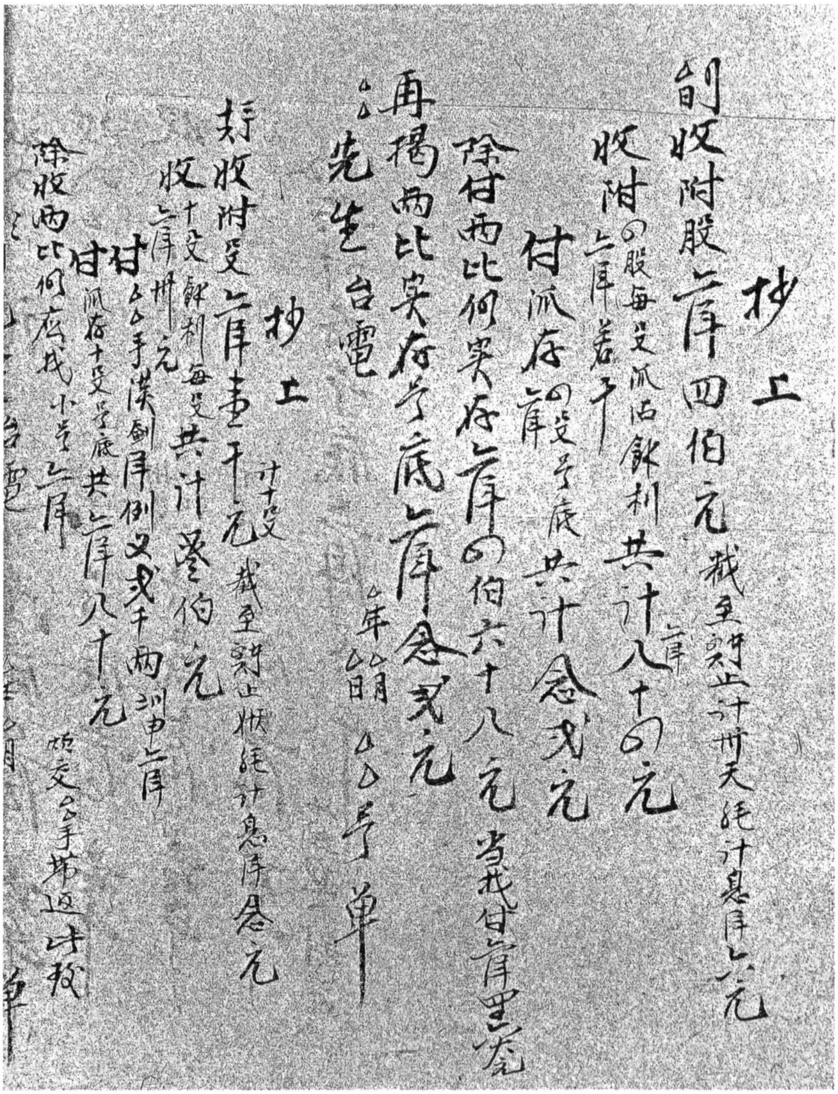
抄上
前收附股〻洋四伯元 截至廿日止计卅天 純计息洋〻元
收附の股每丈派佔餘利共计八十の元〻洋
〻洋若干
付派存の丈ㄎ底共计念弍元
〻洋
除付两比何实存〻洋の伯六十八元 當找付〻洋四十元
再揭两比实存ㄎ底〻洋念弍元
△△先生台電
△年△月△日 △△号单

抄上
前收附丈〻洋壹千元 计十丈 截至對止狀純计息洋念元
收十丈餘利每丈共计叁伯元
〻洋卅元
付△△手漢劍洋例又弍千两 洲申〻洋
付派存十丈ㄎ底共〻洋八十元
除收两比何应找 小㕛〻洋
烦交△△手帶返叶校

號內用賬簿底

同人堆金部　往來騰清本　暫登本

茶總本　俸金部　福食部

錢鈔總部　銀洋總本　雜項本

日逐查錢簿部　流水本　茶流本

各庄茶總本　稱箱茶簿部（或注錫入栣附內）　財揀歸本

客莊

△△茶流本　△△銀洋總本　△△存号本

亦將客莊回字交賬款式

一收毛茶　共計乙千乙伯担（內乃注樣茶）

计去价△扁△件△伯△元

扯△△元

一挑力每斤△文 扣洋△△计△扁若干

一堆地每担△洋 扣△扁若干

一伙食每天△洋 计△天 扣△扁若干

一杂用 计洋△△扣△扁若干

以上共计△扁若干

共收本号△扁若干

除付两比例实存△扁若干

△△朋付扁若干

付洋若干

再比实欠洋若干

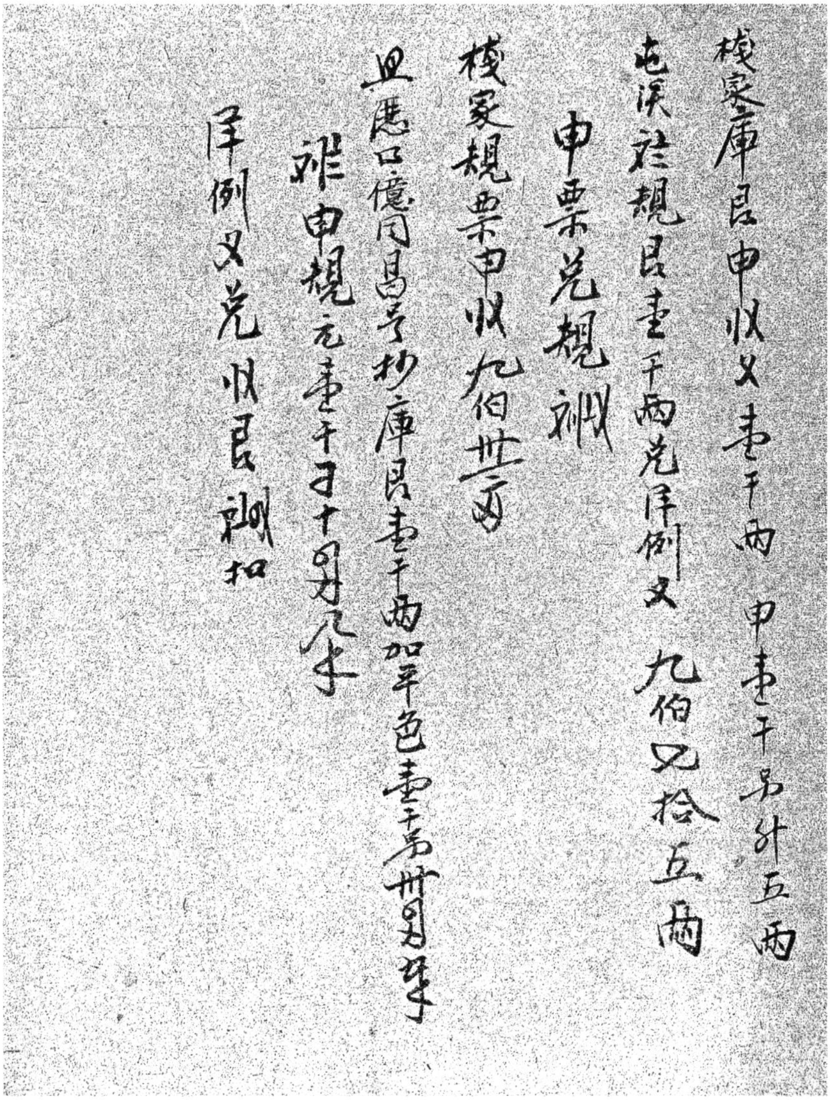
栈家庫足申收又壹千两 申壹千另廿五两
屯溪洋規足壹千两兑洋例又 九伯又拾五两
申票兑規補
栈家規票申收九伯廿两
旦應口億同昌号抄庫足壹千两加平色壹千另卅另半
兆申規元壹千三十另九半
洋例又兑收足補扣

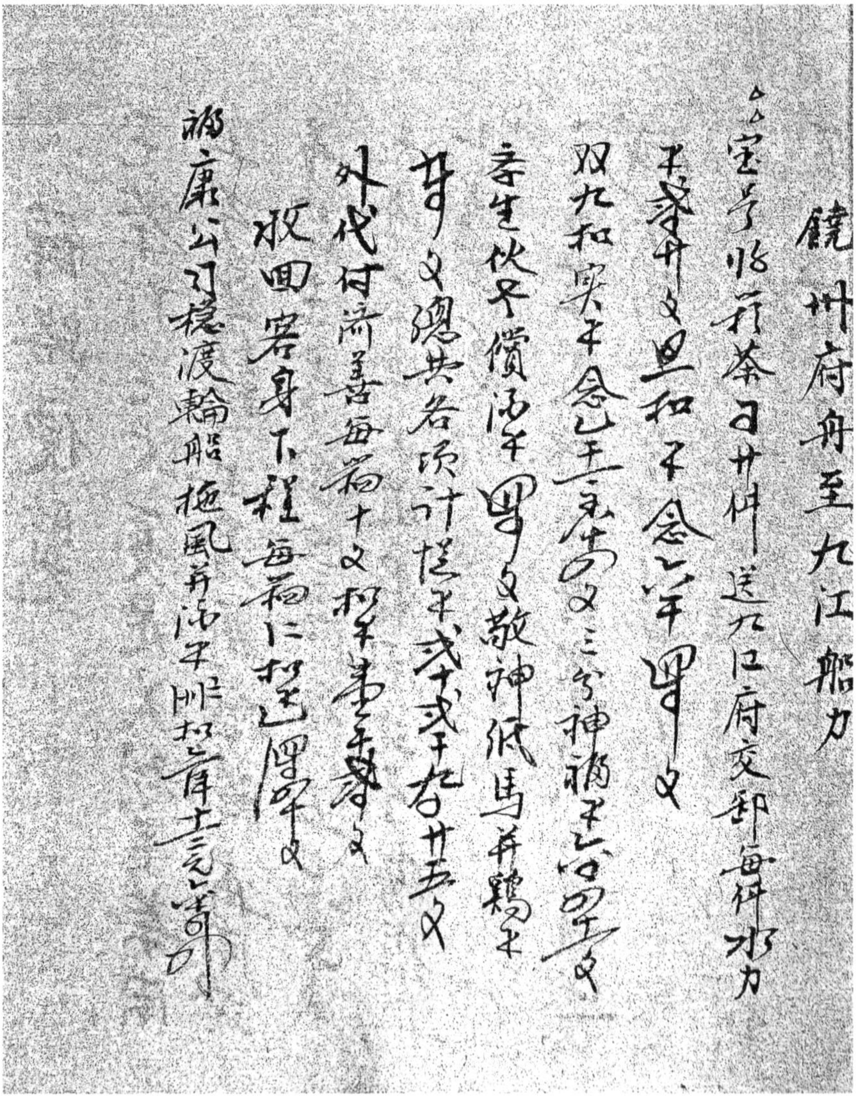
饒州府舟至九江船力
〻〻宝号收行茶𠄎廿件 送九江府交卸每件水力
[illegible]廿文 旦和[illegible]念二[illegible]文
双九和实[illegible]念二[illegible]文 三分神福[illegible]文
寄生伙[illegible]價酒[illegible]文 敬神纸馬并鷄[illegible]
[illegible]文 總共各項计[illegible]廿五文
外代付两善每箱十文 [illegible]文
收回客身下程每箱仁[illegible]文
福康公司德渡輪船 抽風并酒[illegible]

篩路便覧

毛茶打毛火复足火揀毛茶用

五号半篩上身再撈篩再用弍

号分三号分四号分五六七八

九号為上工風扇用弍号撈揚再

六号草复揀

二号茶分篩工身复械下身过

械搭到九号篩為止

三号四号五六七八号工身复扇

械下身复扇

上珍楼 填手〻三〇五奉

复捞复做 大茶捞弍倒复做过捞

过拣 二茶复捞复做复拣 三号复

捞复做复拣 捞珍复做 复火五六

又茶复抖用六号半筛 再〢号复捞复抖 秋松芽超夹峰

毛茶珍用六号半手摄用五号下六号又

八九号工风扇 五筛下用六号半复

拣六筛下过捞又八九号筛号号过搭

复工风扇尺归〻尾七间做 复拣珍

又用手摄用六号半又用五号下六号下

九号为止　又工风扇
五筛工复抝六号过橘又复扇工身
复械下身复二扇工霜
二尾子茶扇十二日踩
打箬又号又又号车拣等嘴头号又号车拣
三号八号拣筛子尾子打复火踩又
用又号打圆筛拣打号尾子尾又号打
圆拣下身六号车撩又角又号撩上身
拣下芽又用二号过捞又用三号簝

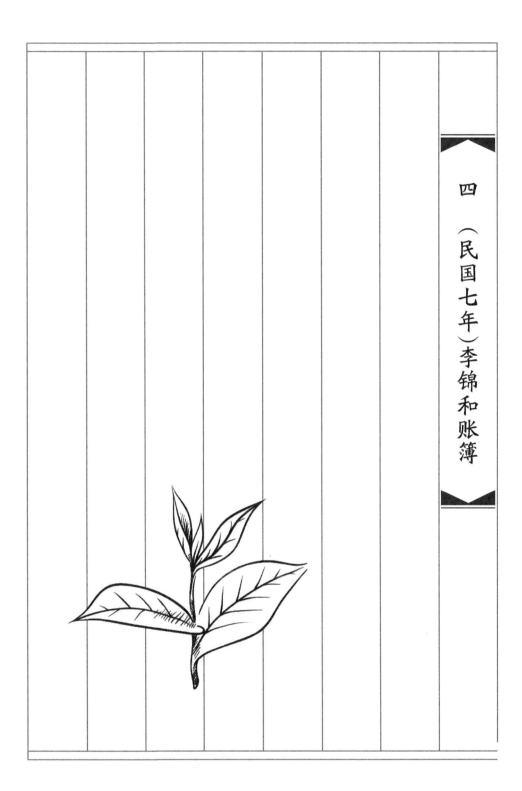

四 （民国七年）李锦和账簿

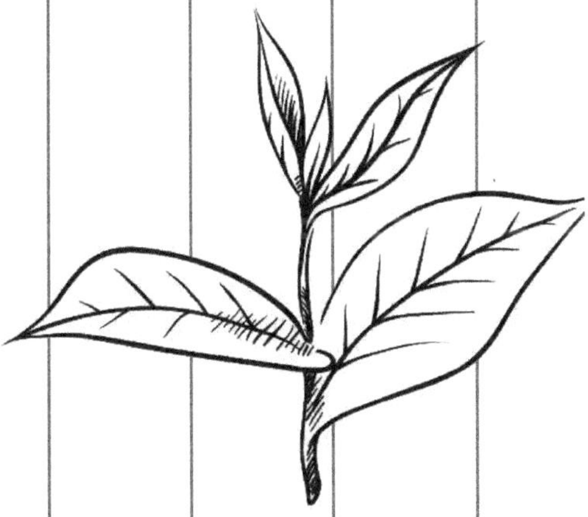

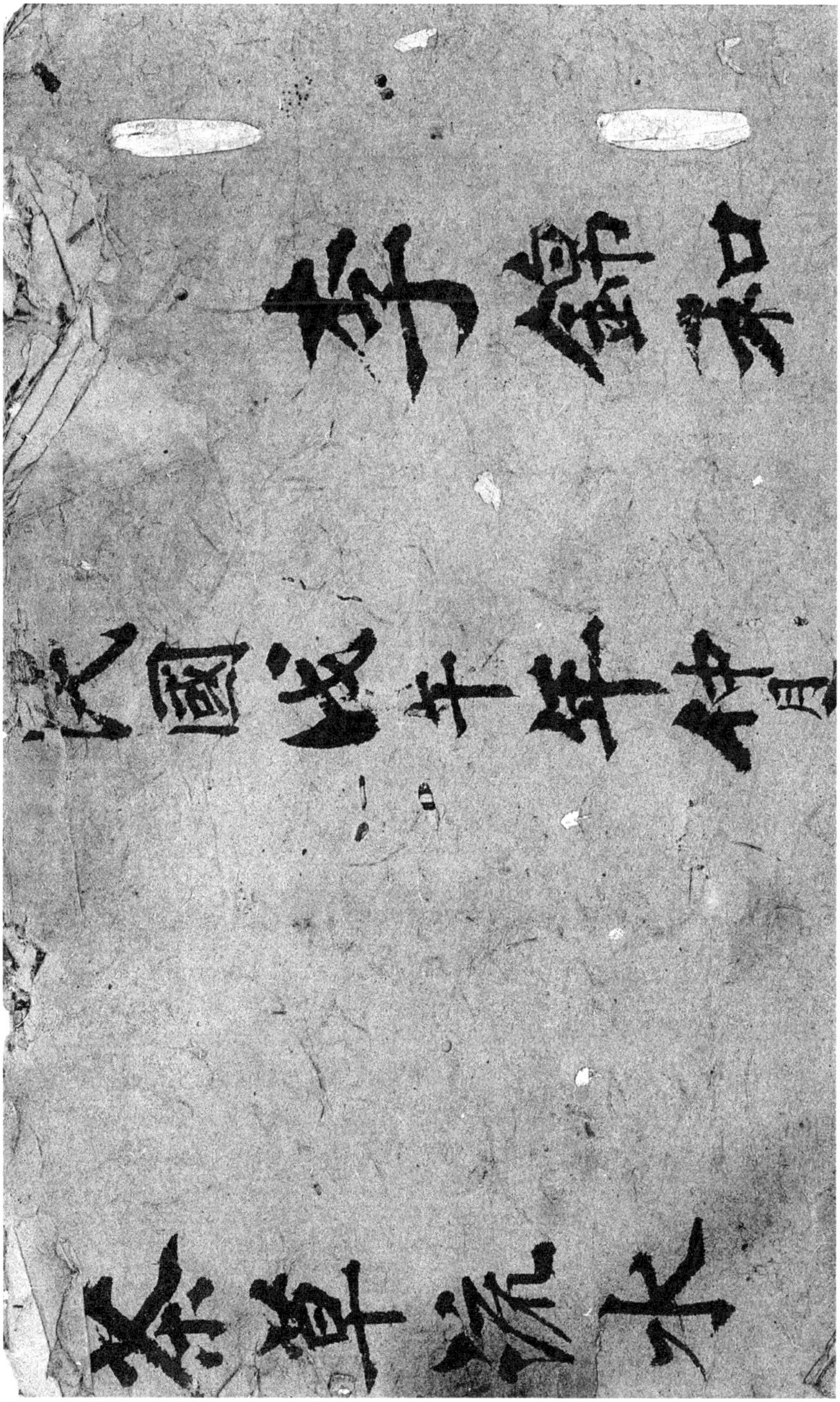
民國七年
茶草流水

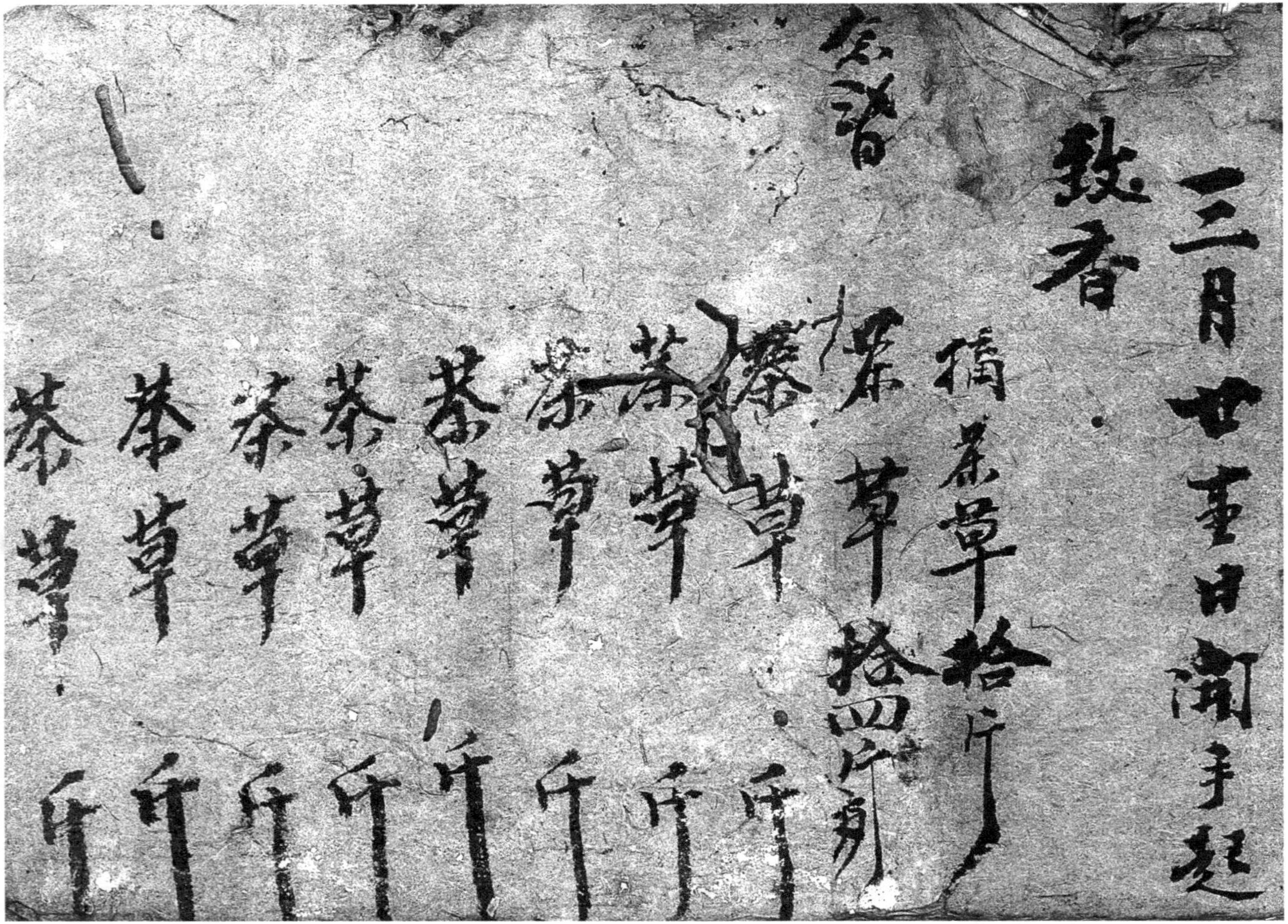

三月廿五日開手起

致香

摘茶草拾斤

茶草拾四斤翔

冬香

茶草 斤

茶草 斤

茶草 斤

茶草 斤

茶草 斤

茶草 斤

茶草 斤

月初日　茶草　廿斤
初弍日　茶草　拾七斤两
初叁日　茶草　拾叁斤三两
初四日　茶草　拾六斤
初五日　茶草　拾九斤六两
初六日　茶草　拾五斤
壹共茶草　佰卅八斤九两

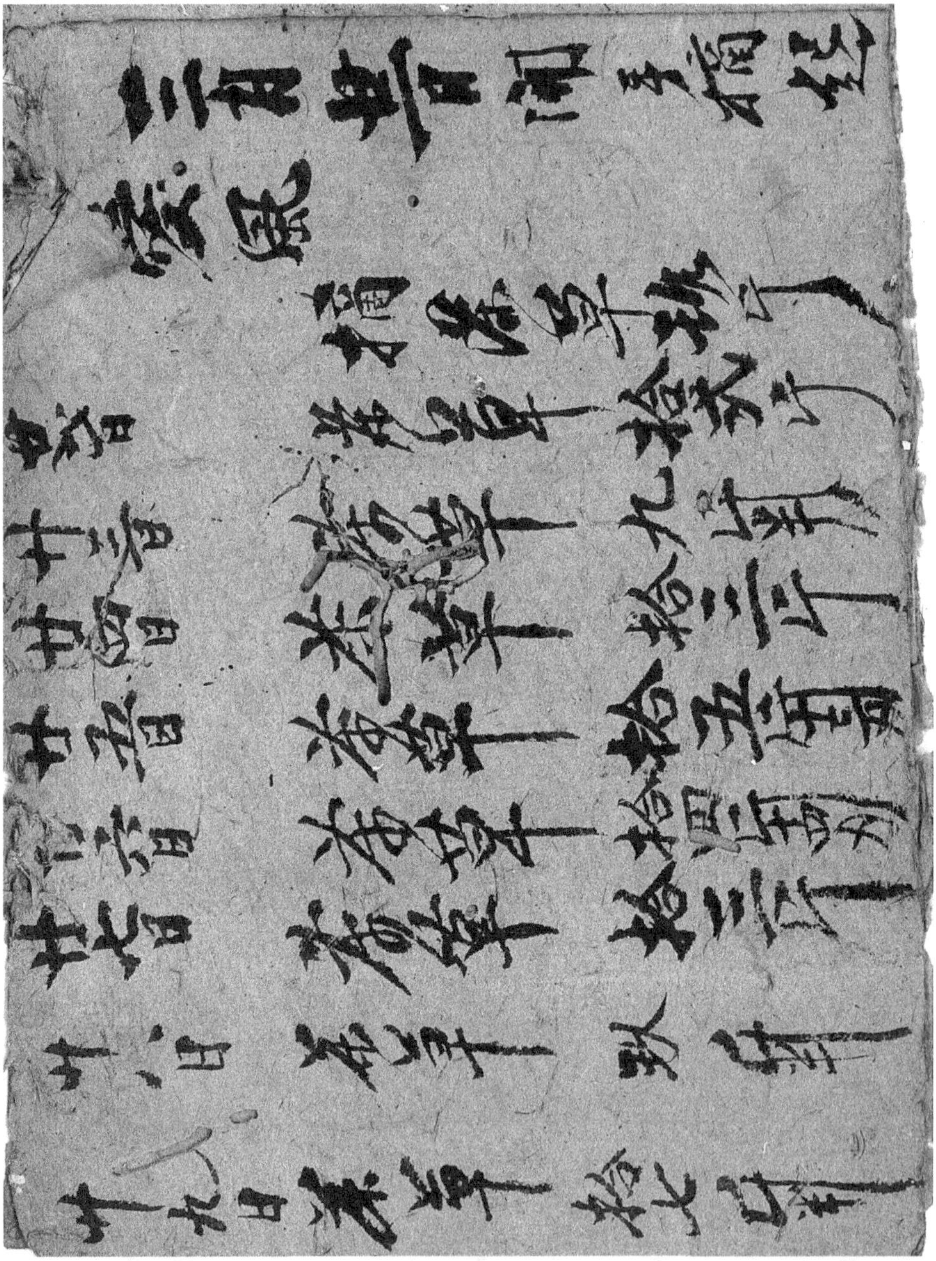

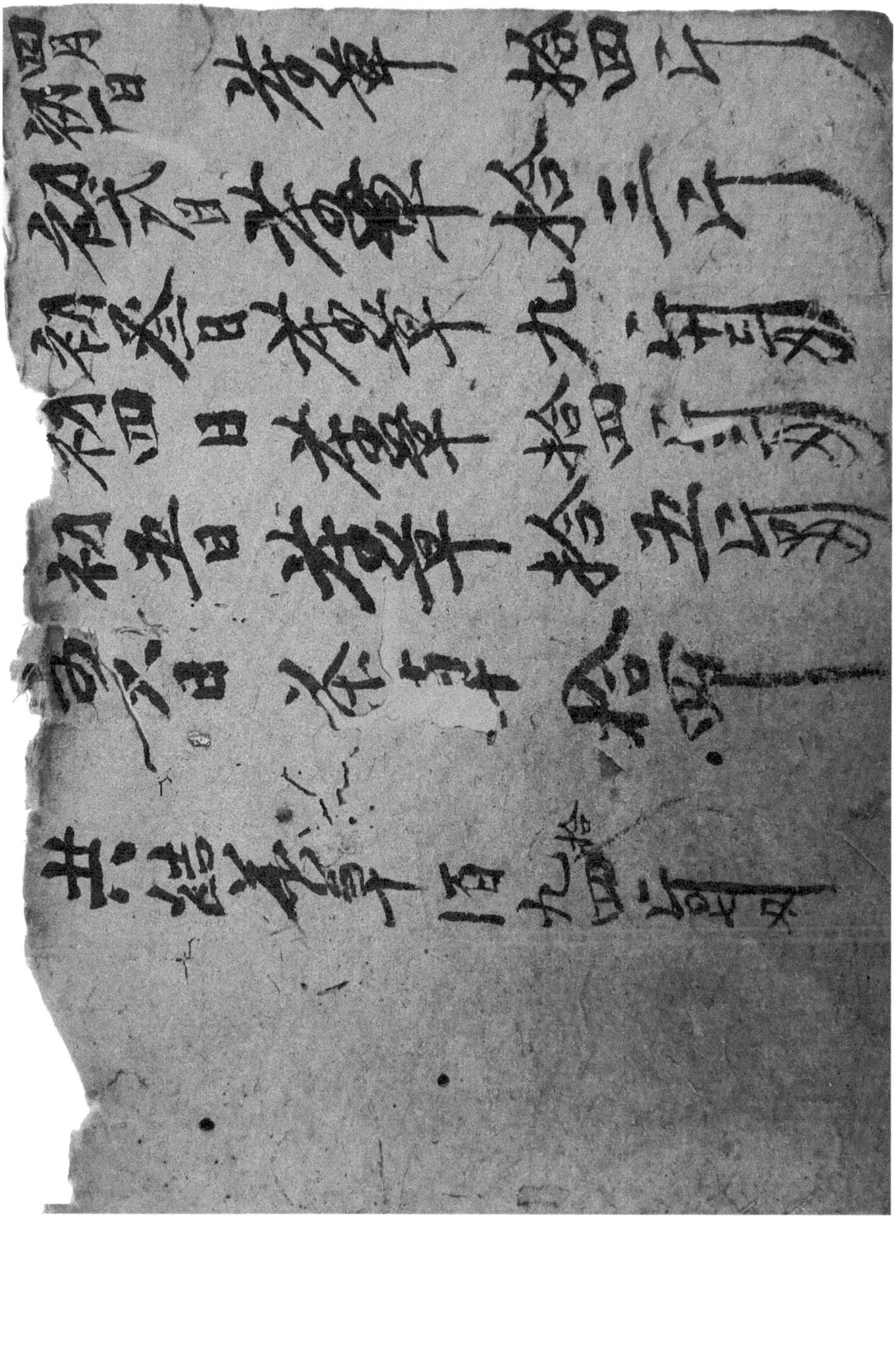

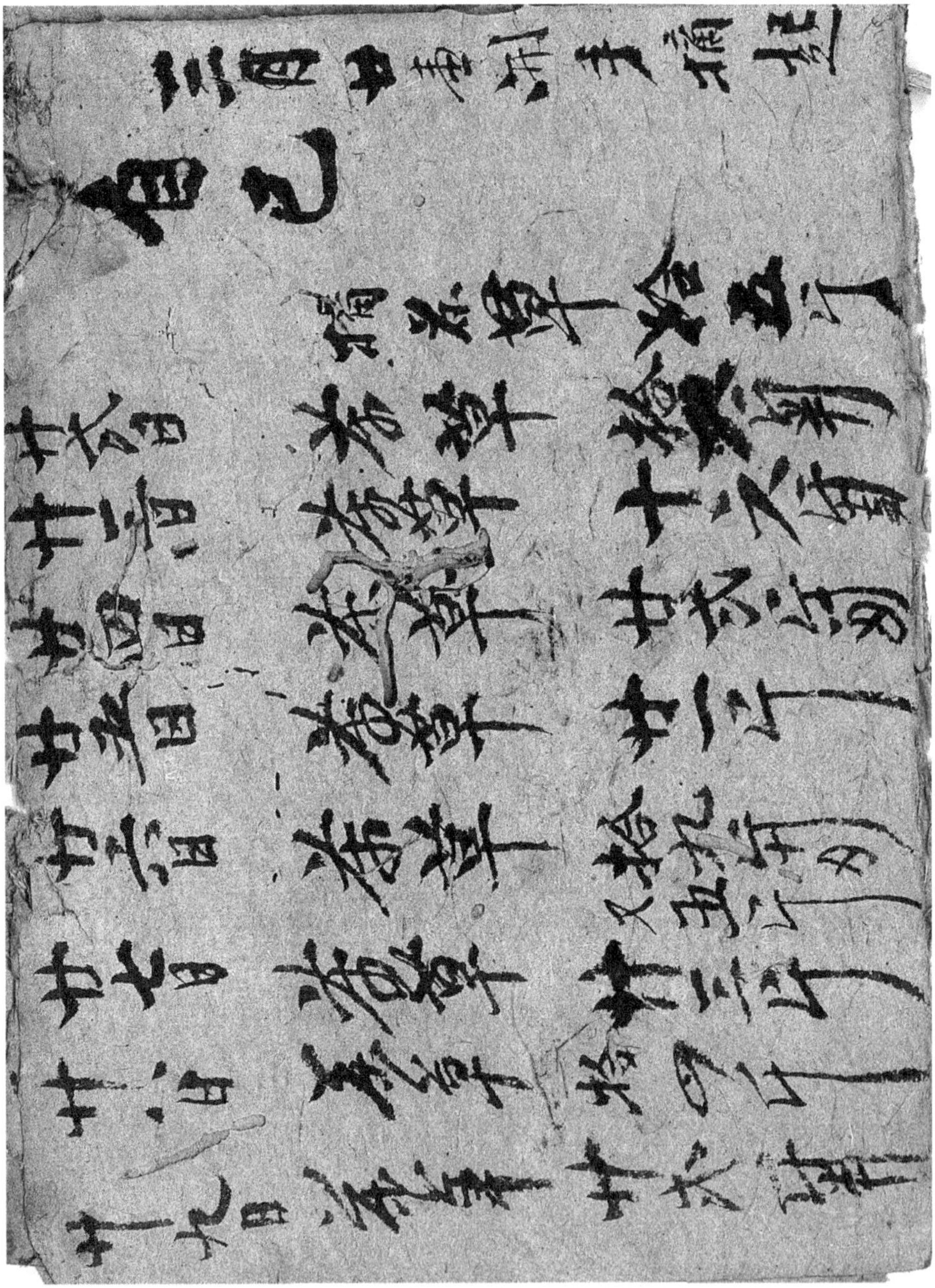

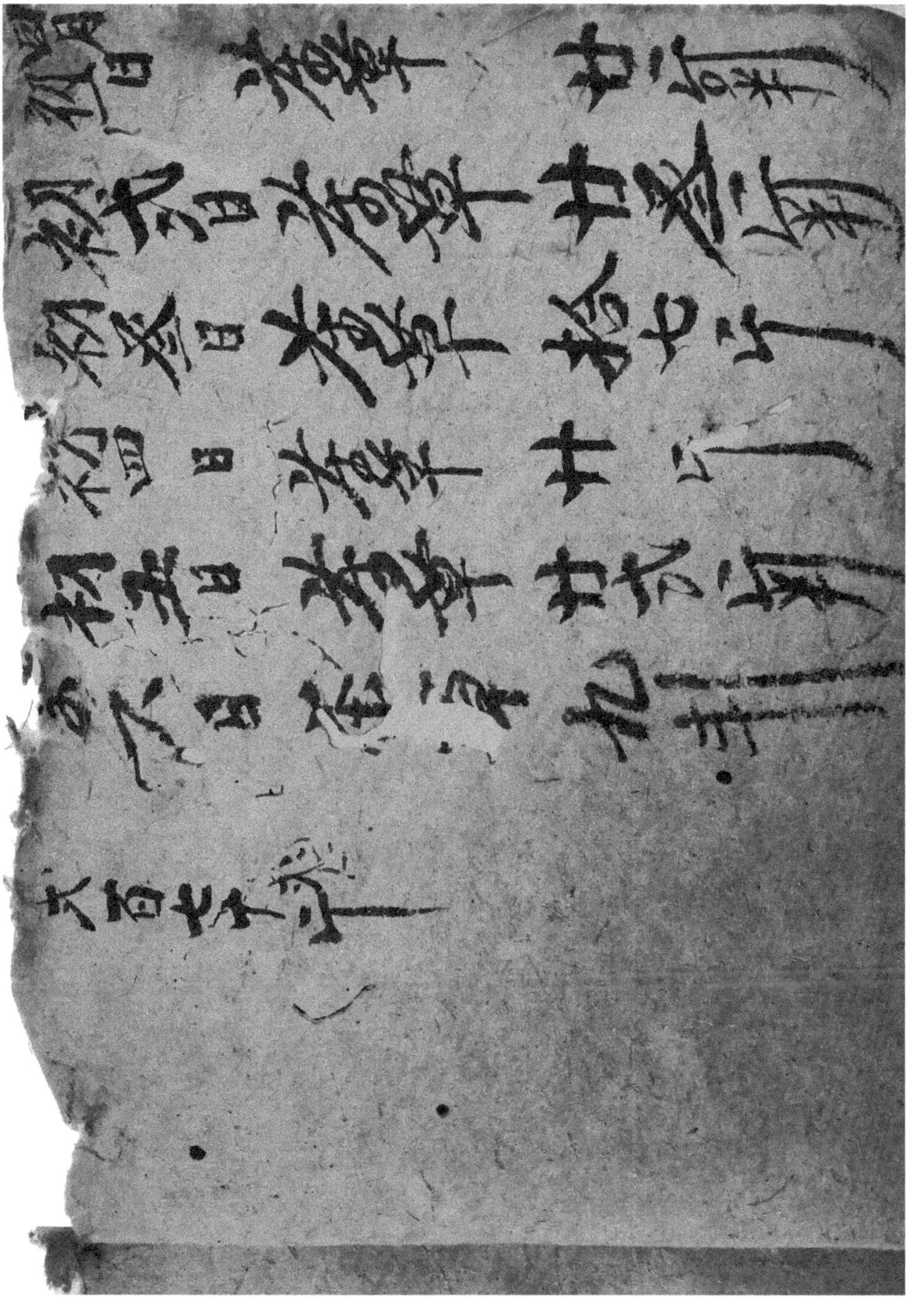

红茶账簿

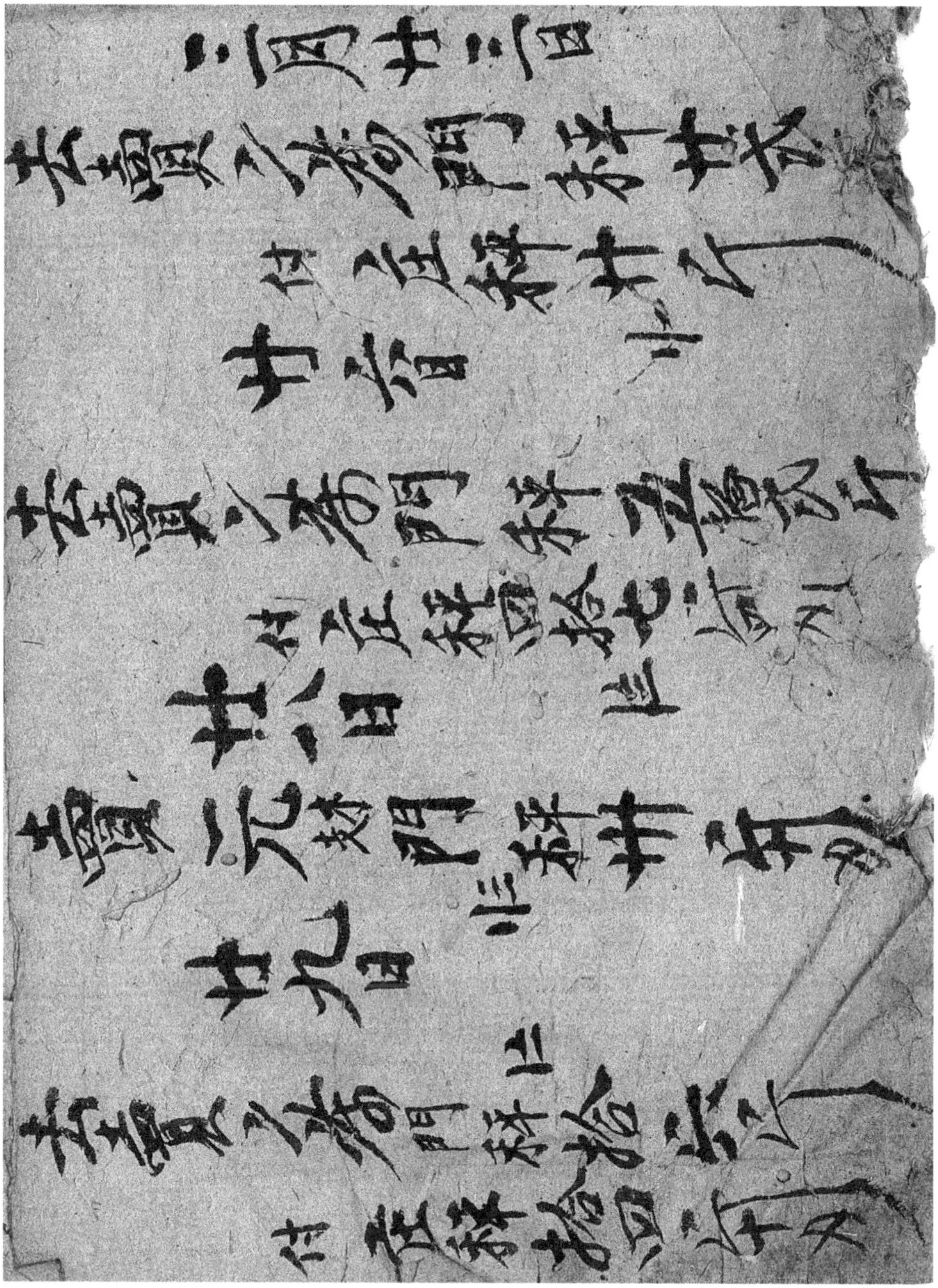

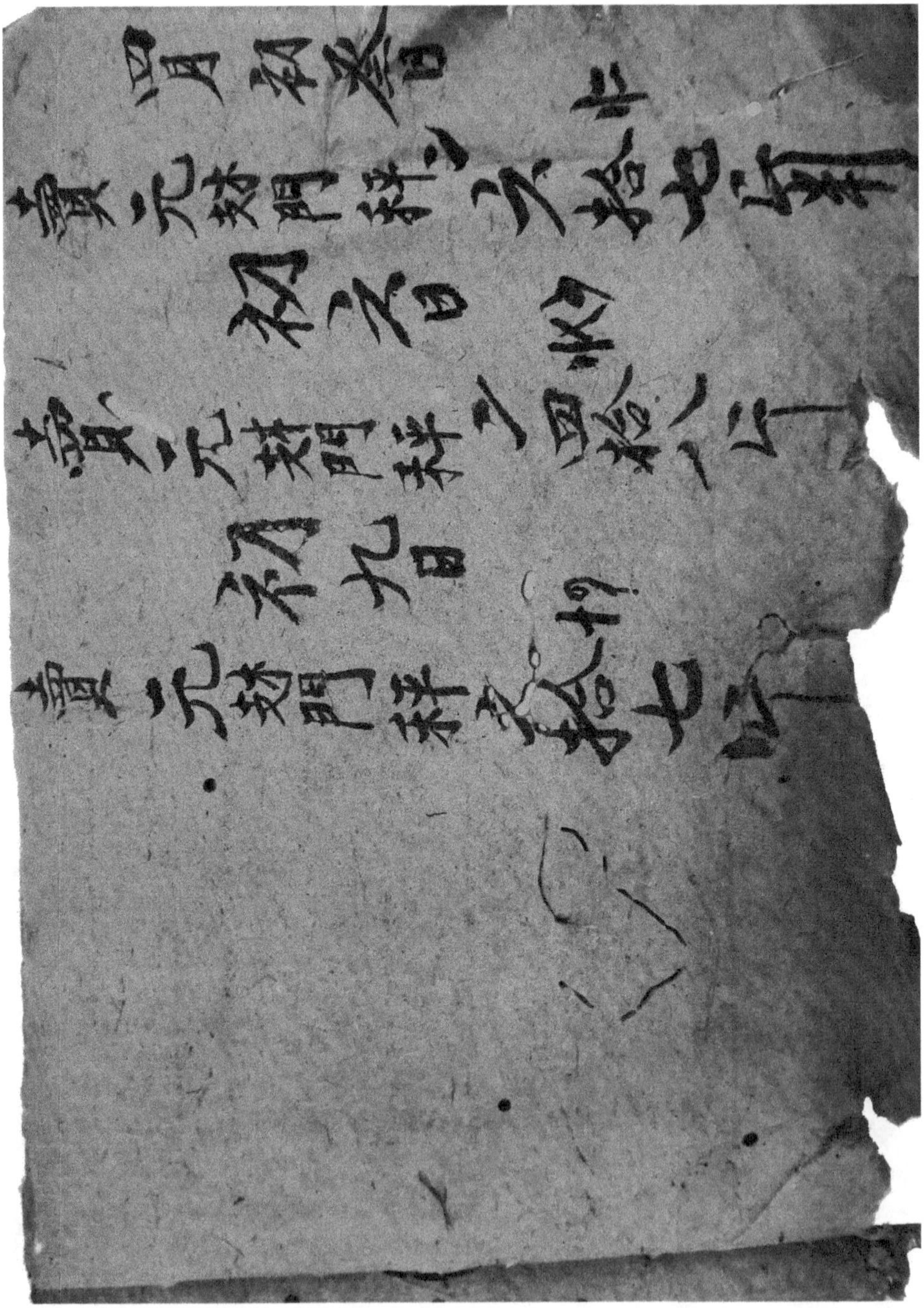
四月初叁日
壹元祁門秤〃六拾七斤
初六日
壹元祁門秤〃四拾八斤
初九日
壹元祁門秤〃叁拾七斤

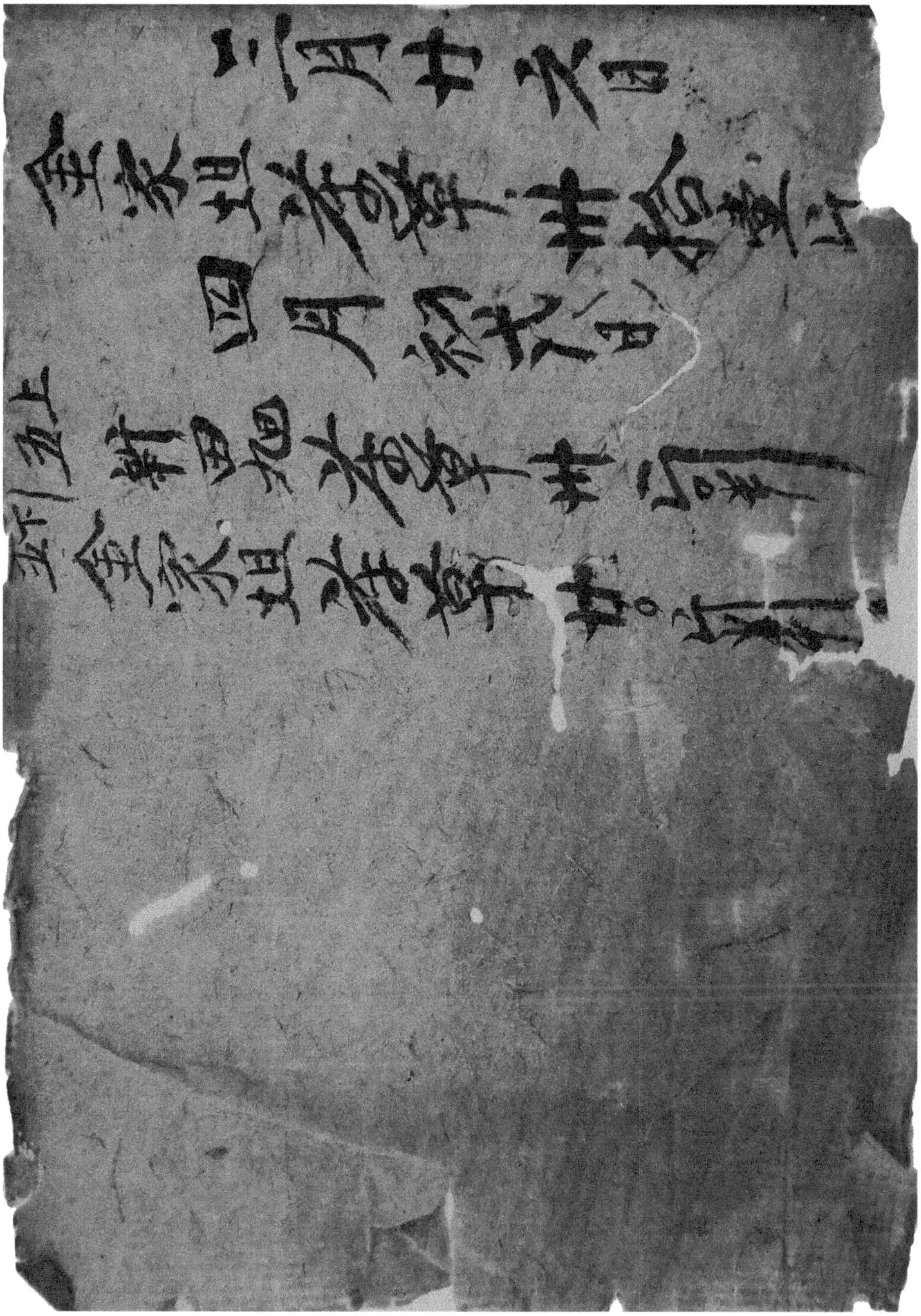

五 （民国十八年）怡庆堂账簿

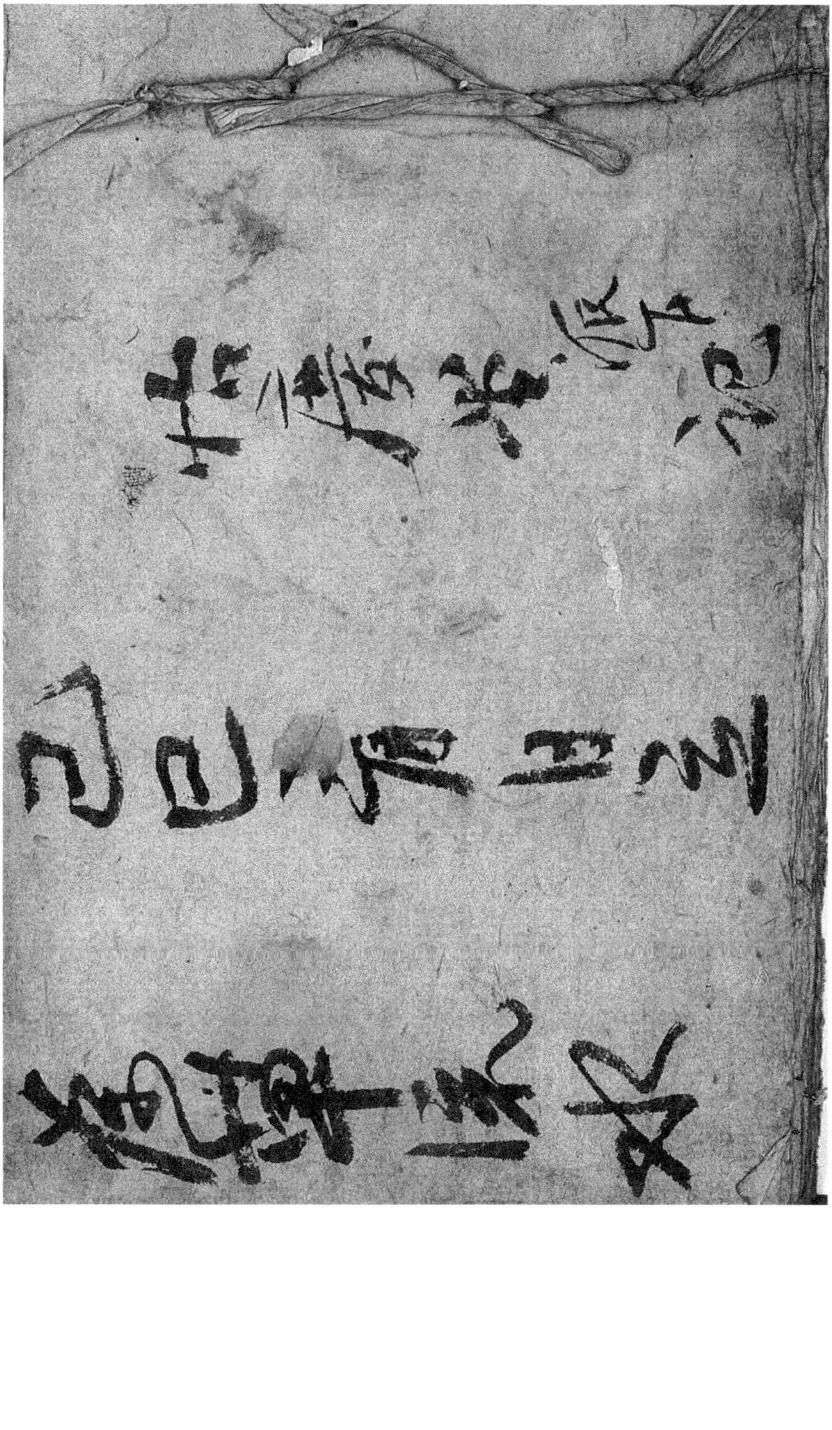

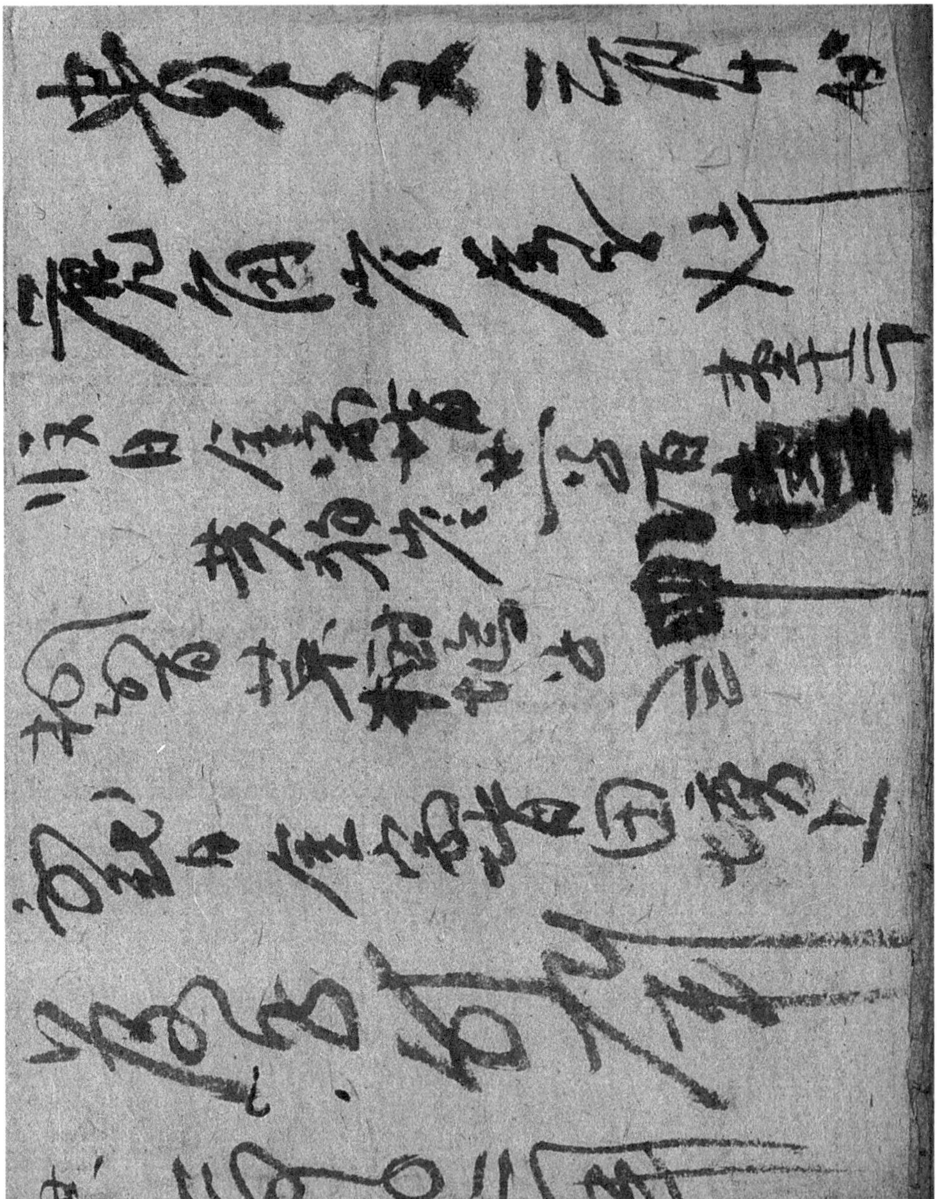

[illegible]

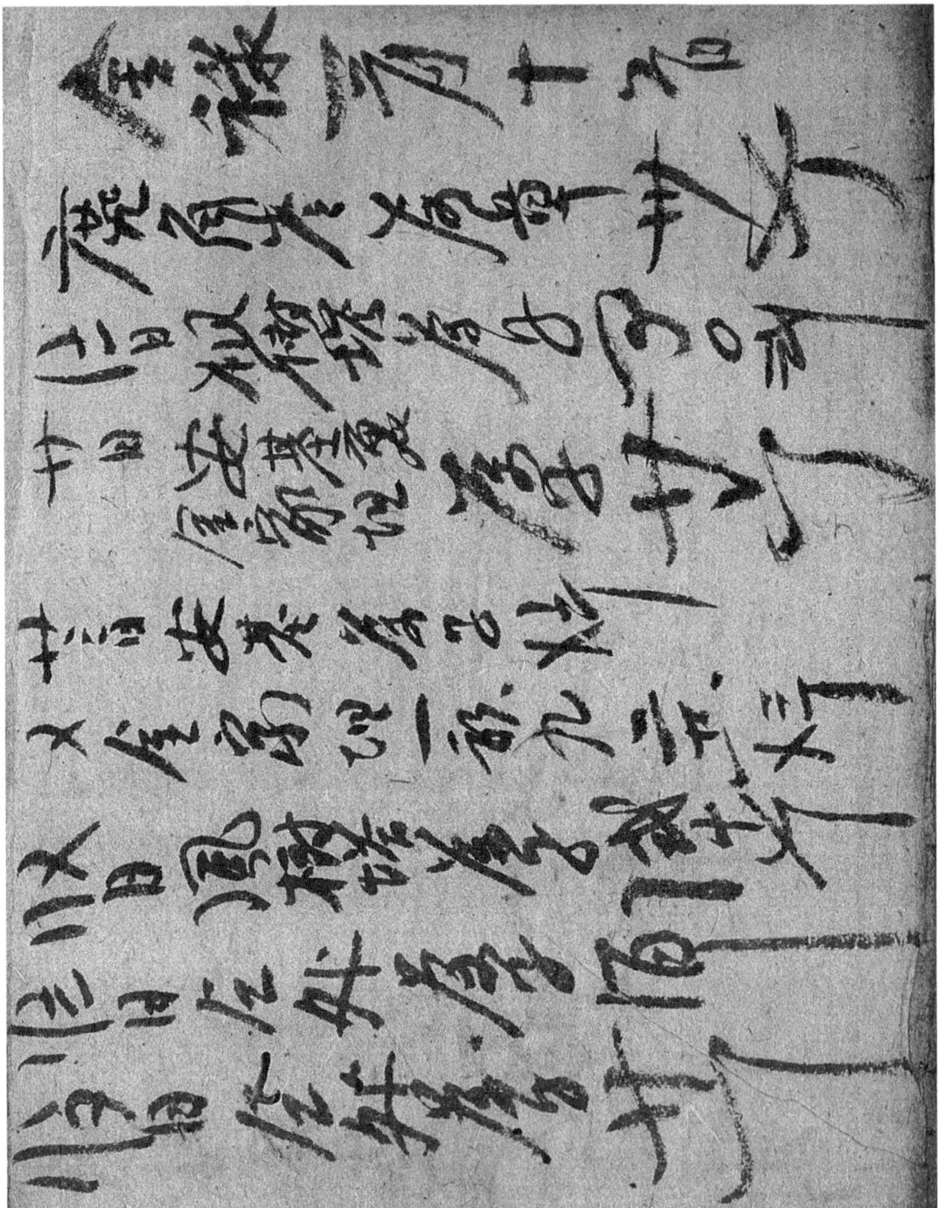

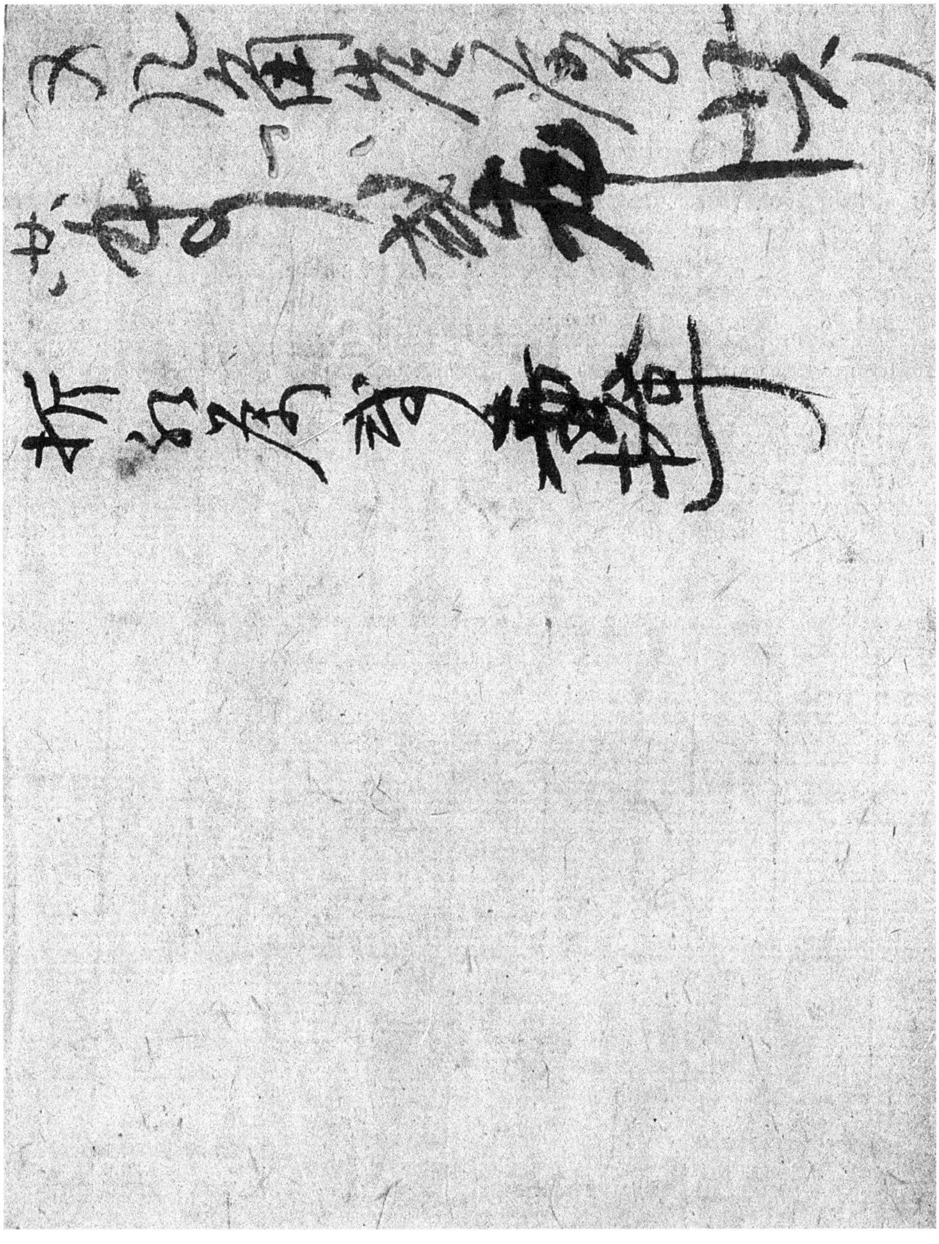

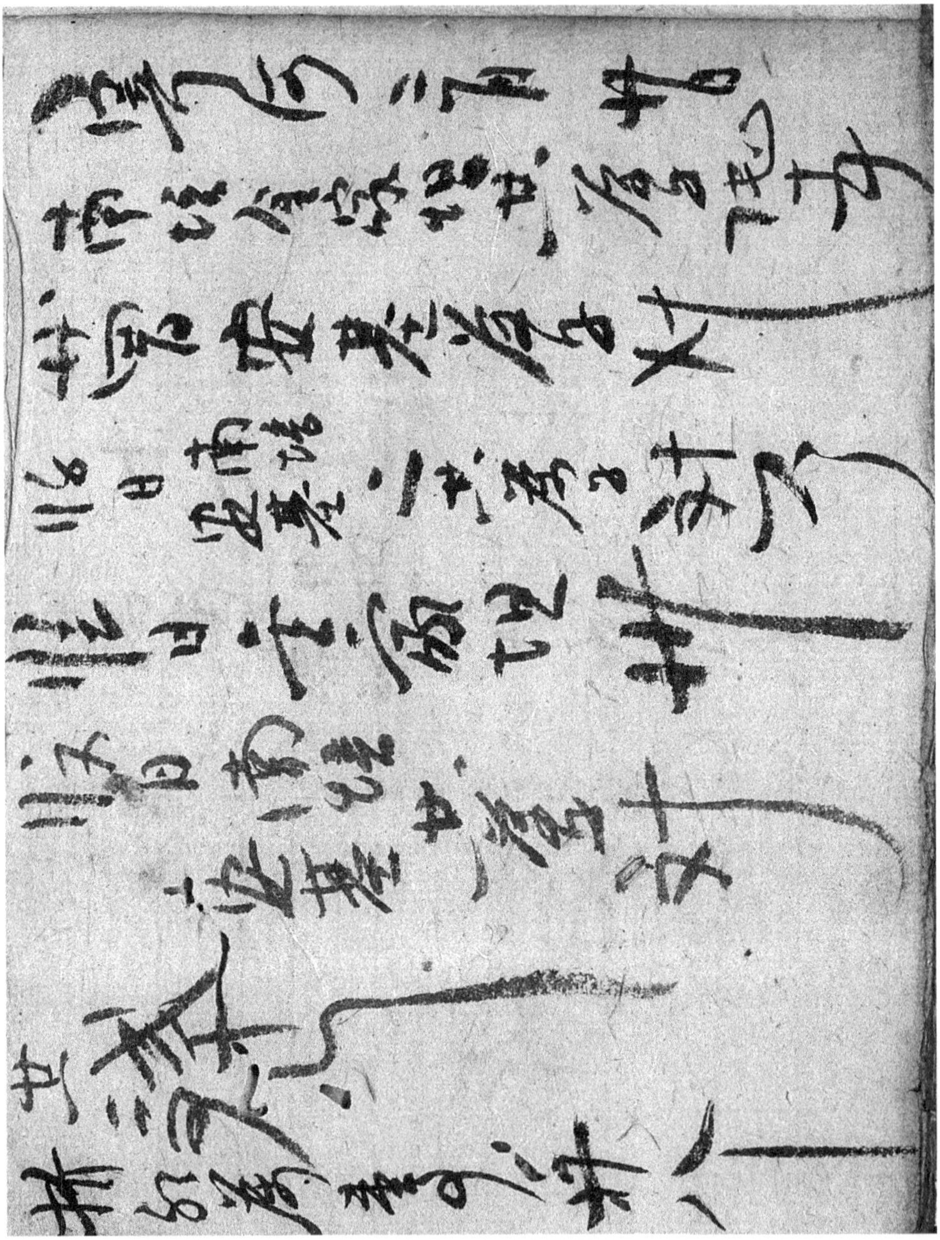

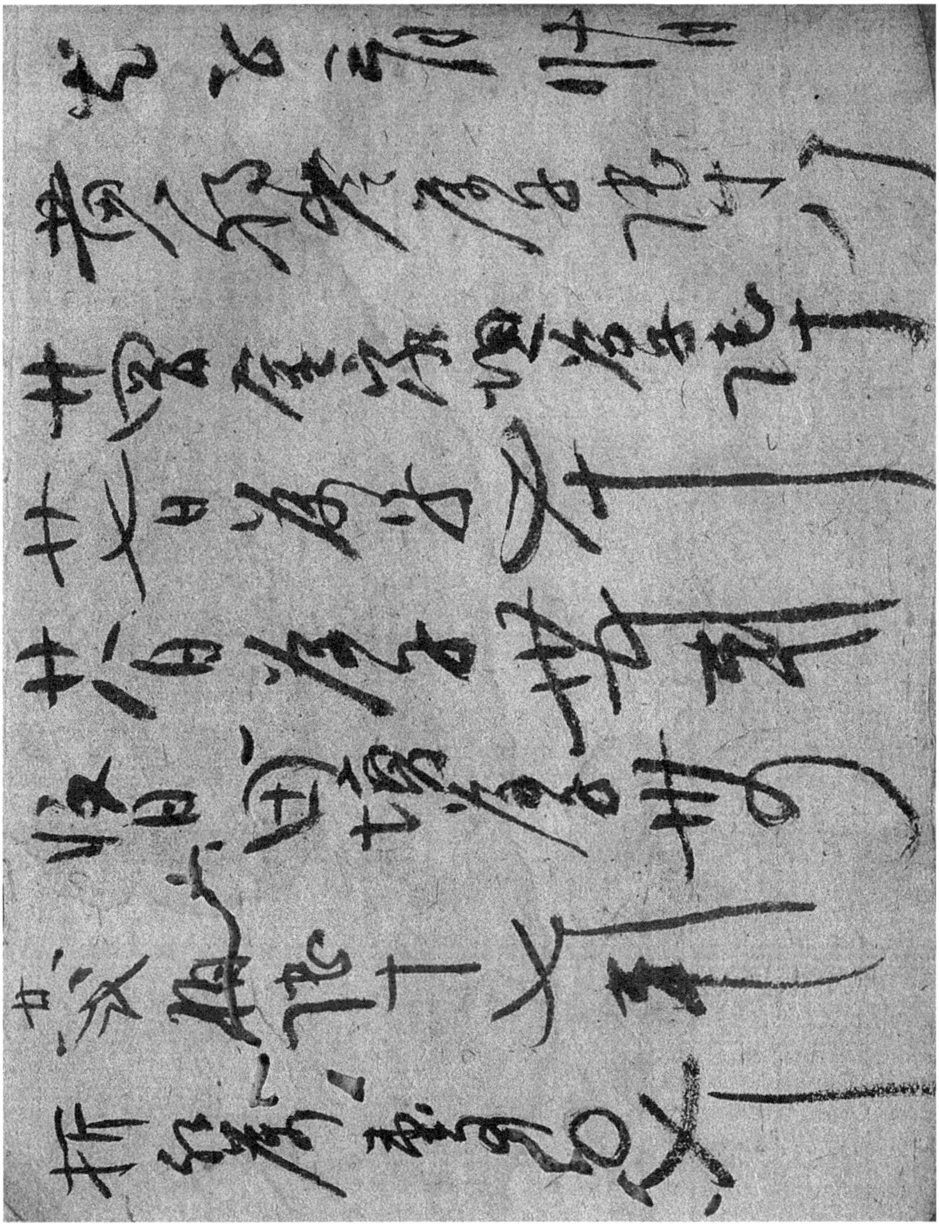

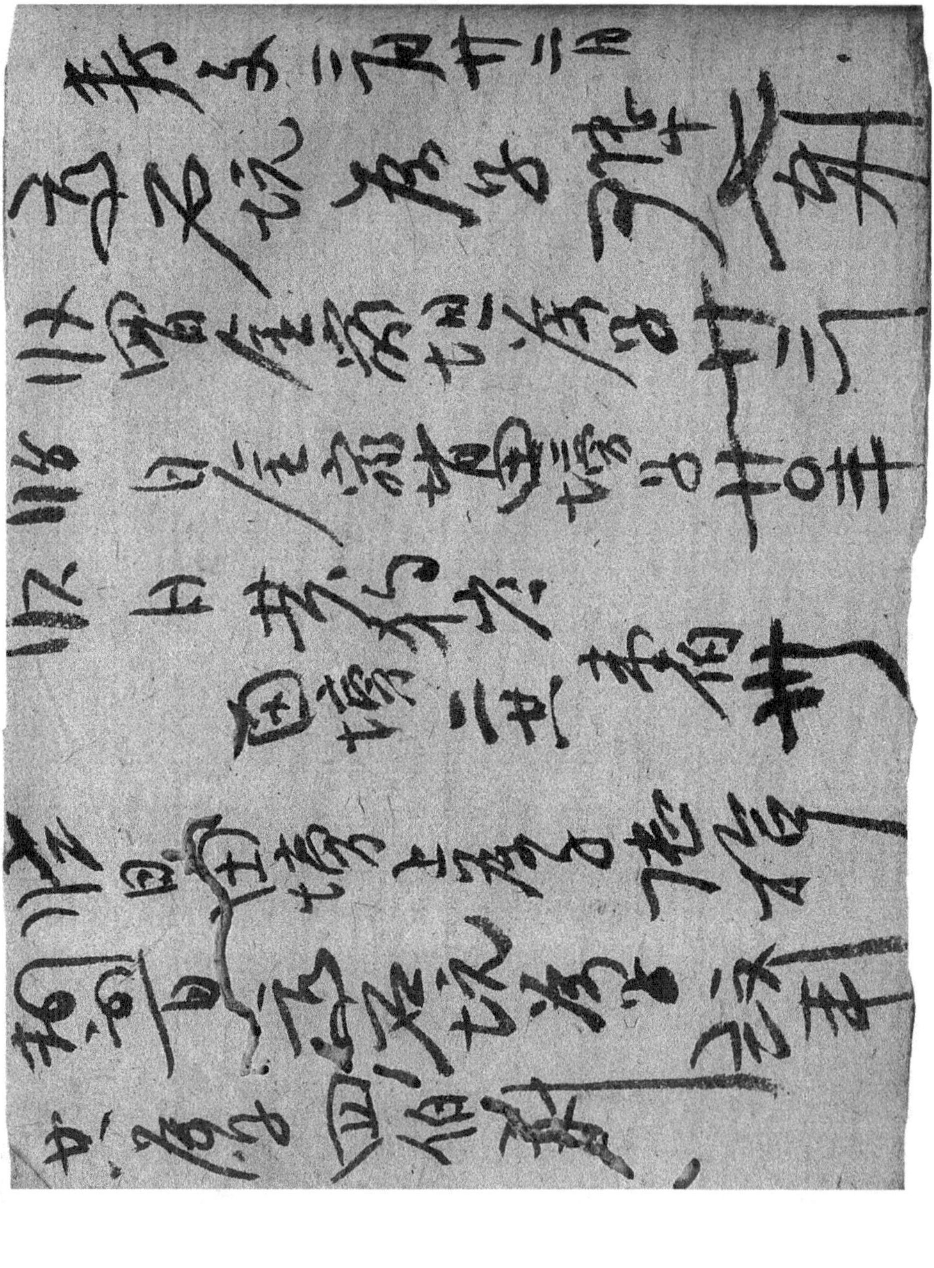

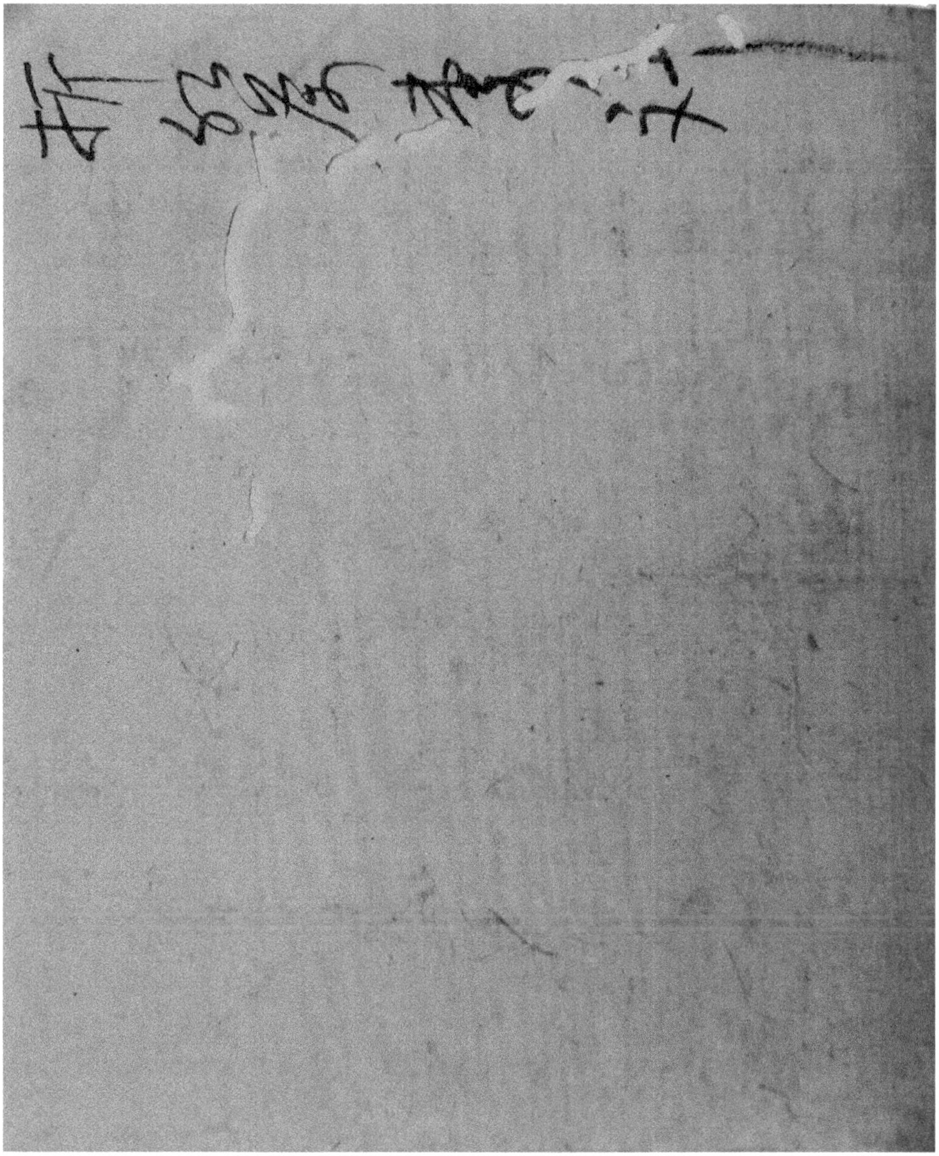

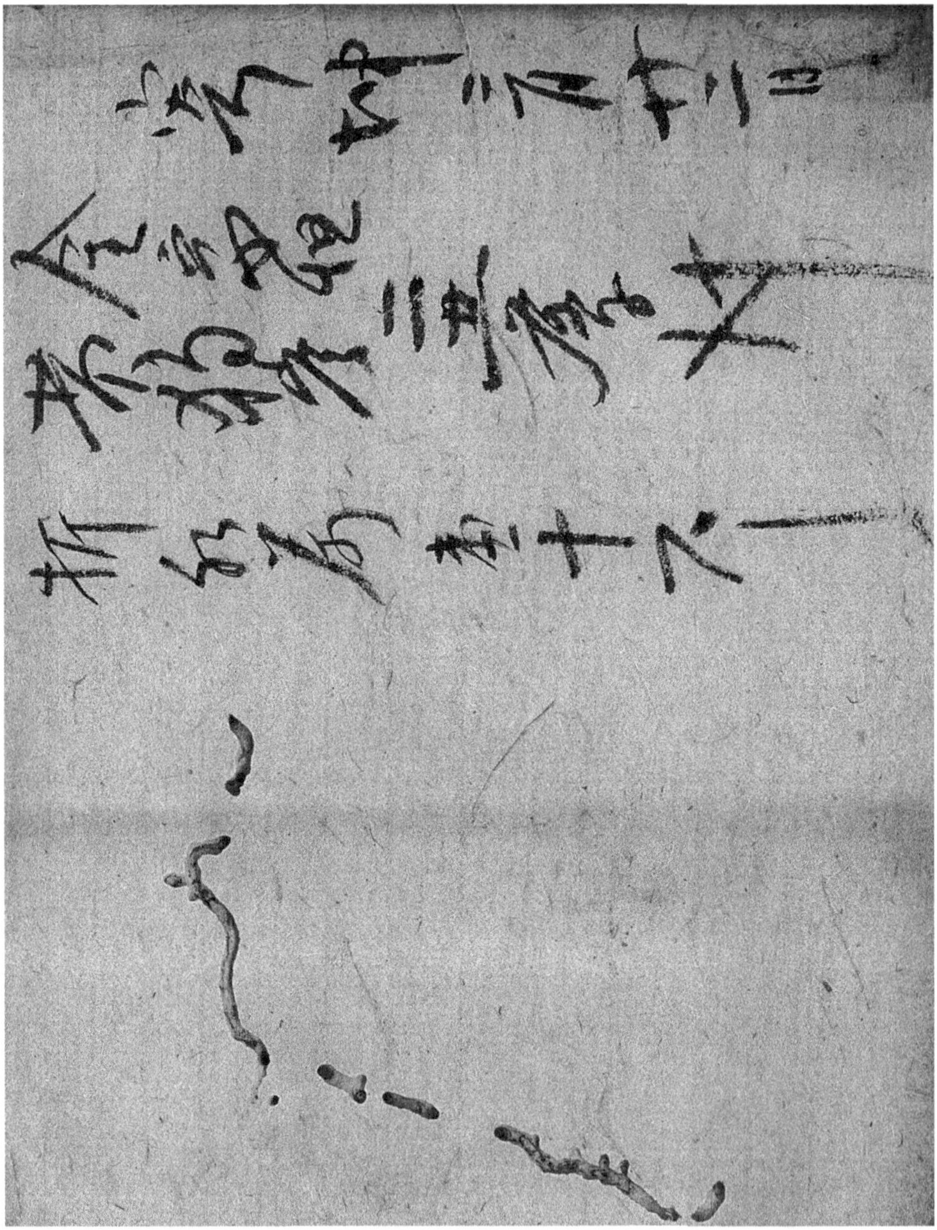

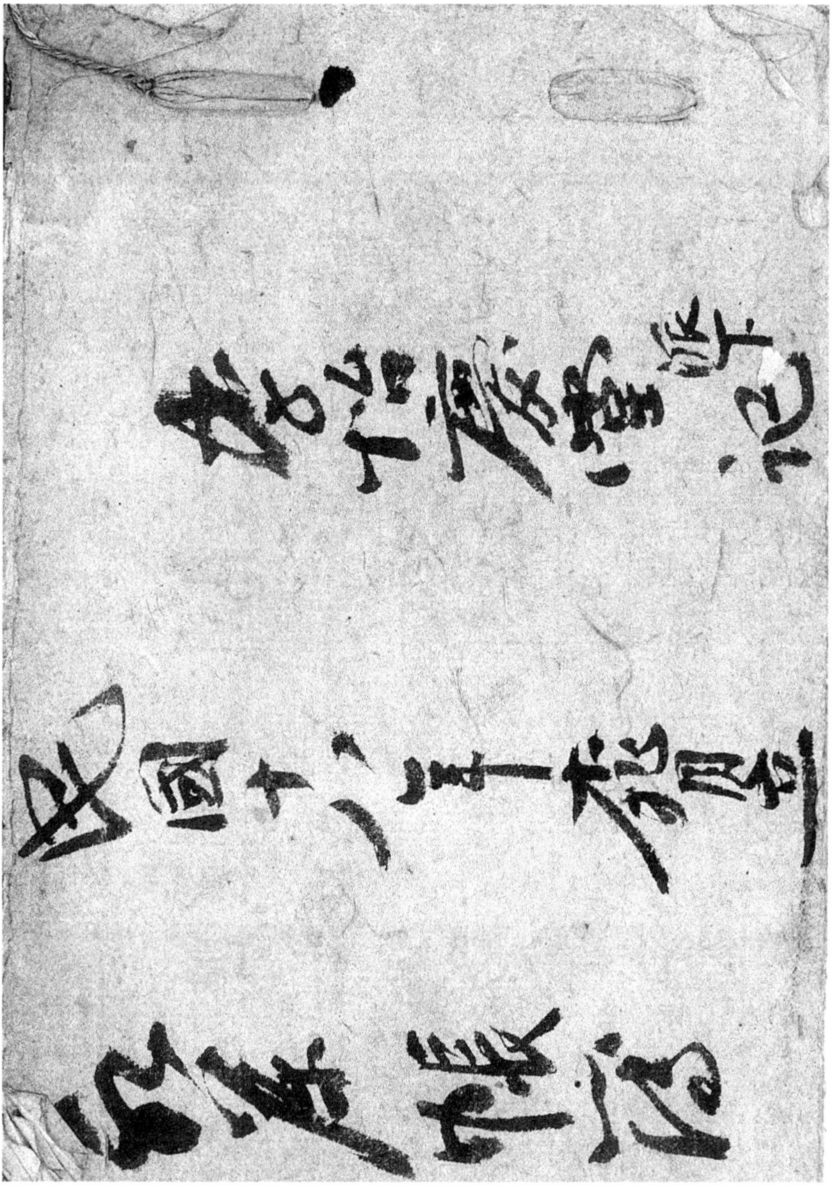

红茶账簿

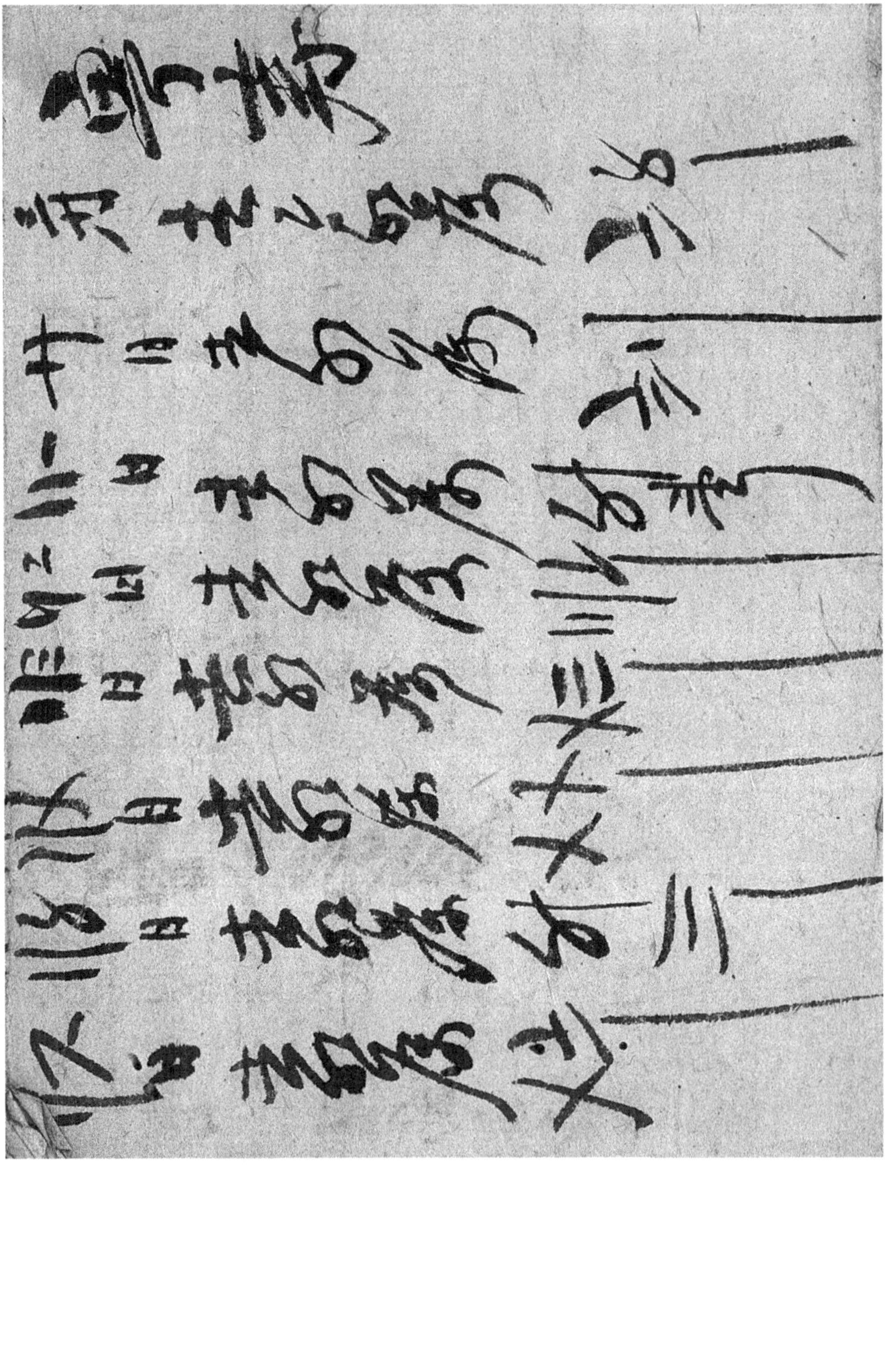

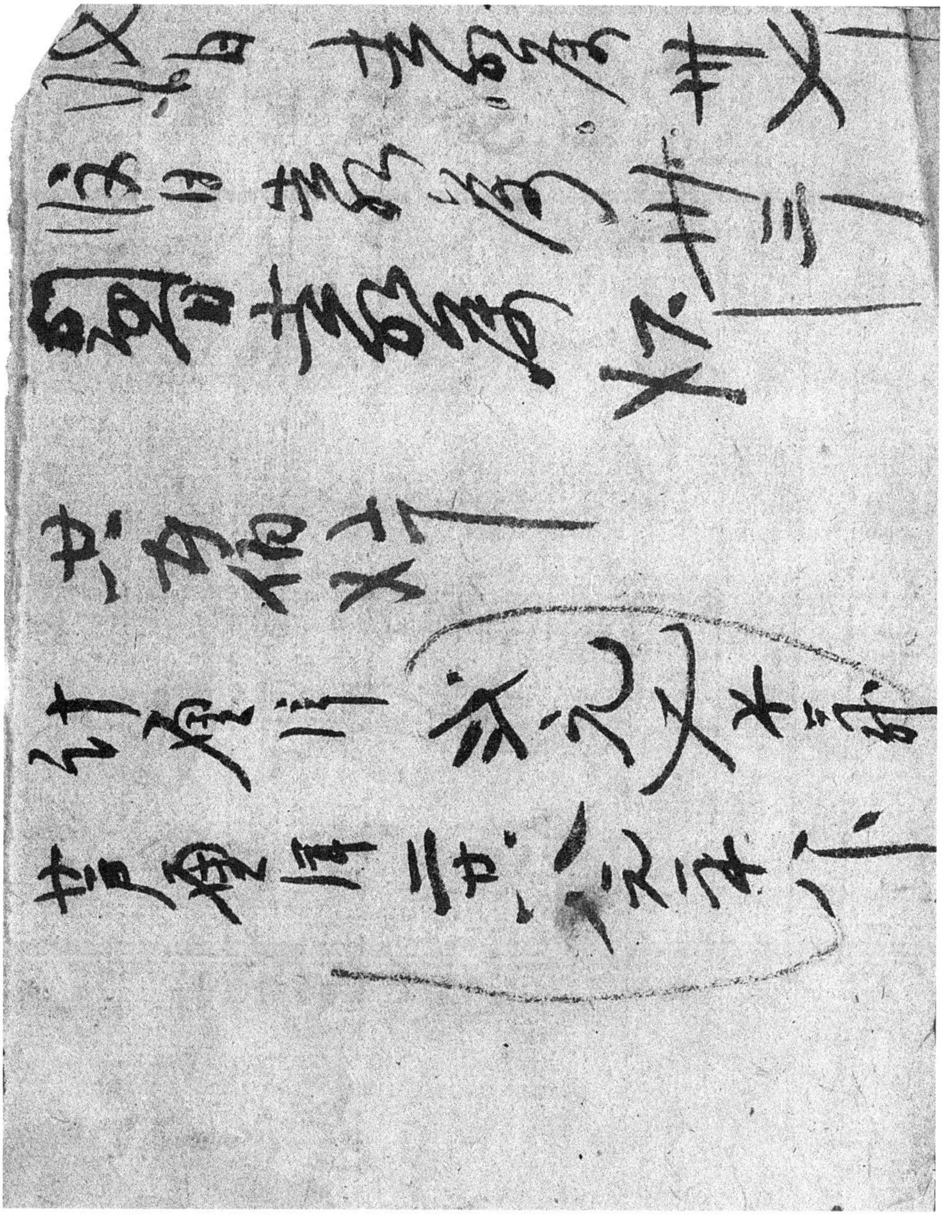

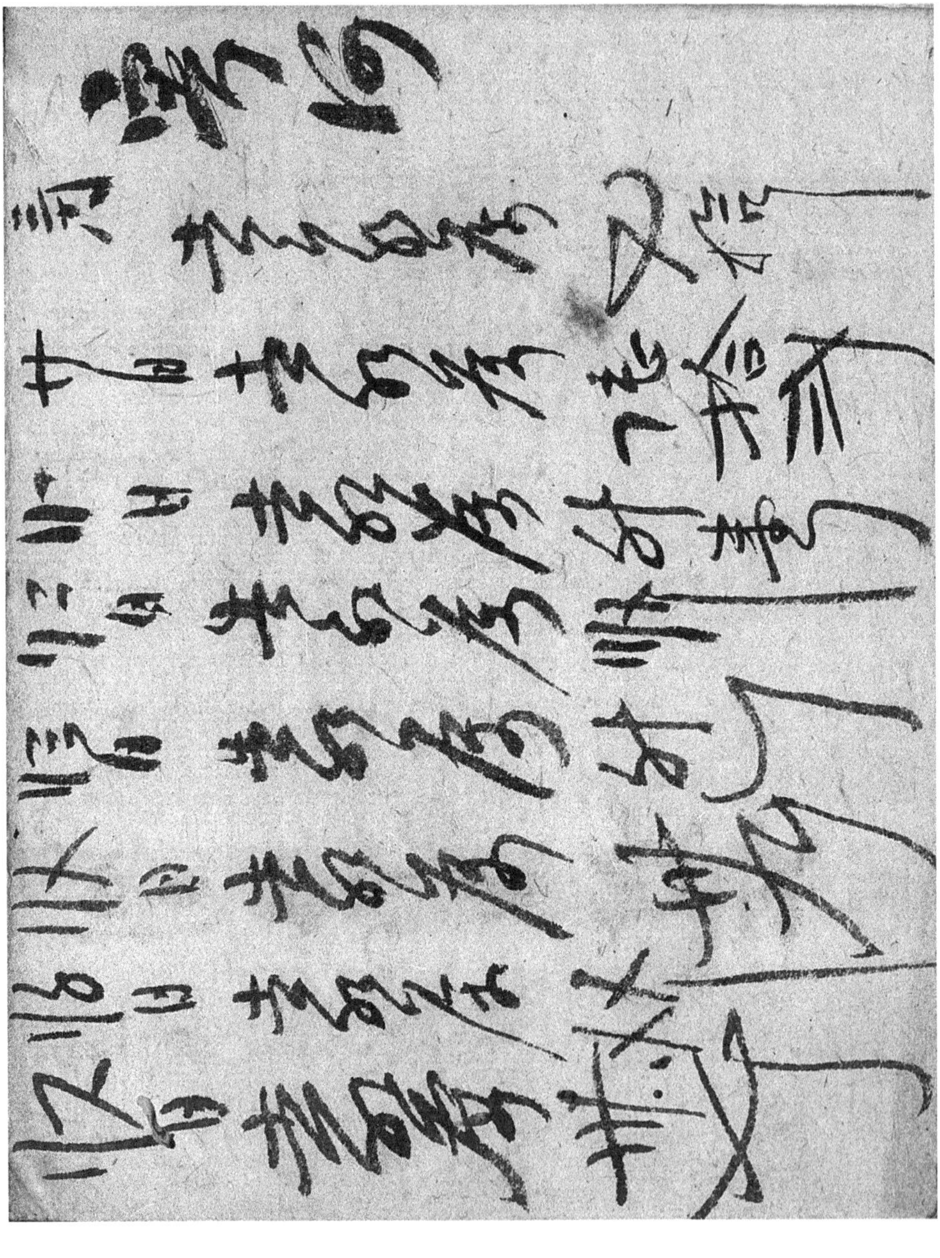

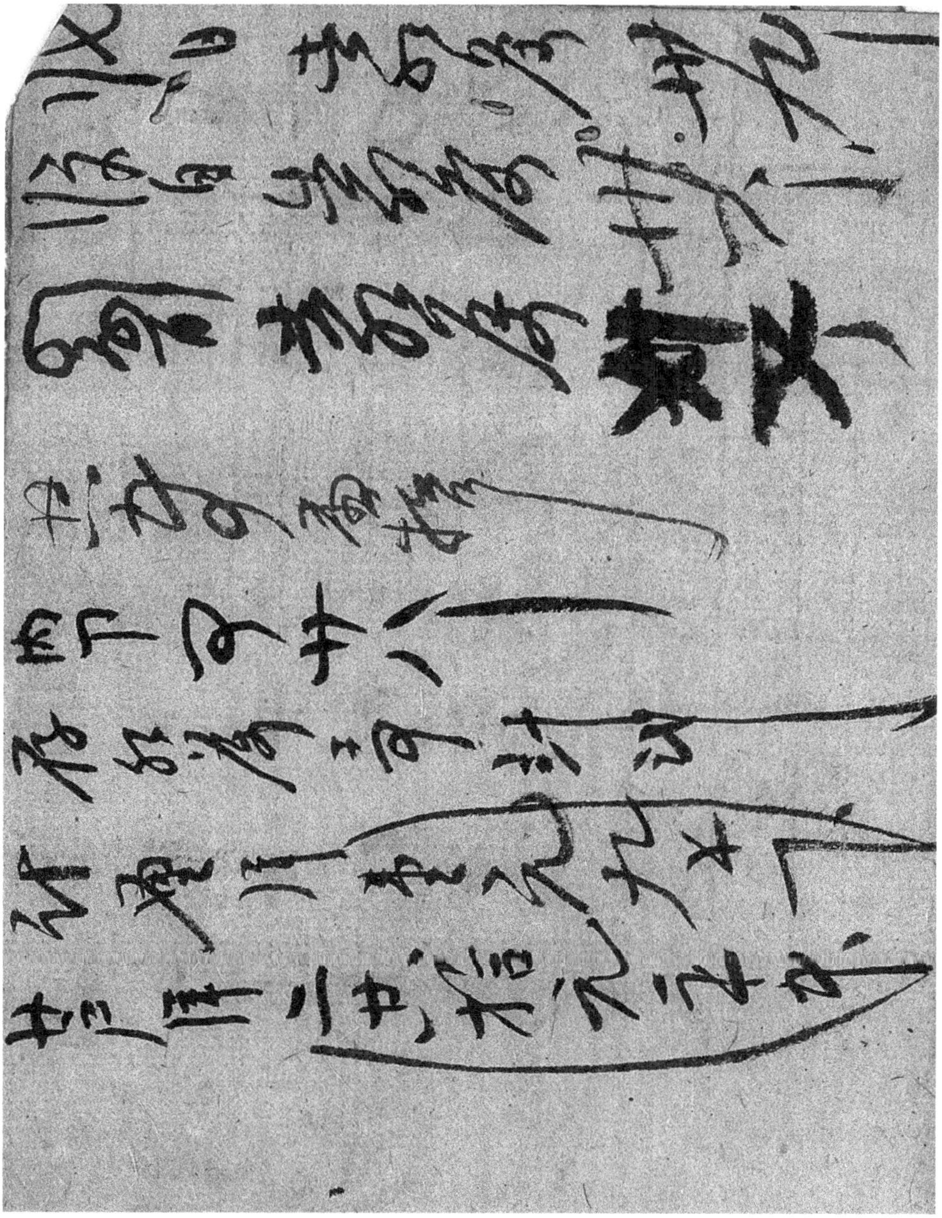

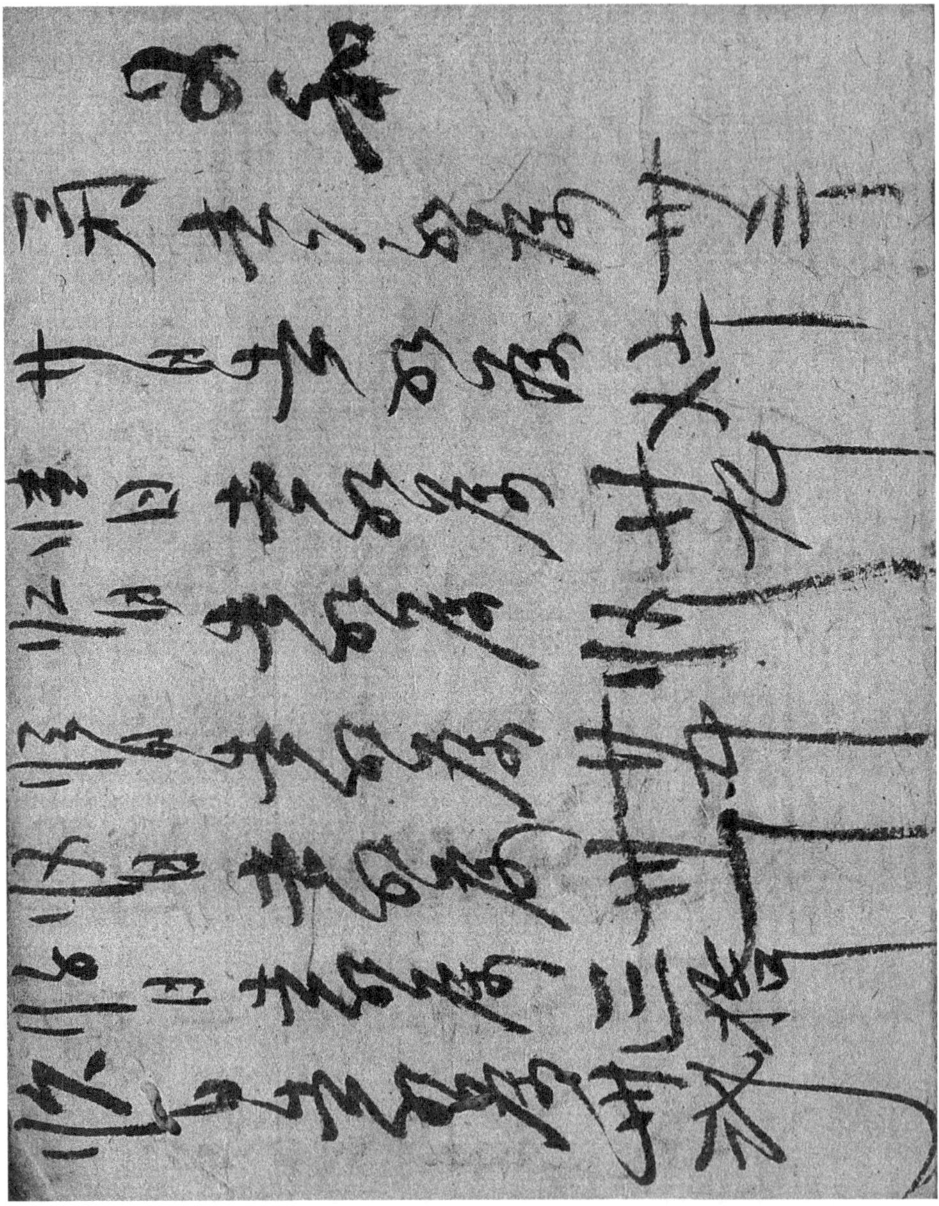

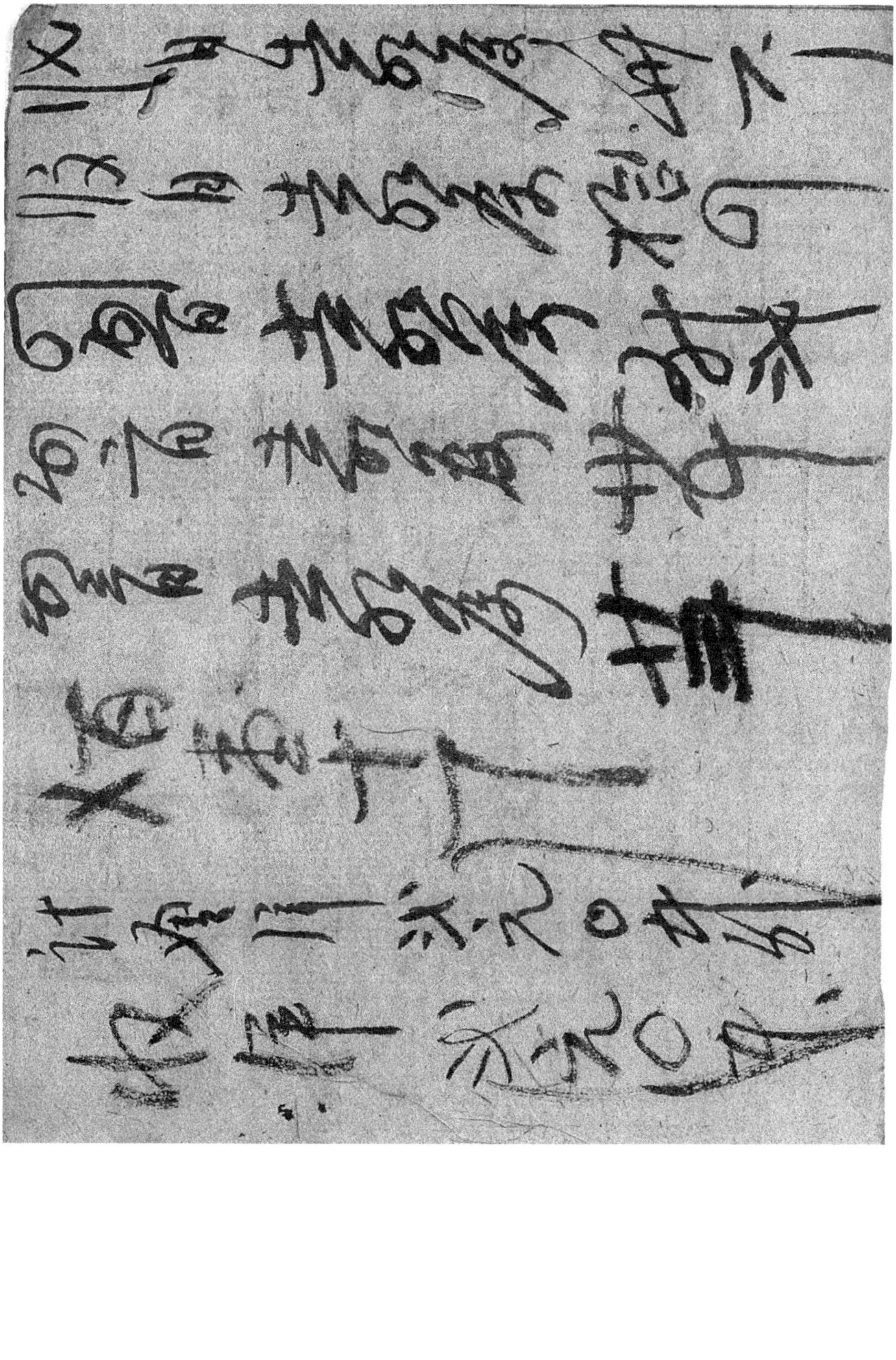

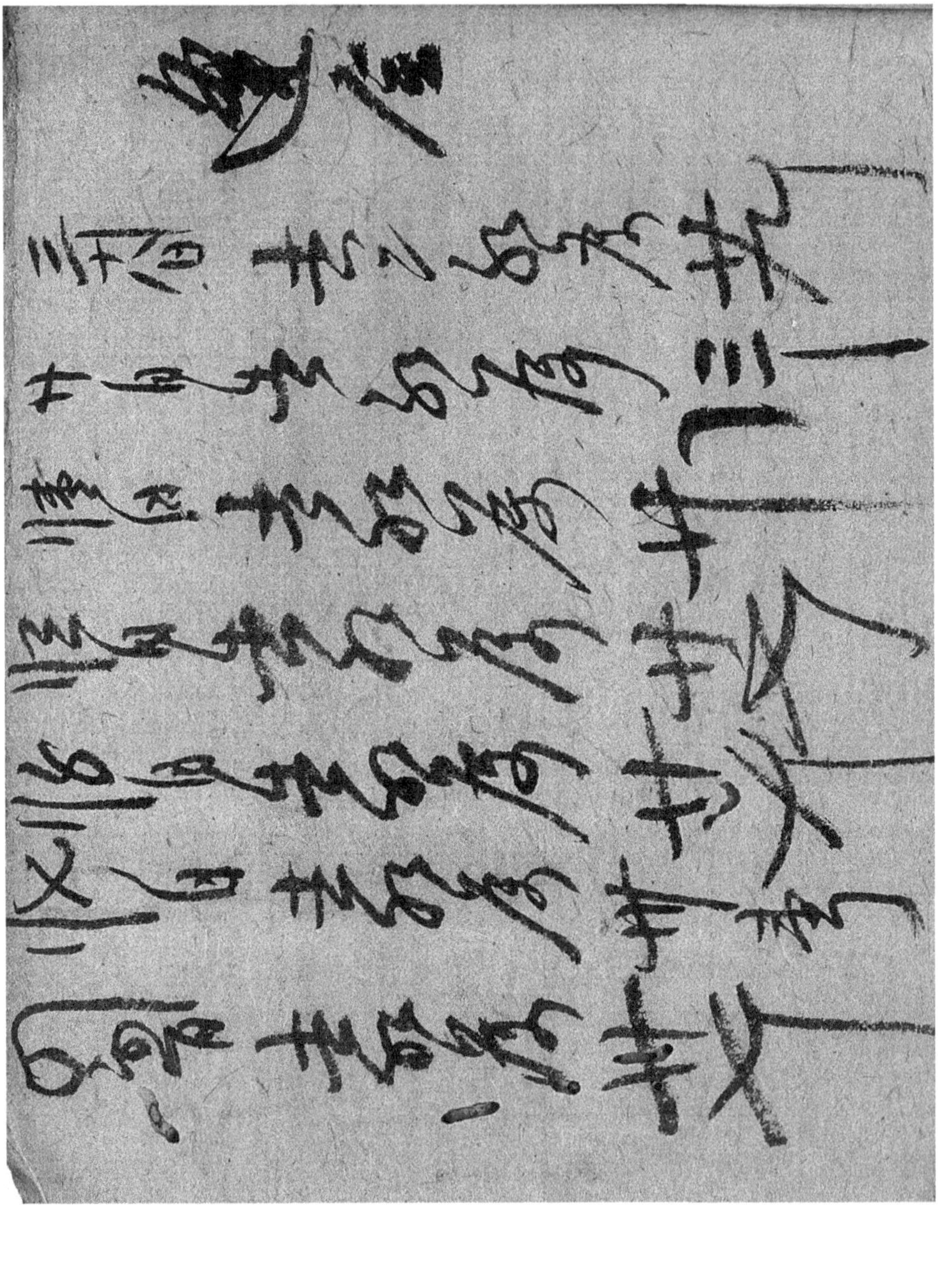

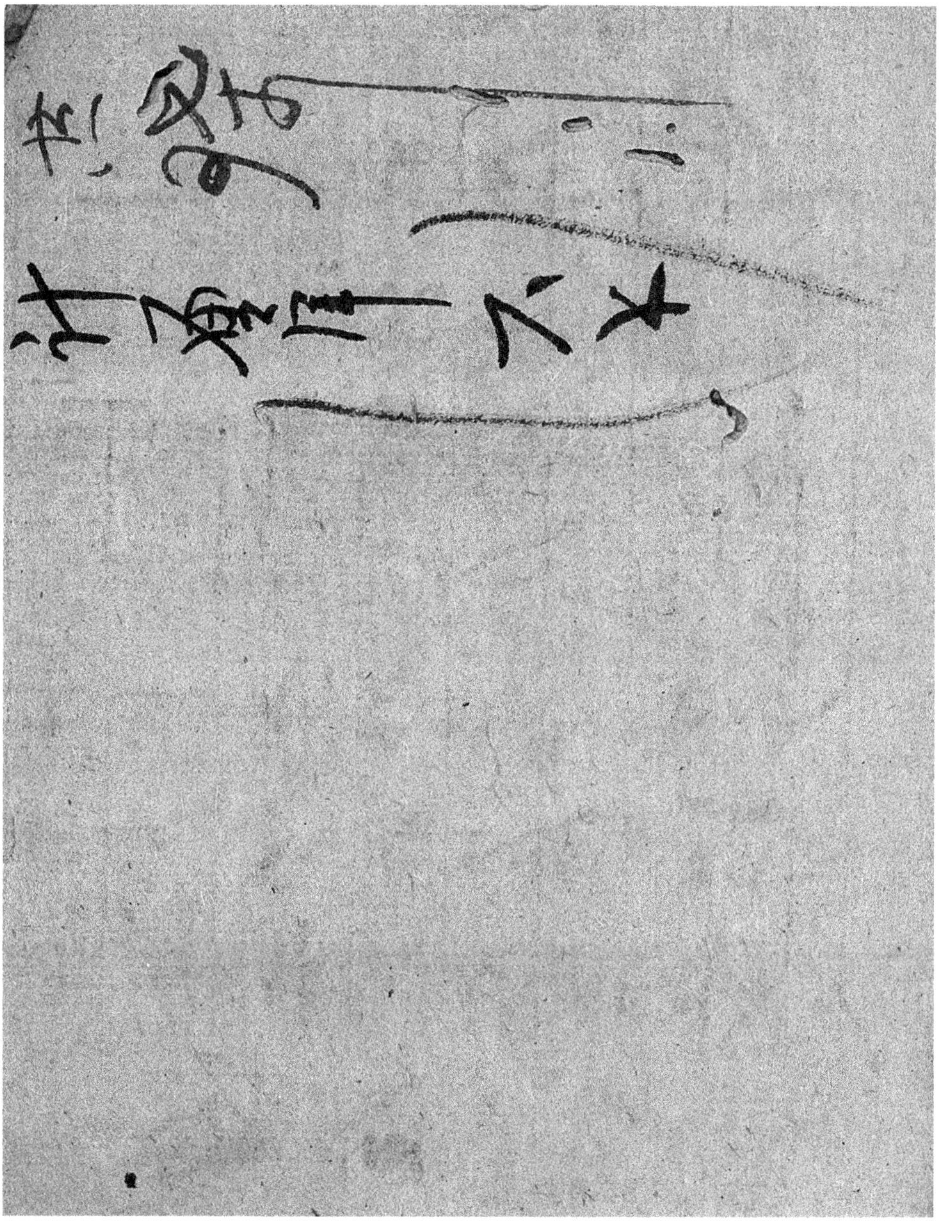

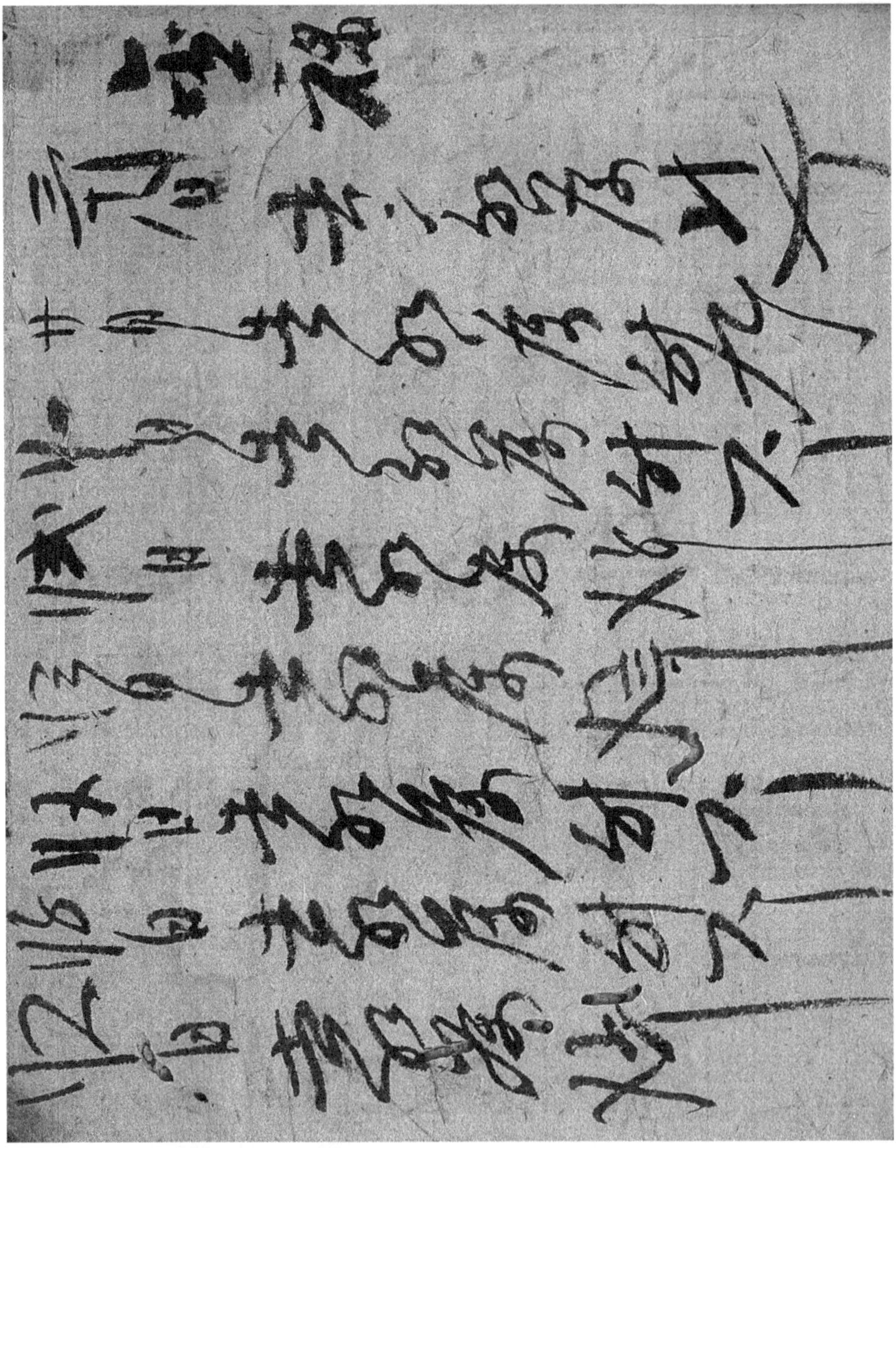

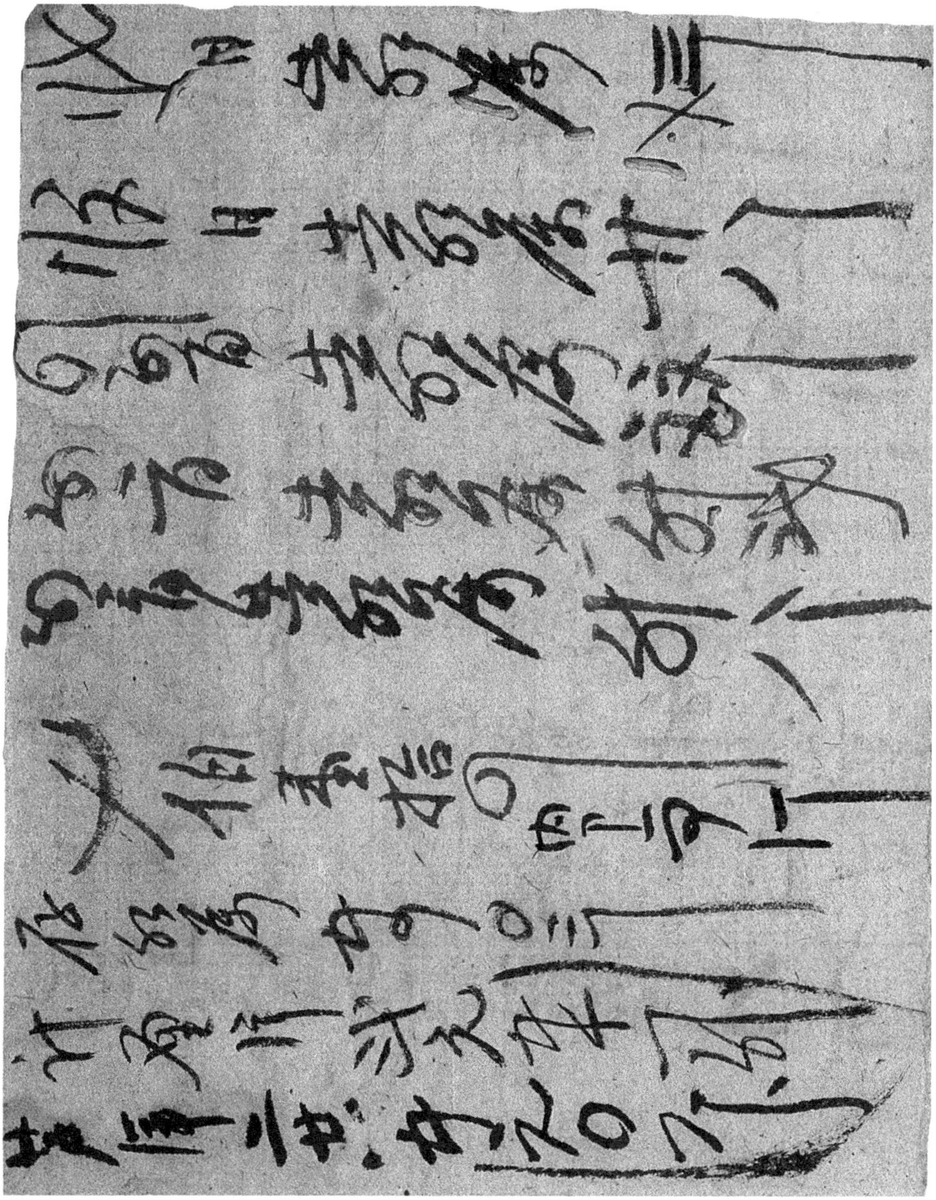

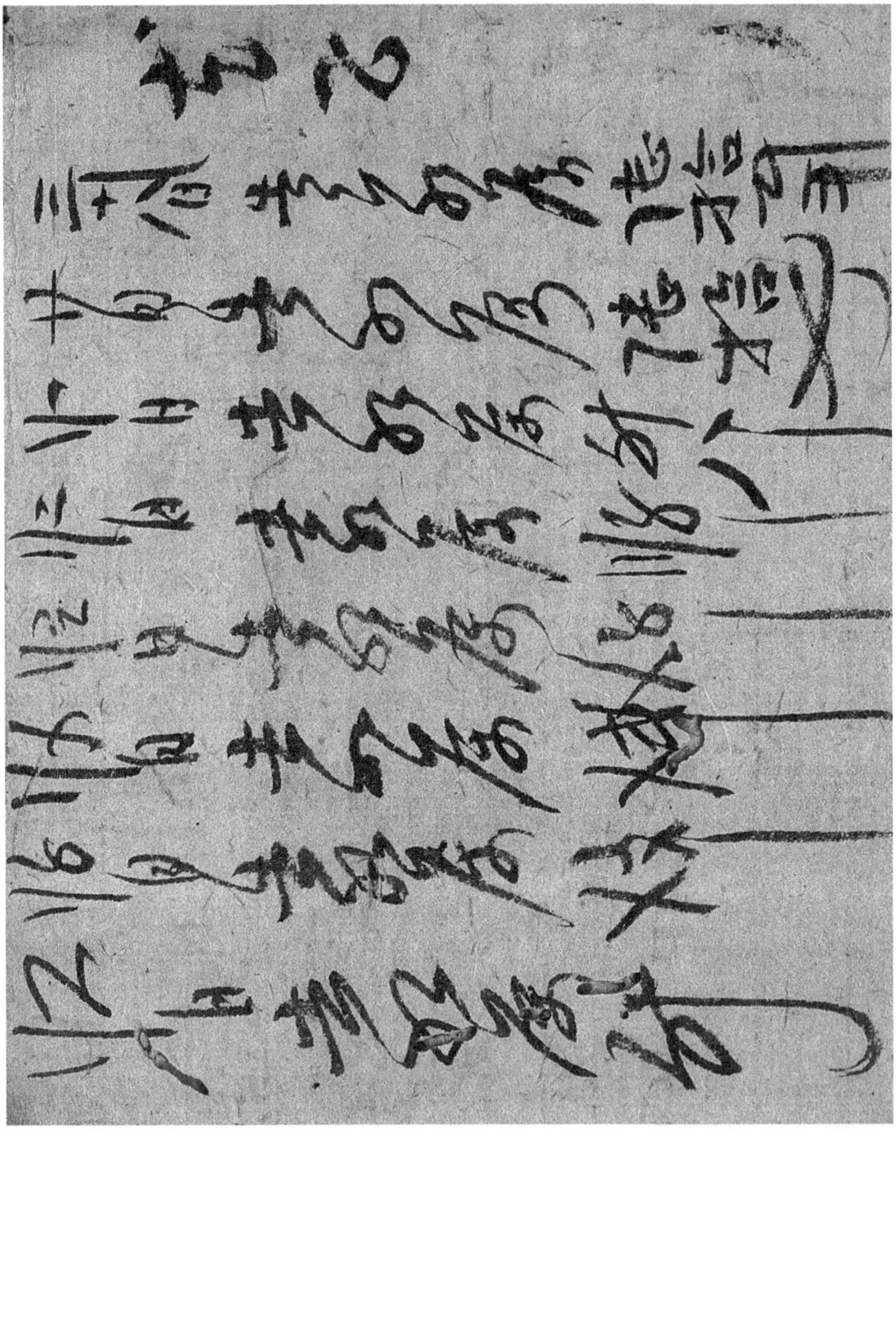

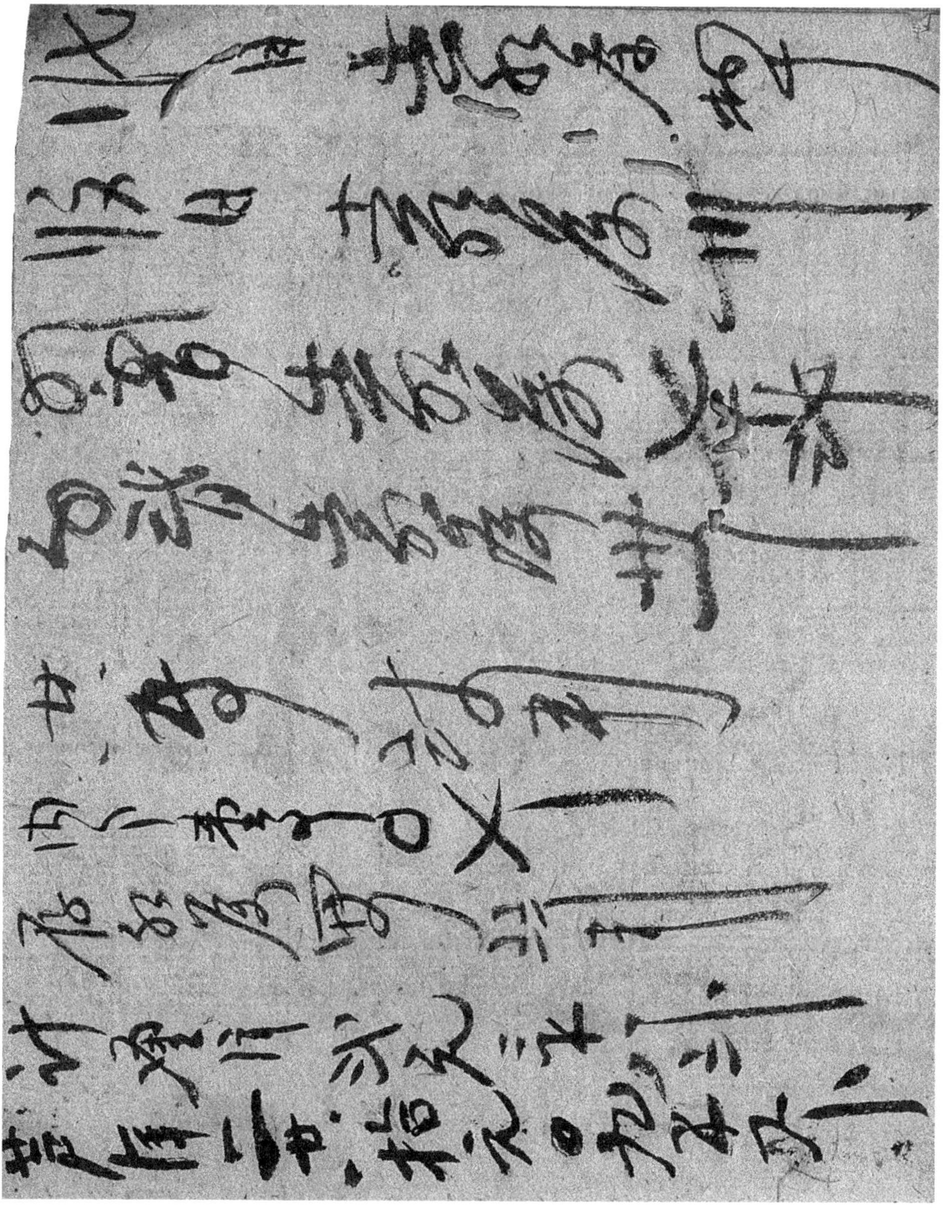

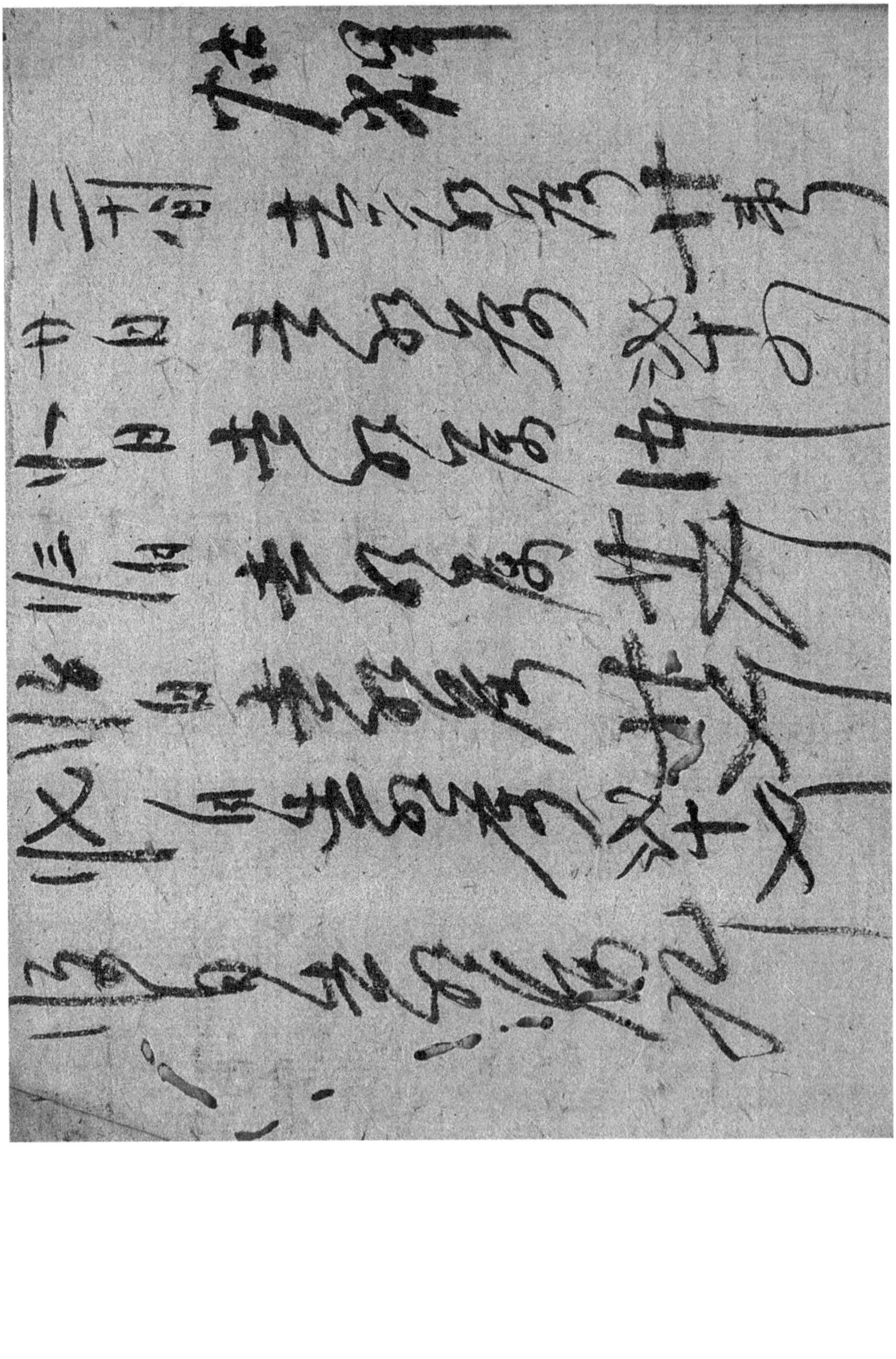

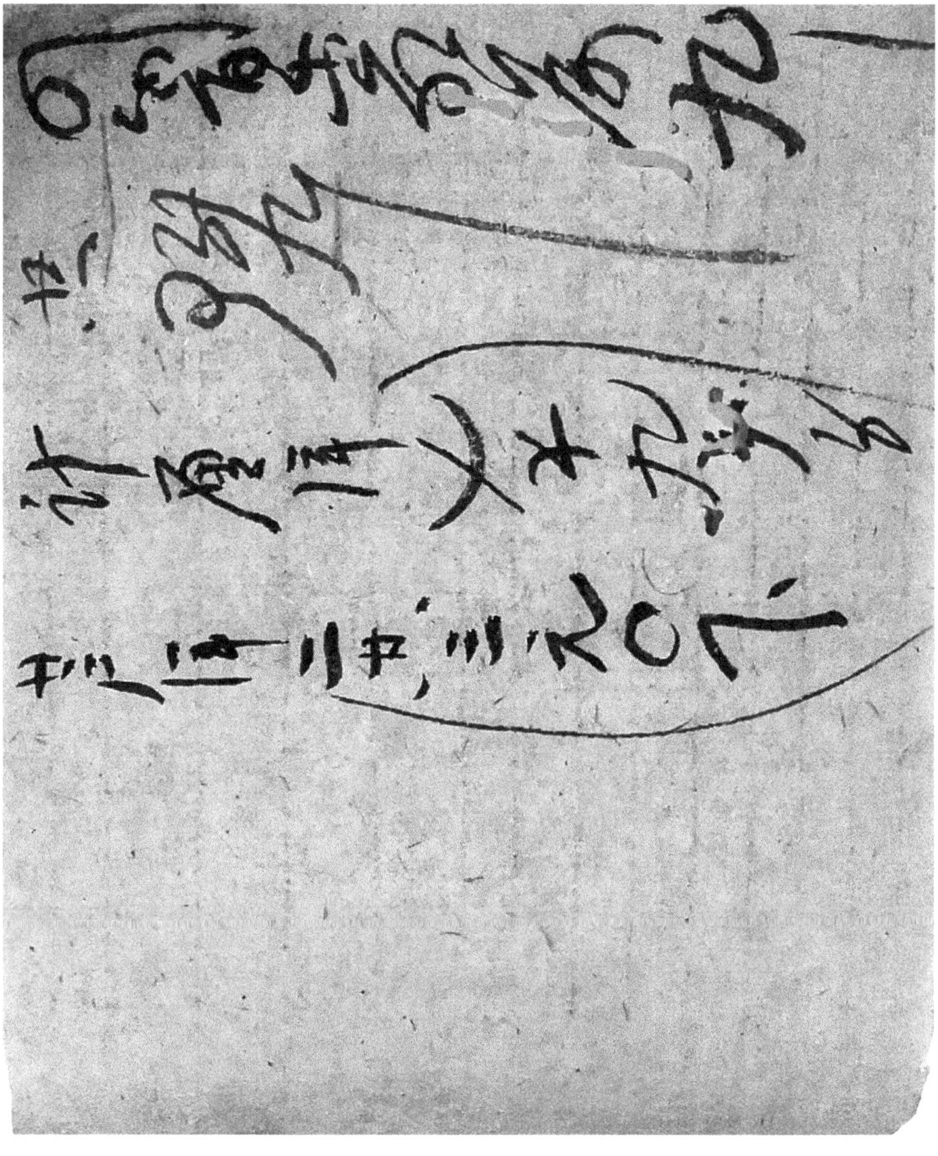

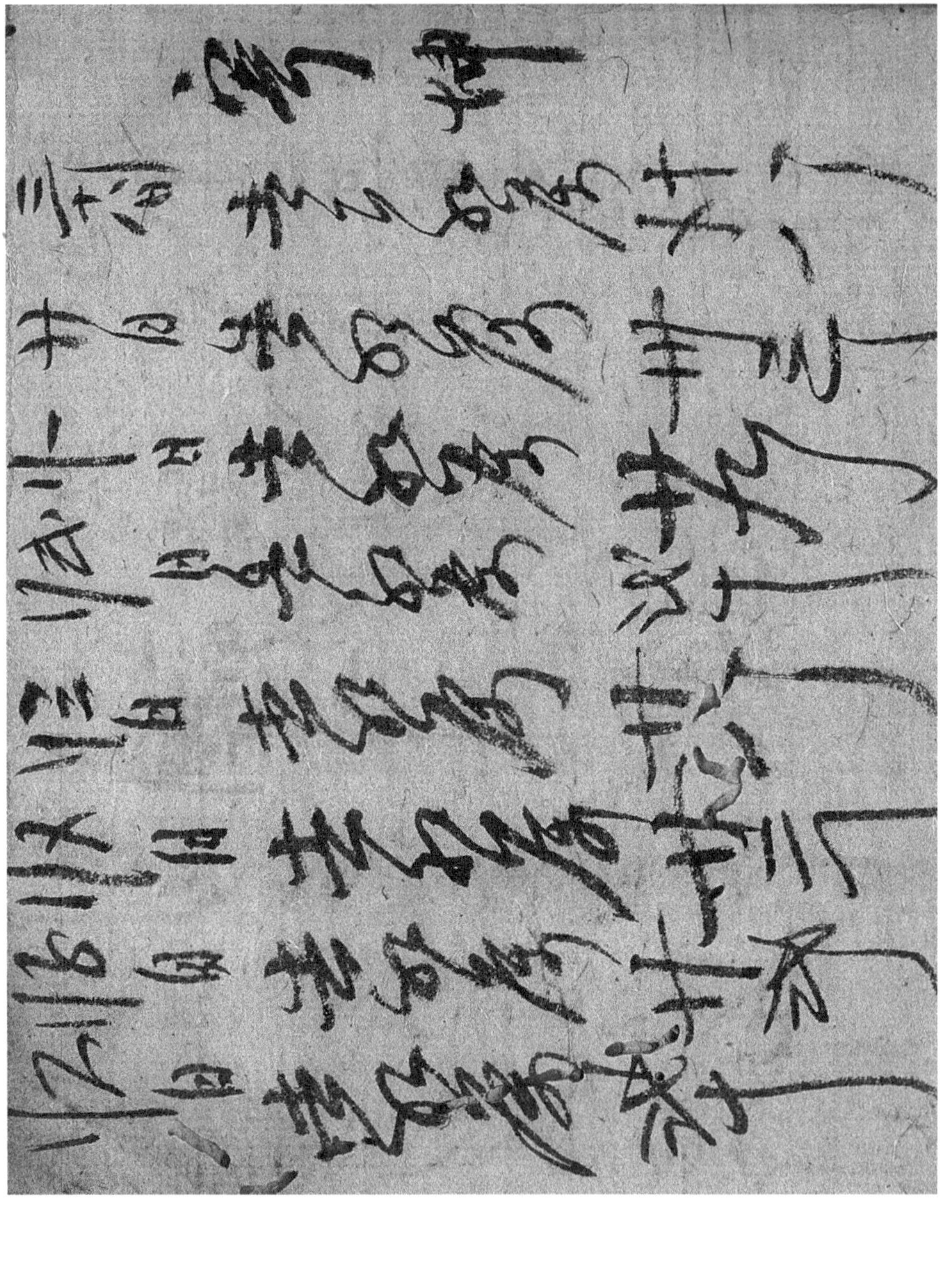

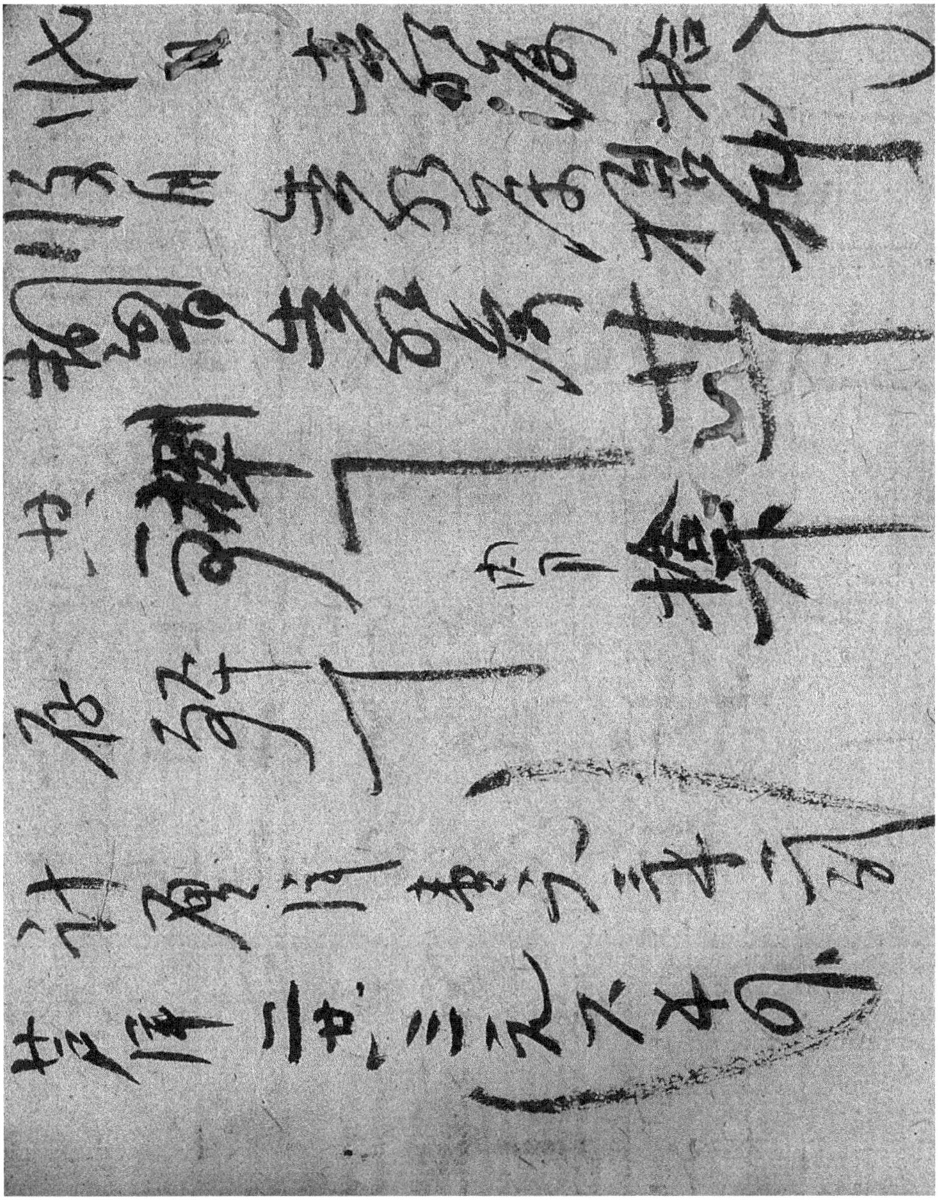

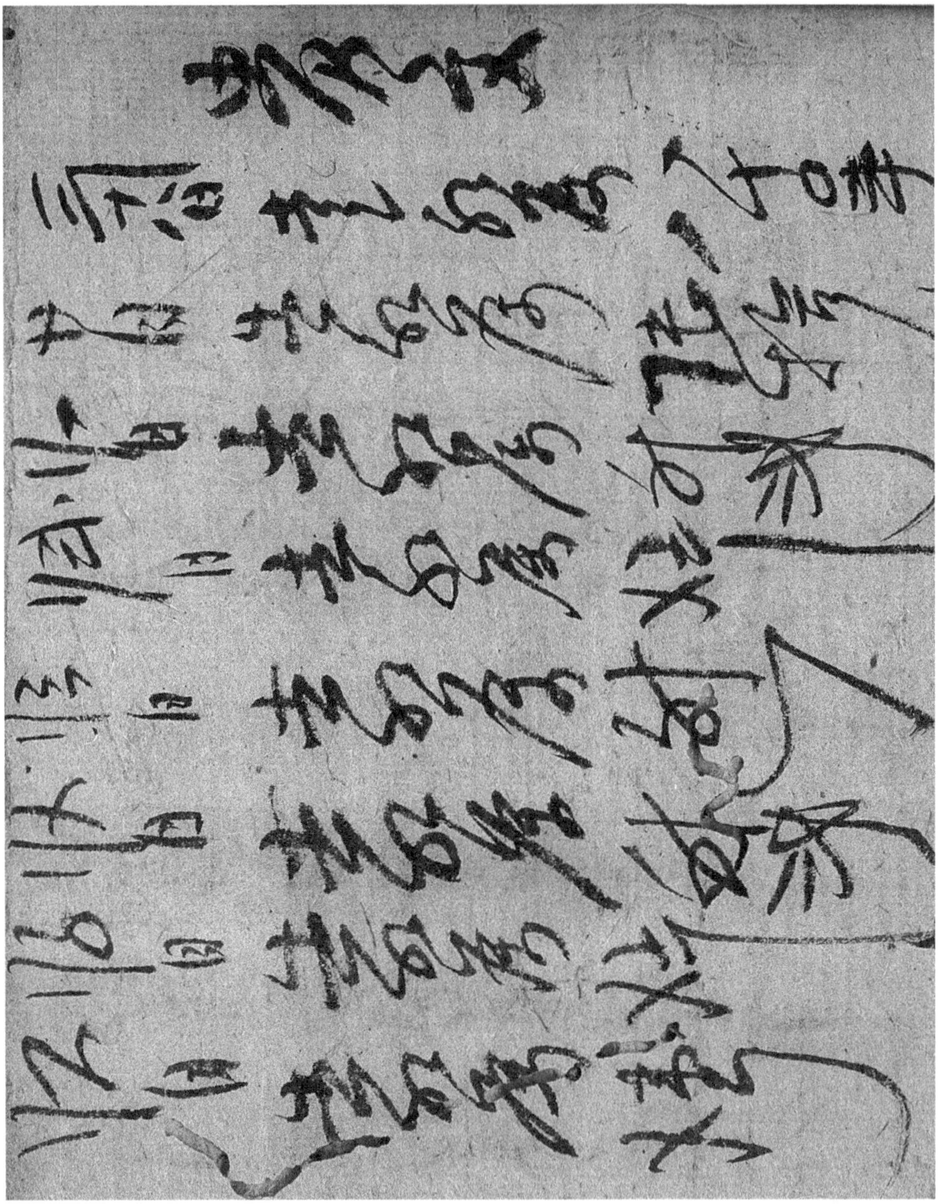

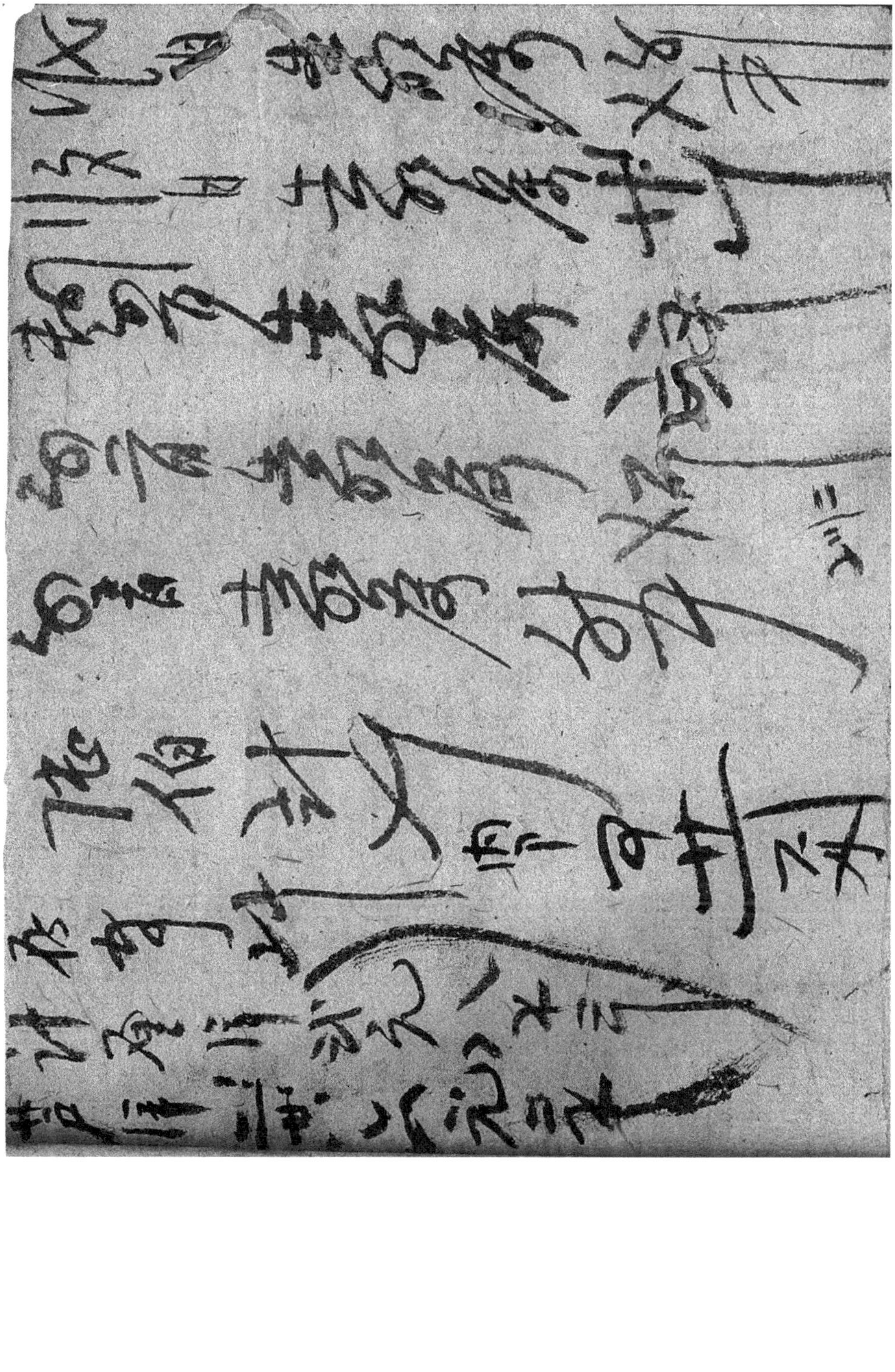

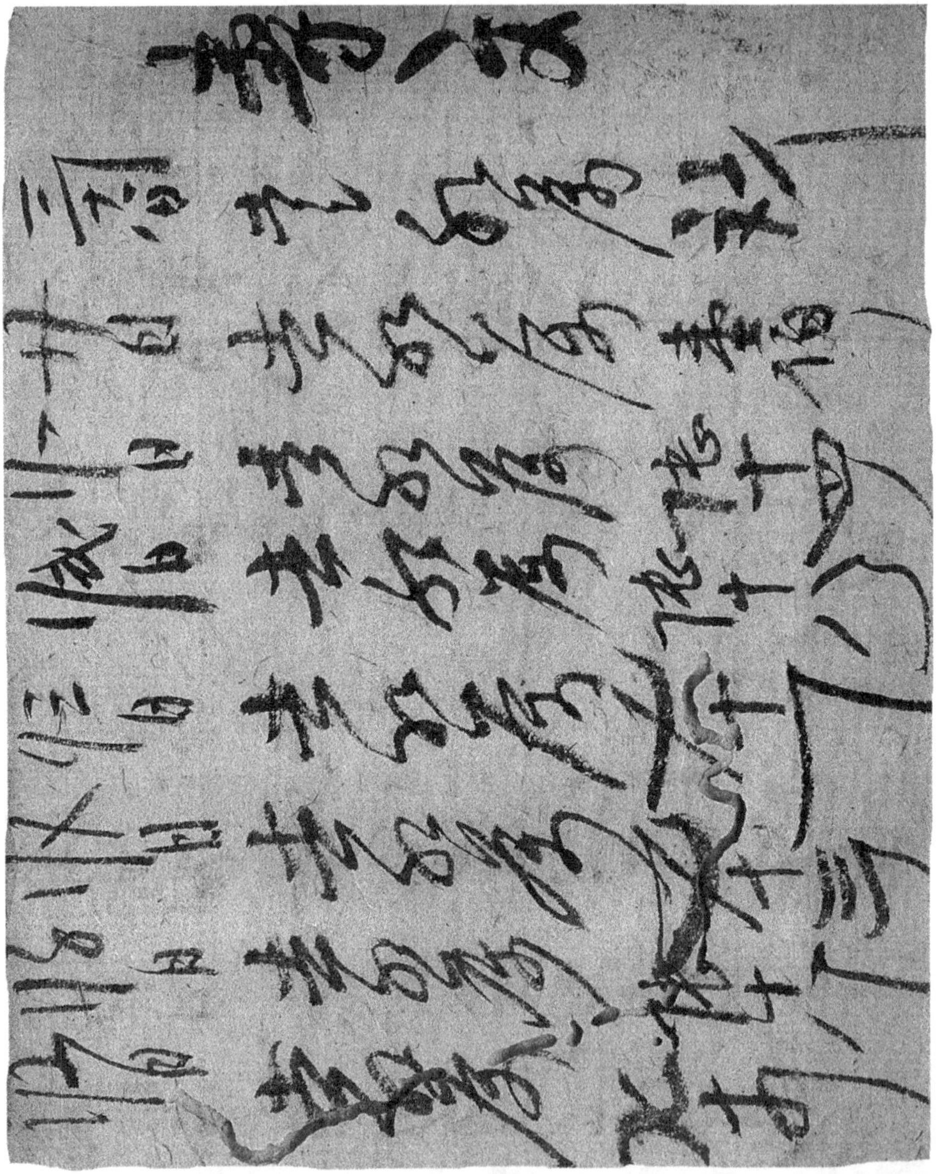

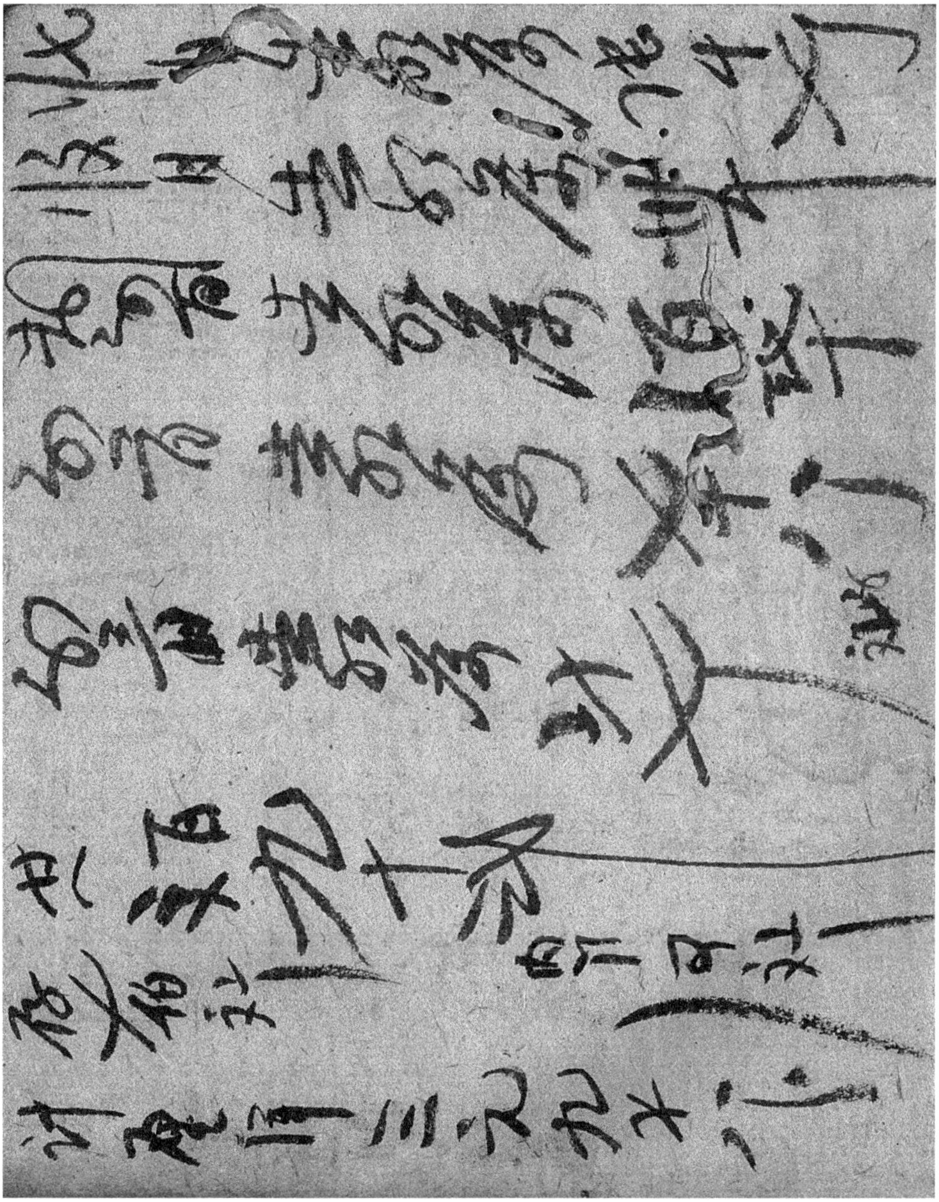

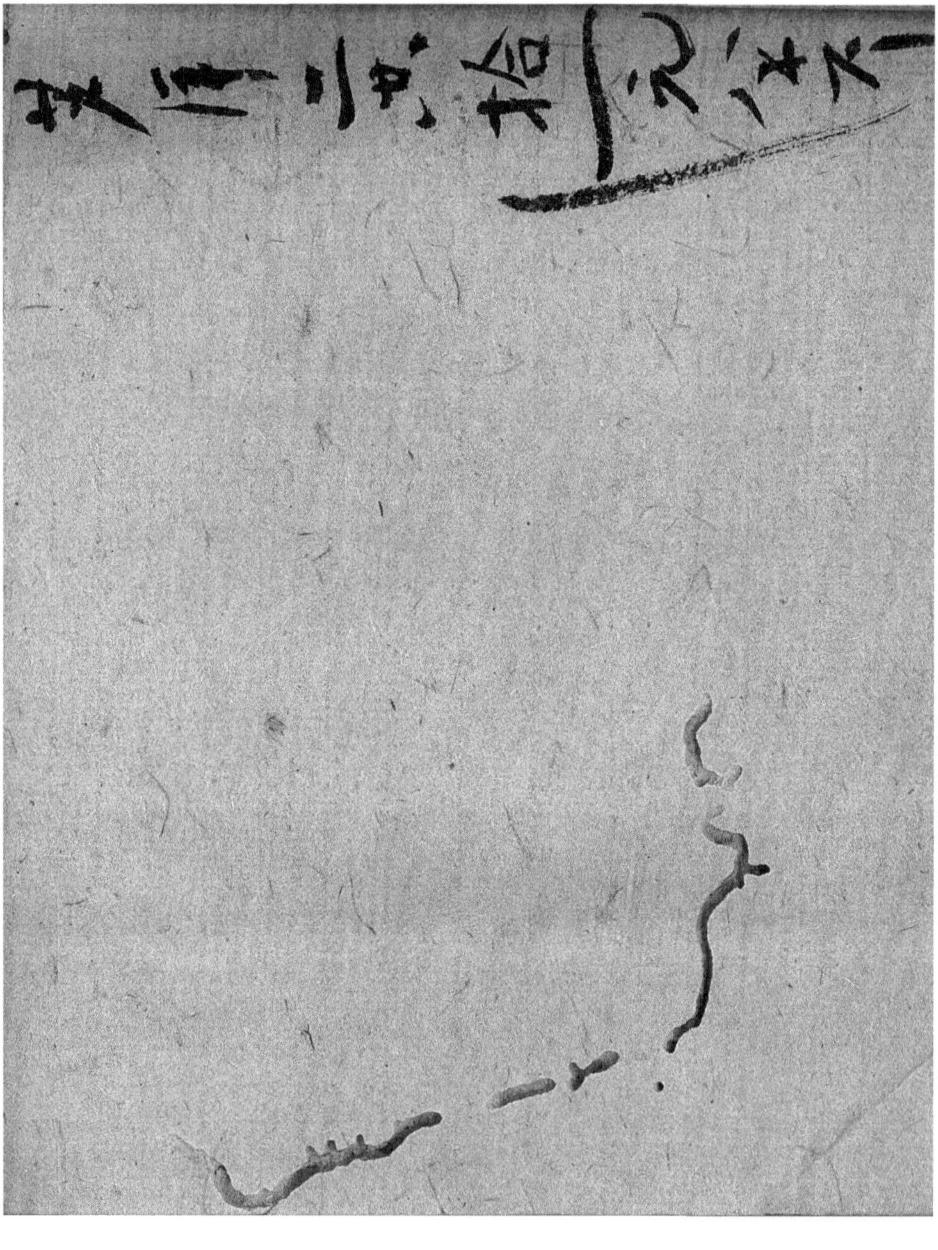

六 （民国二十七年）怡庆堂账簿

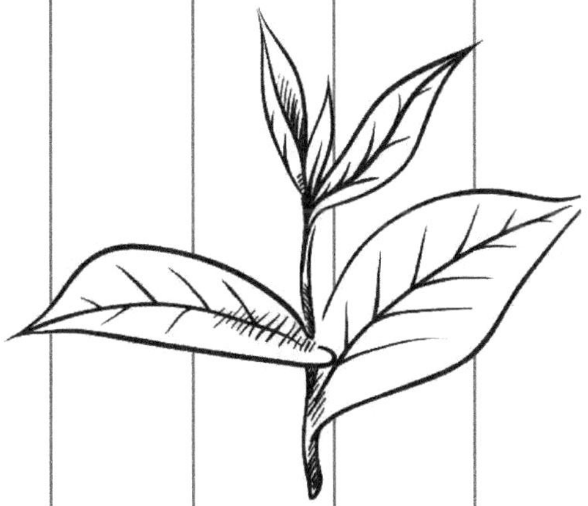

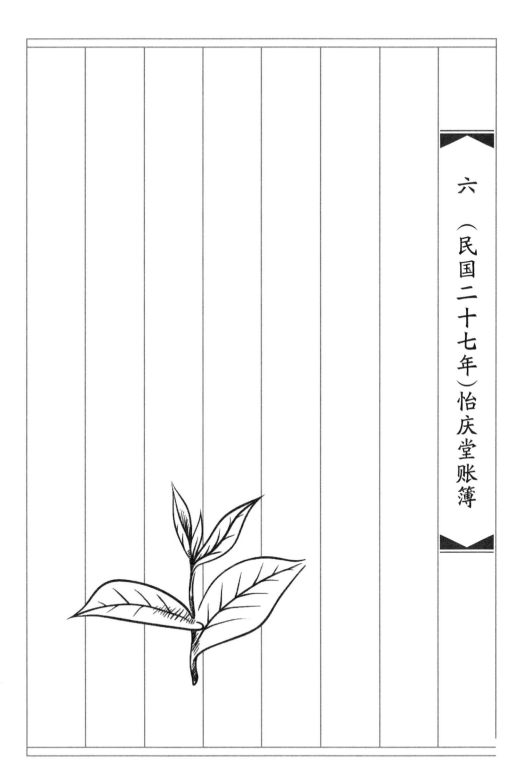

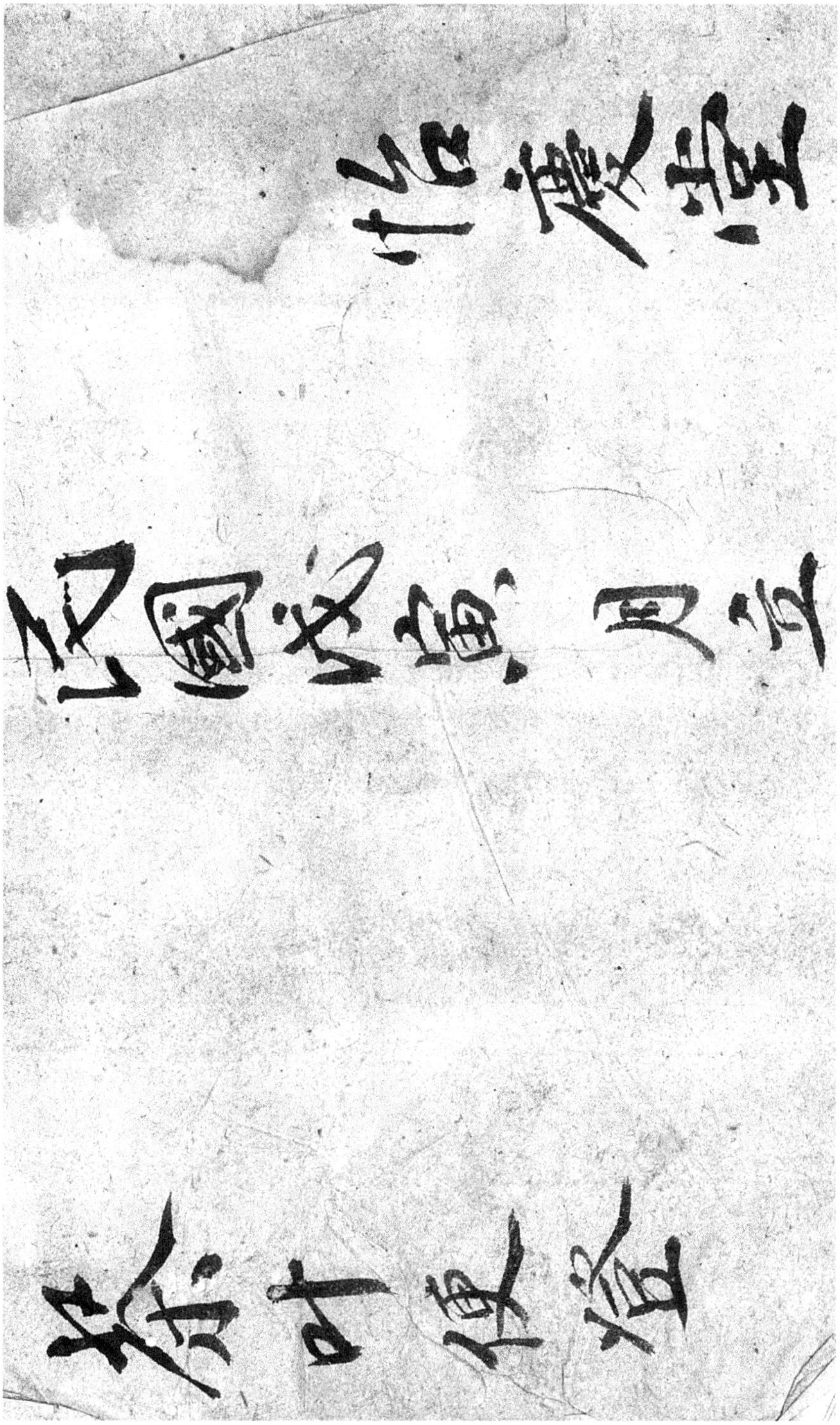
怡慶堂
民國戊寅夏月立
茶叶便登

茶叶便登

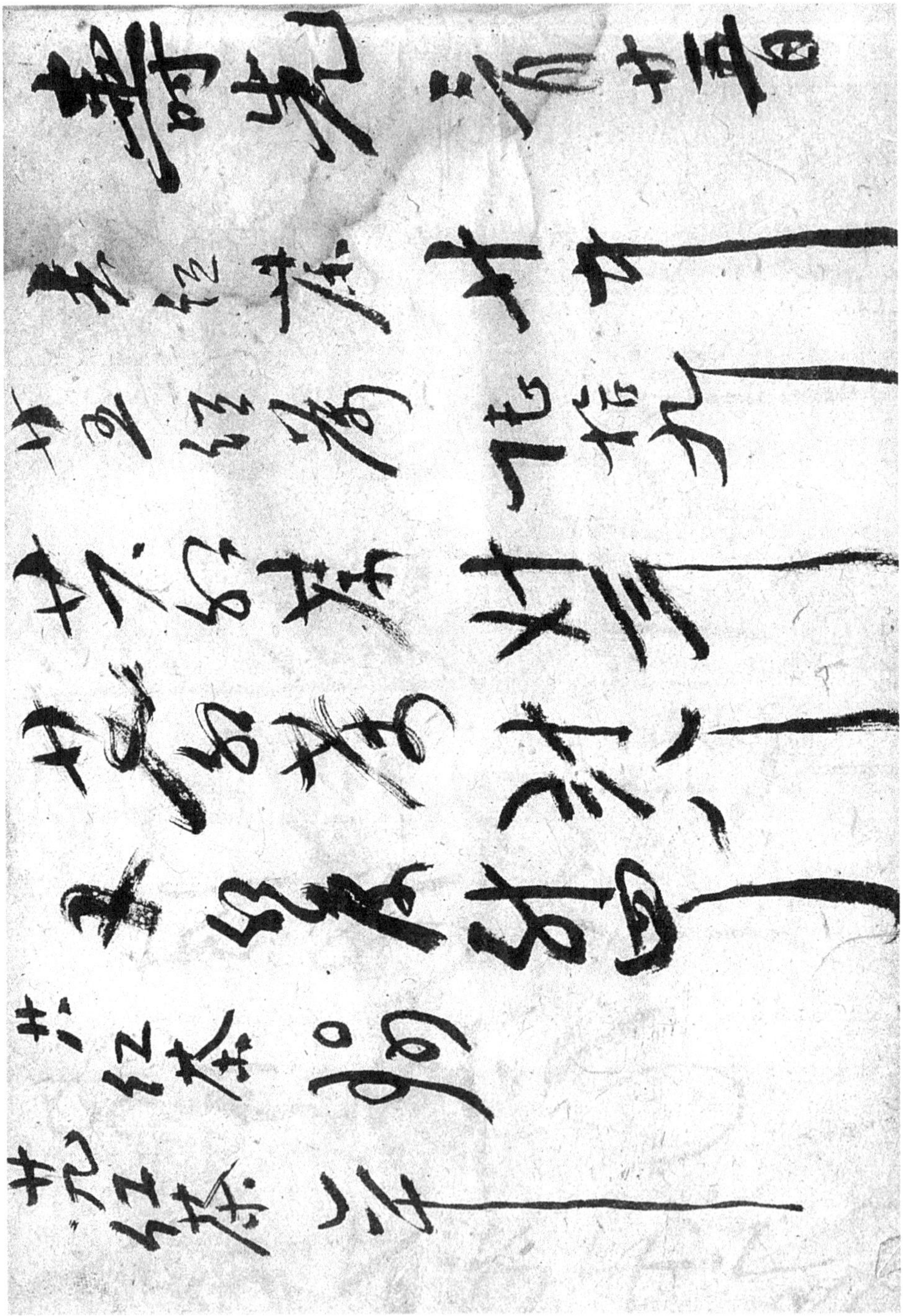

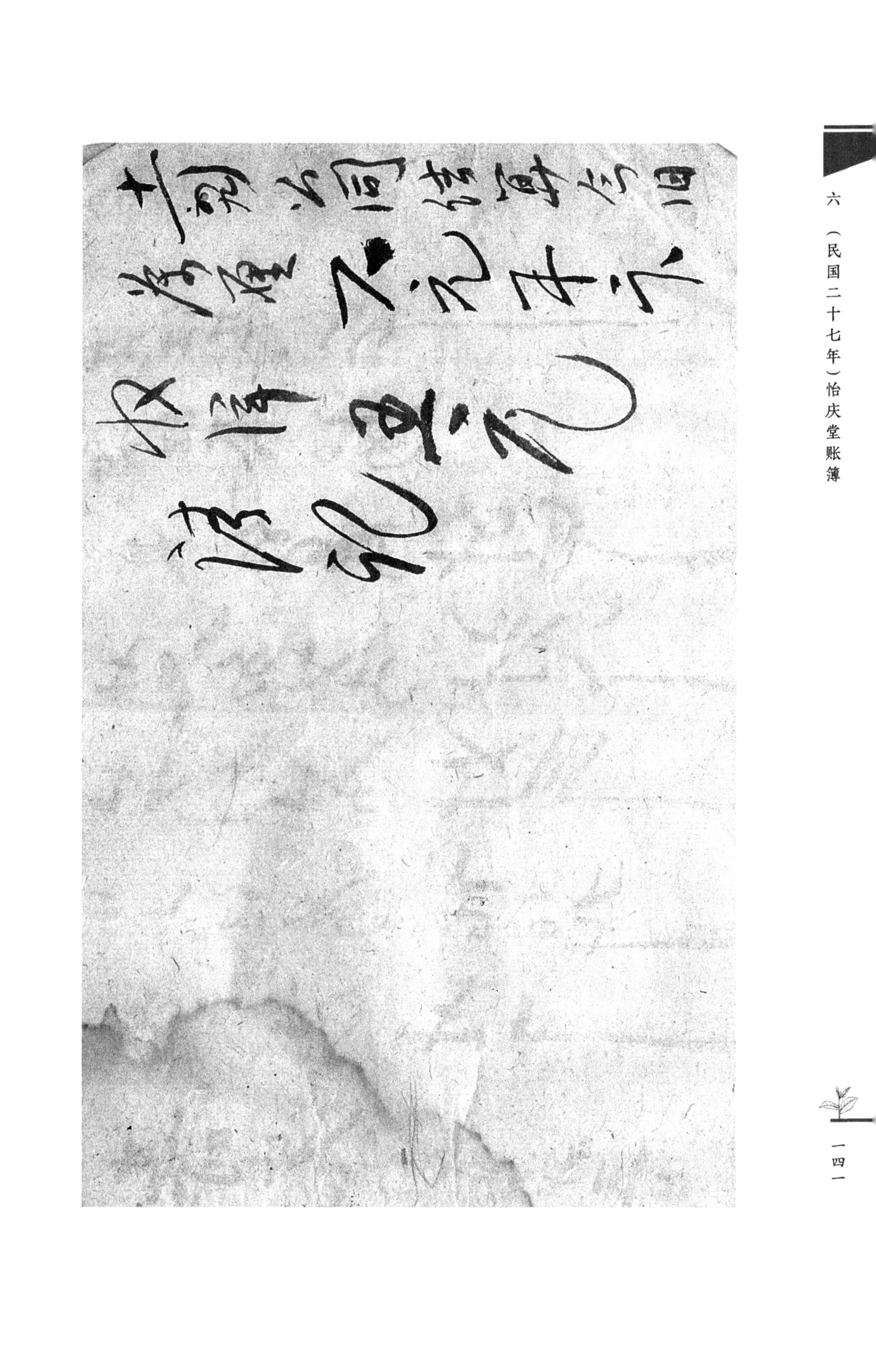

[illegible]

費文　二月廿五日

去經茶　廿〡

廿五經茶　卅〨〡

念六日紅茶　廿〡

念七日紅茶　廿〨〡

又廿〥〡

十一月初九　結算存旧

茶厘洋　〤元〇〡

又莛茶厘洋　元下午

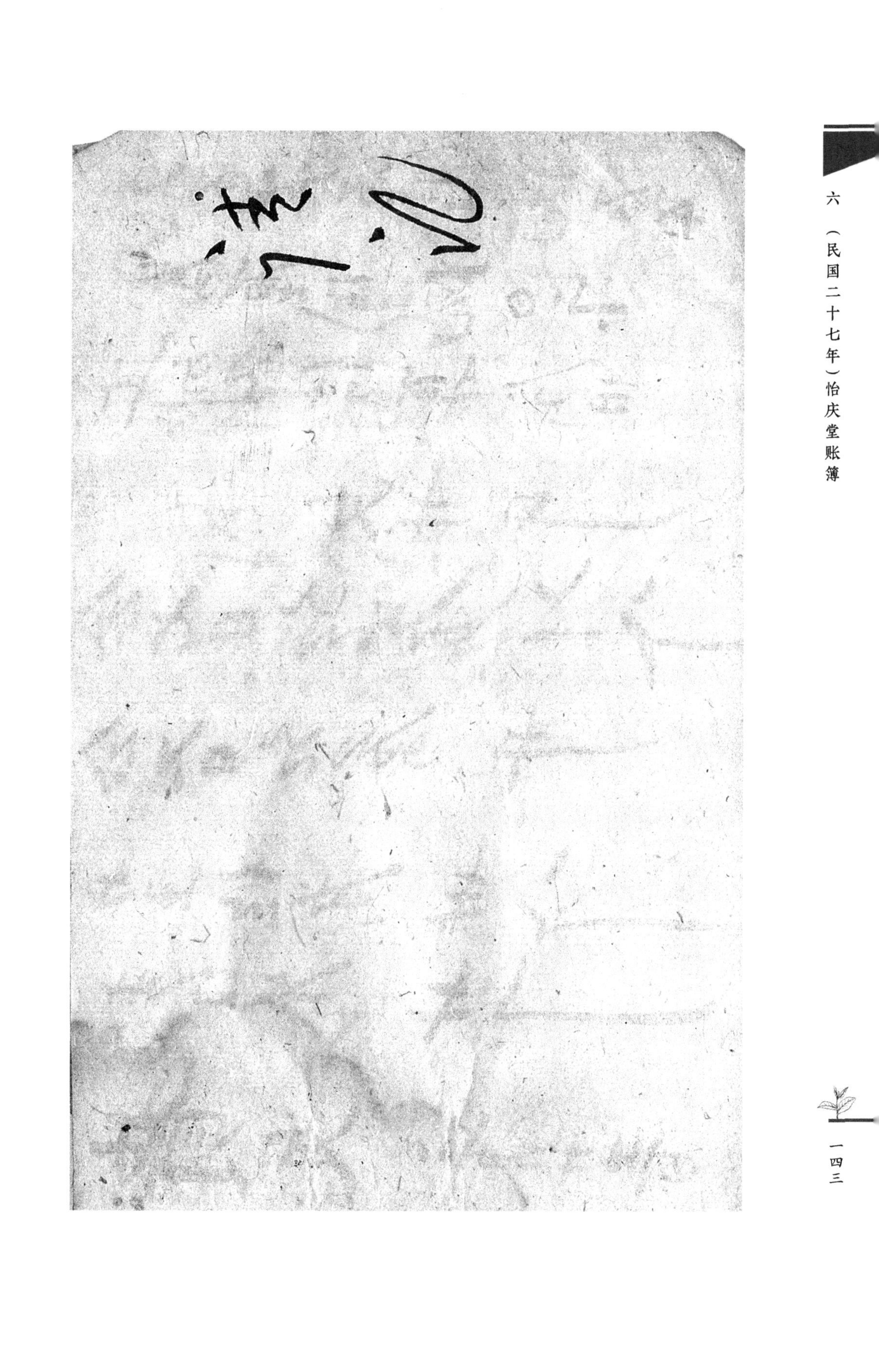

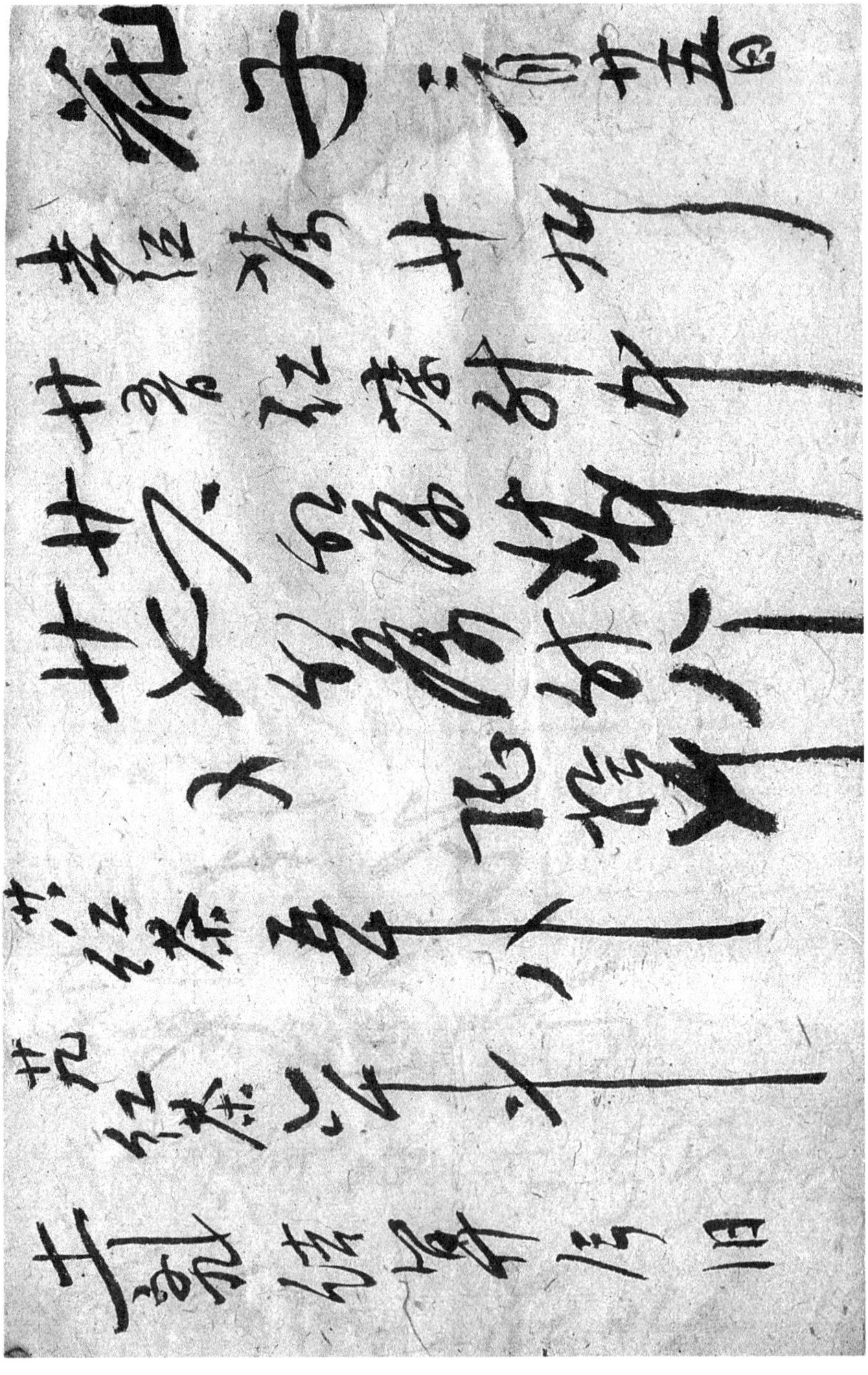

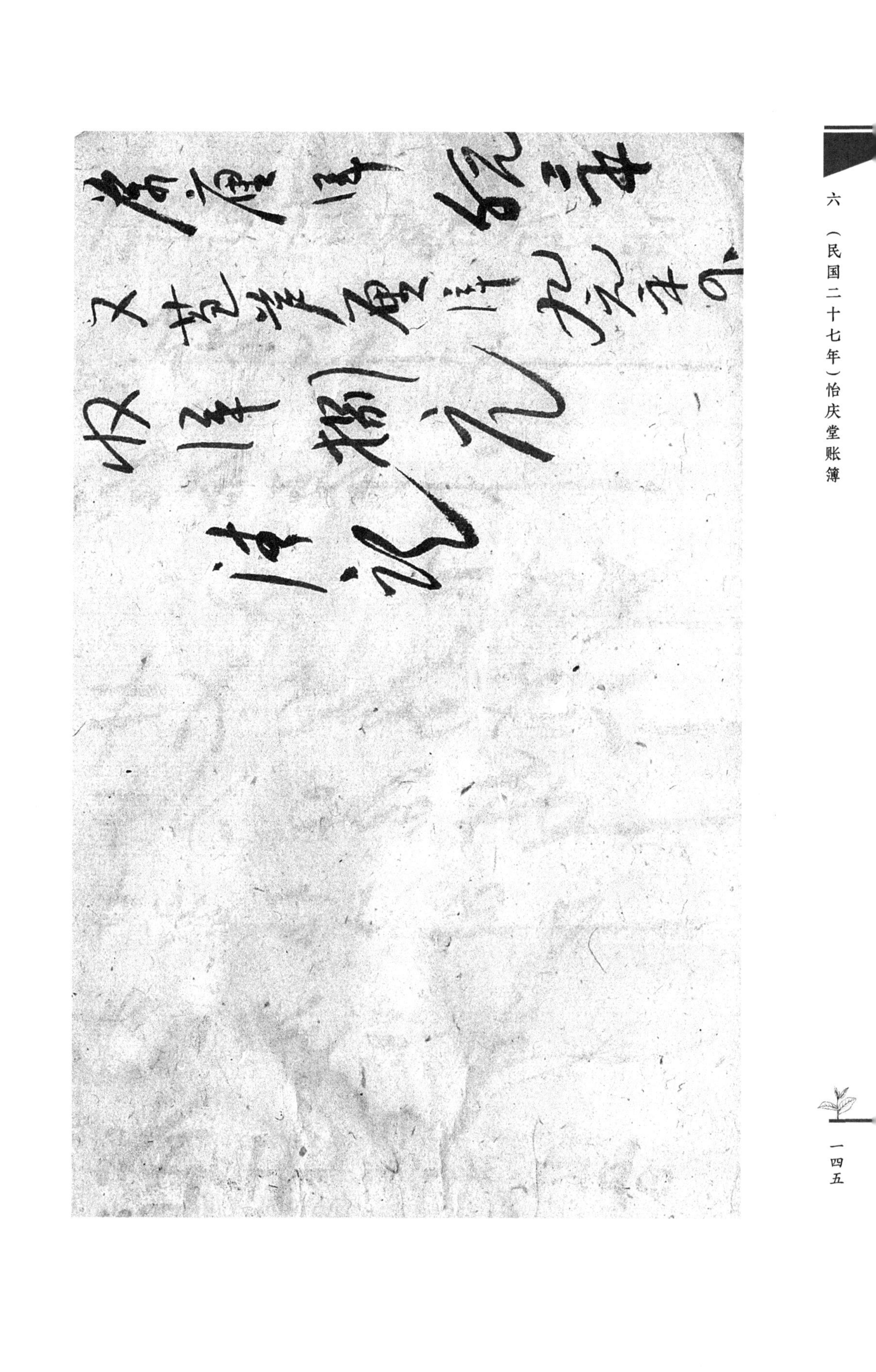

[illegible]

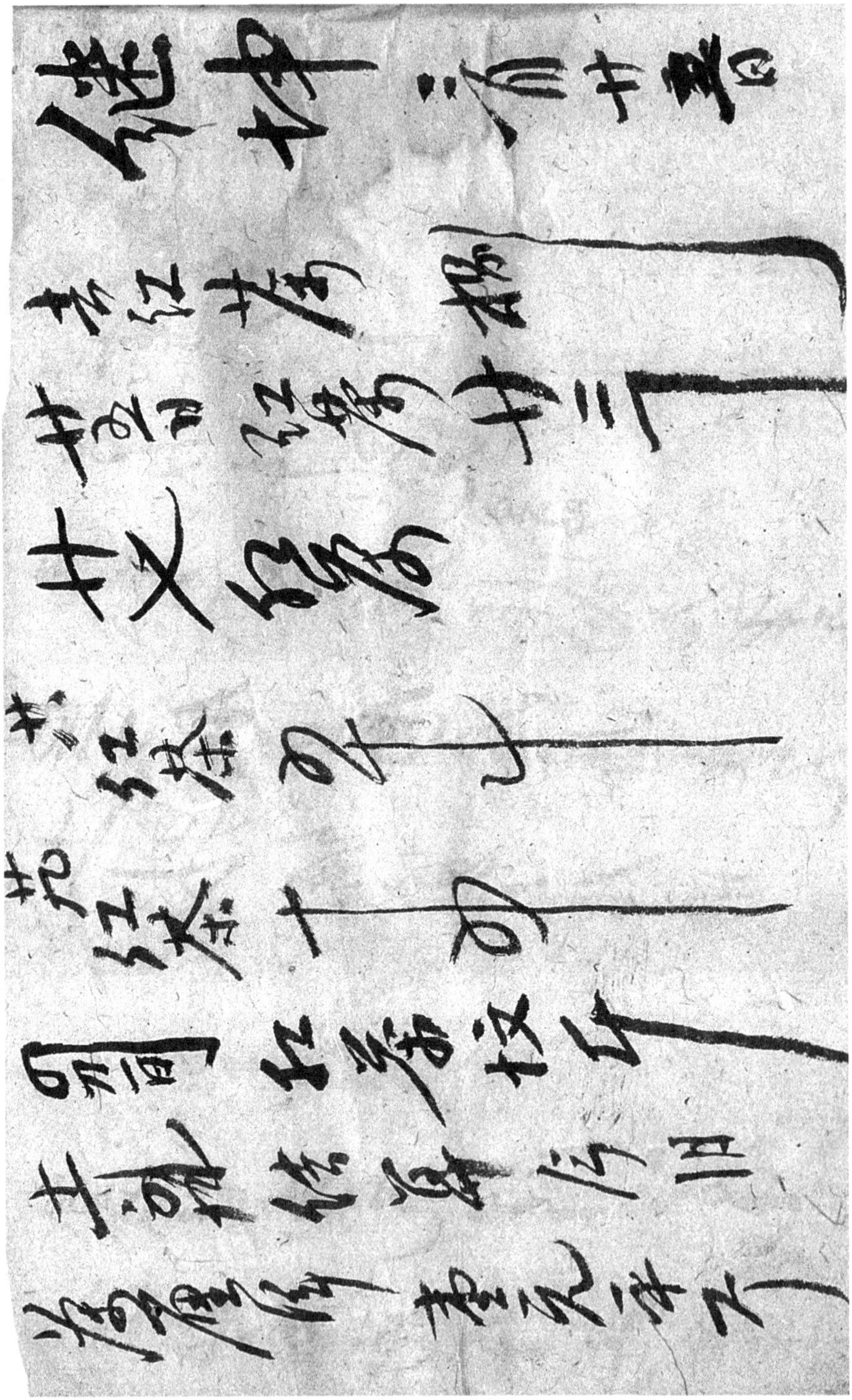

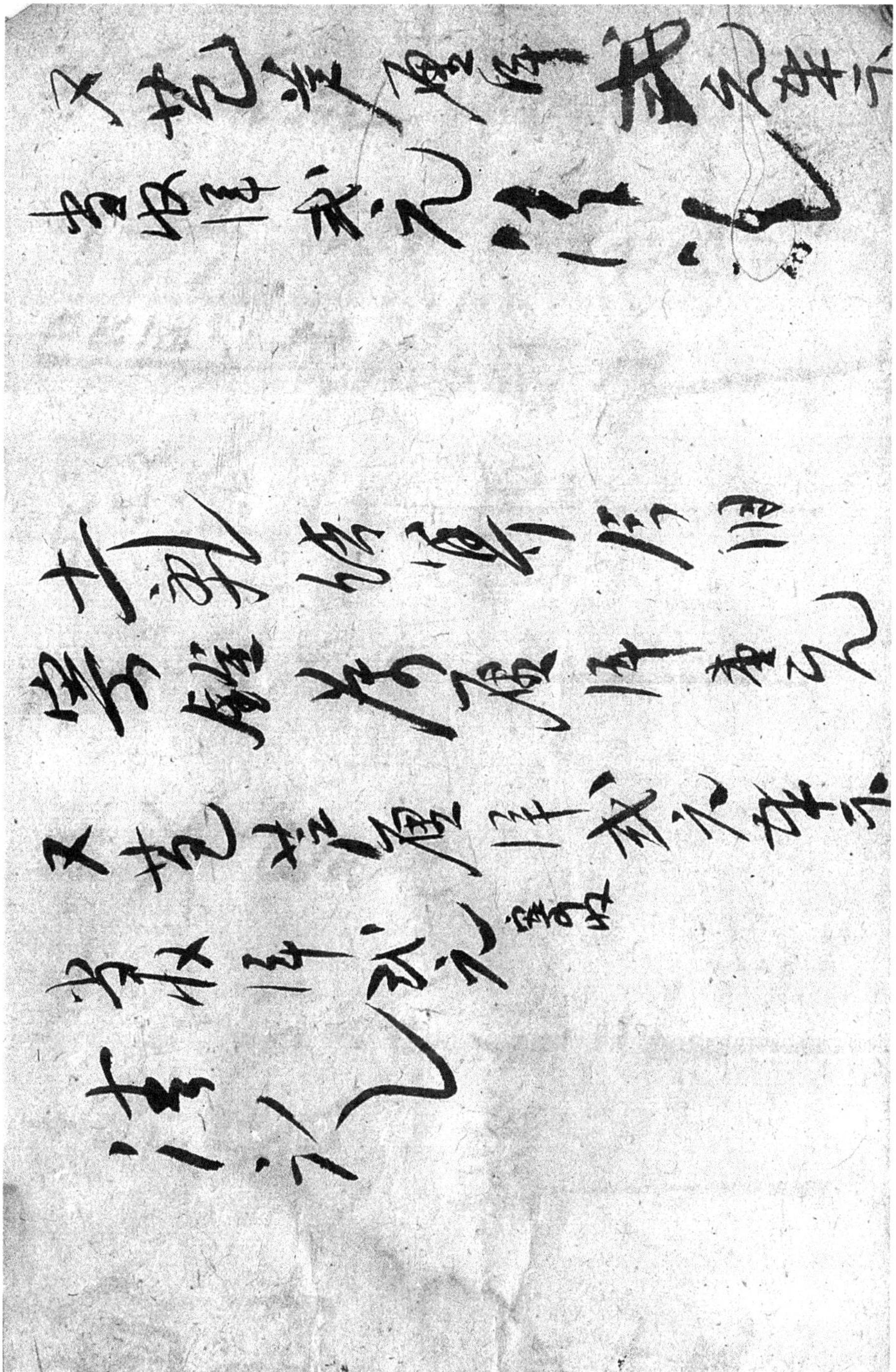

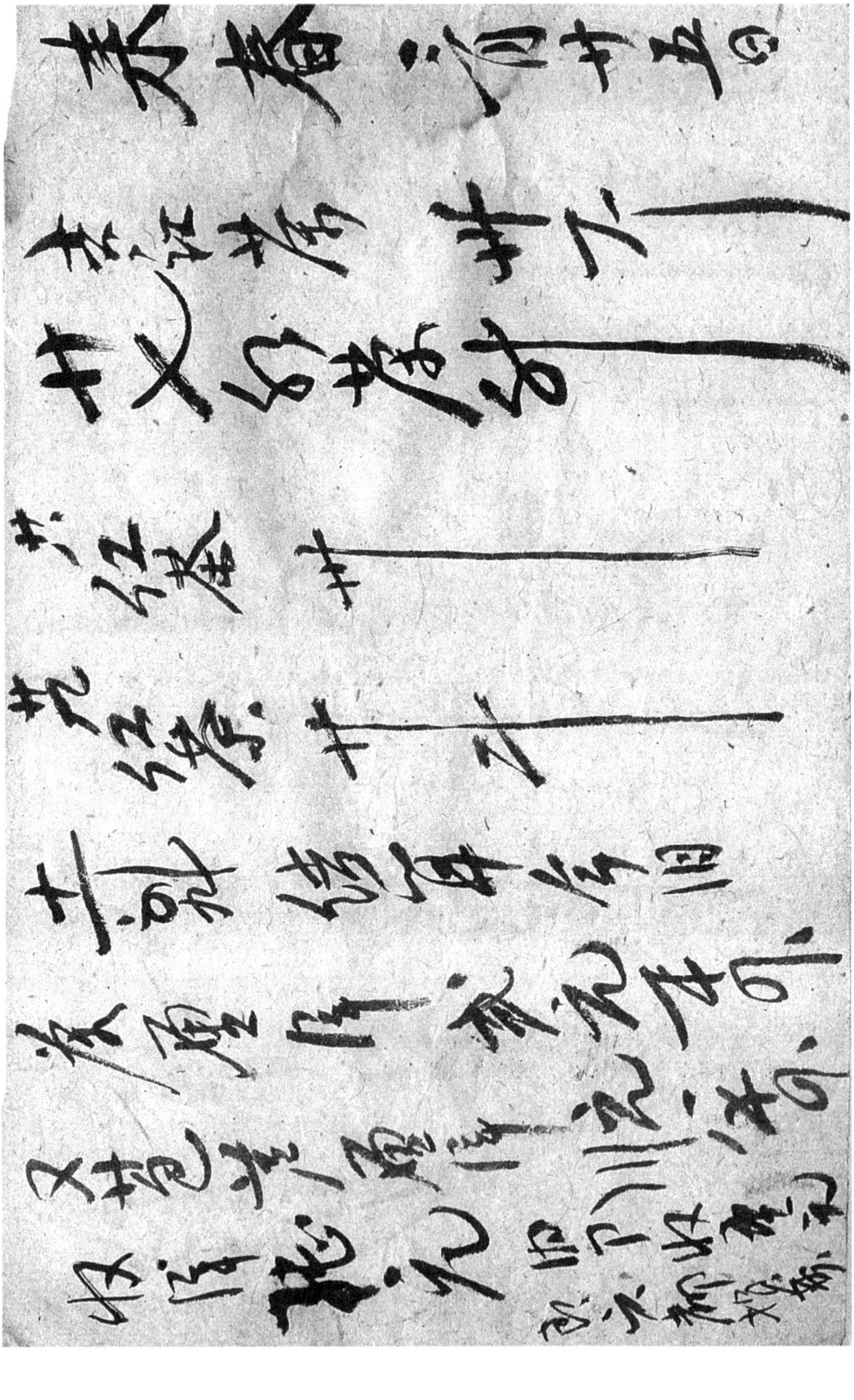

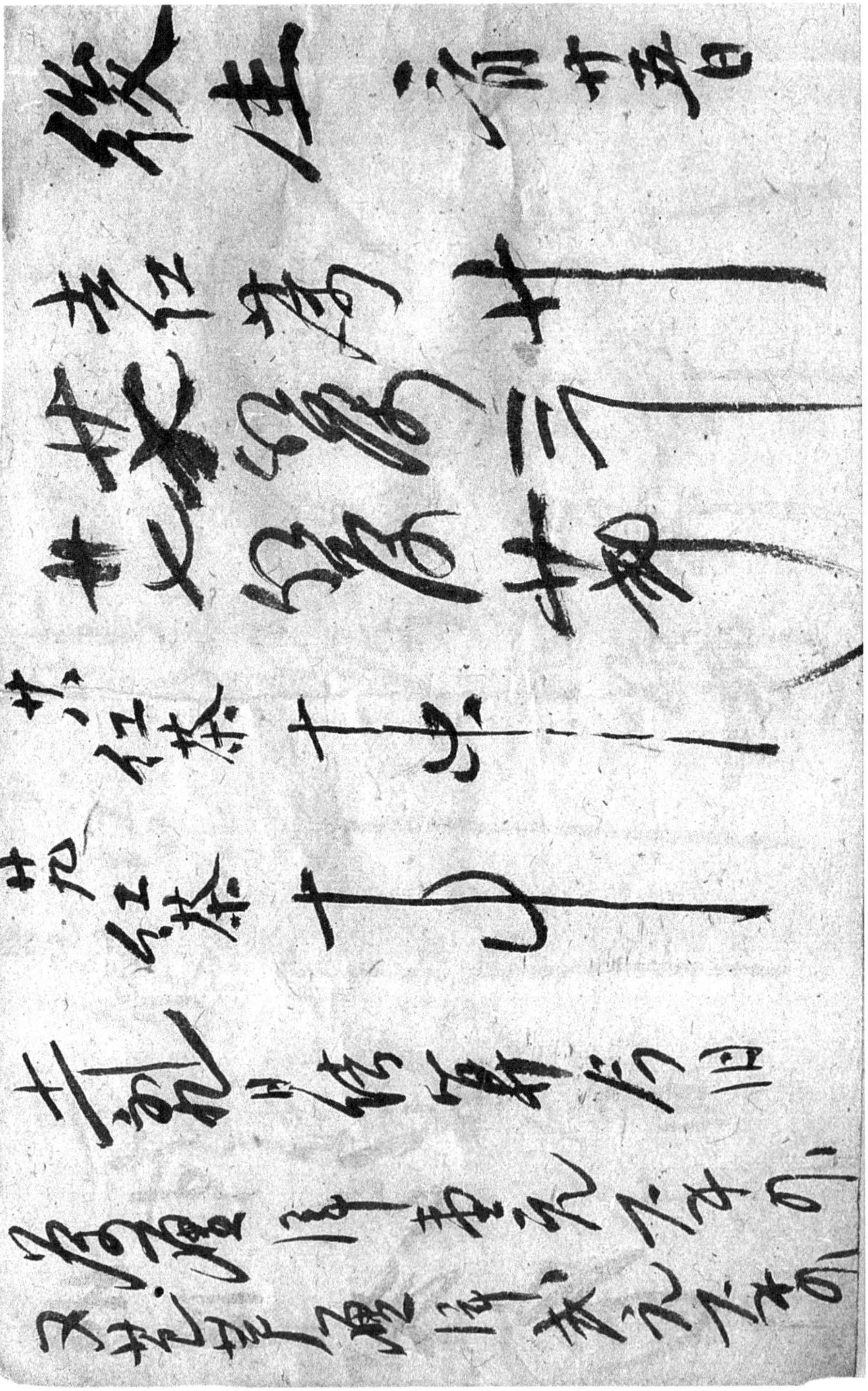

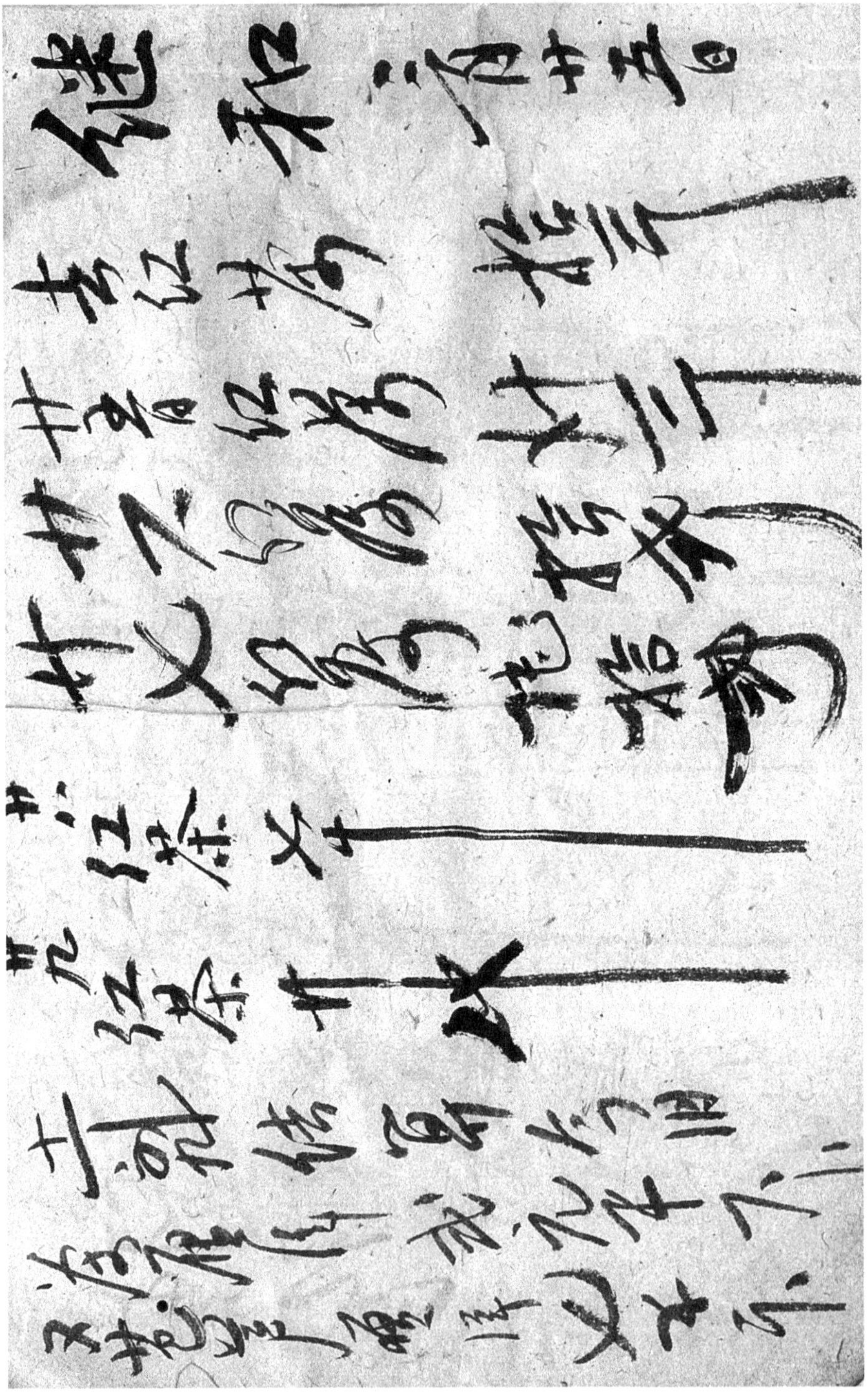

博记

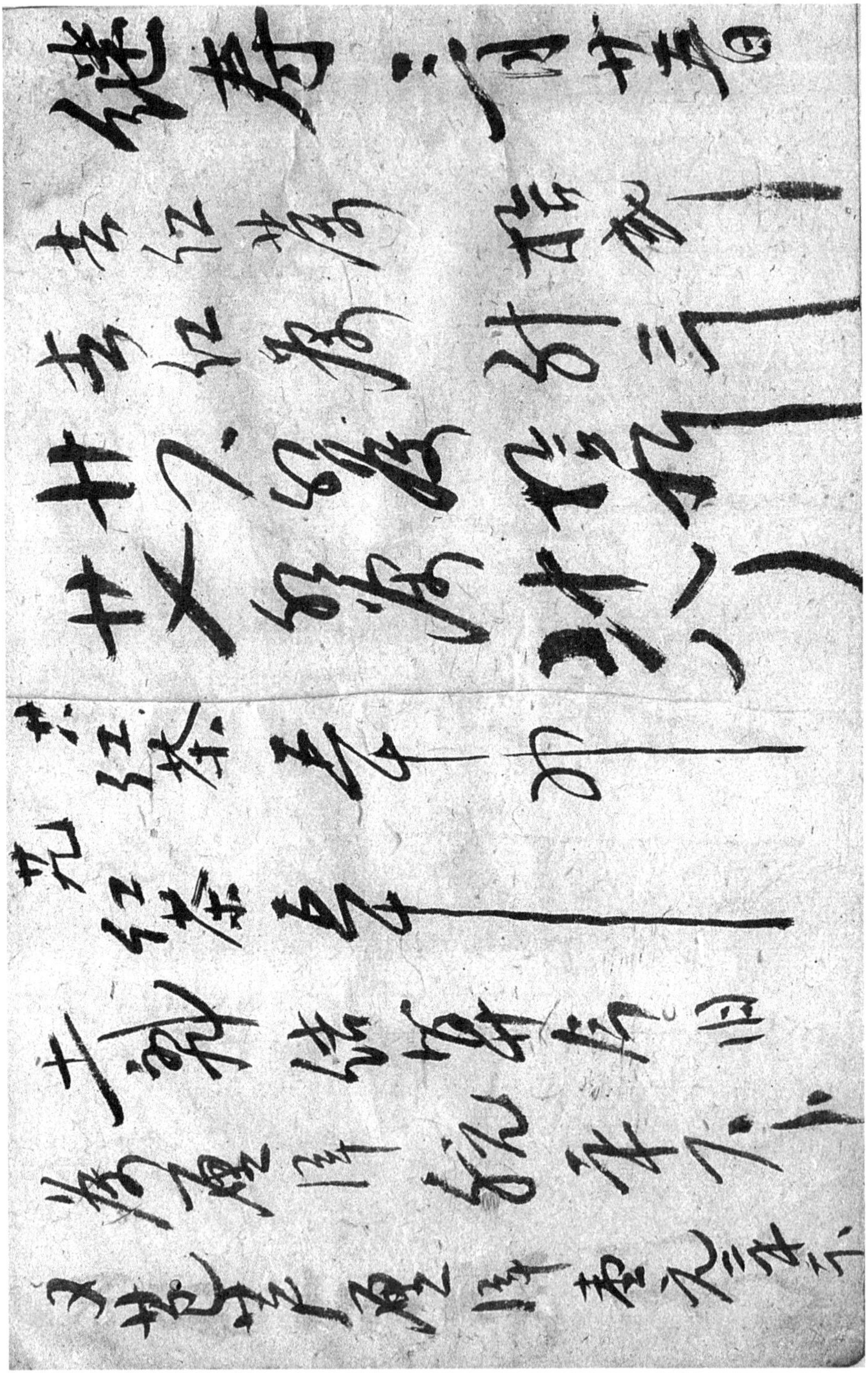

收洋三元六角

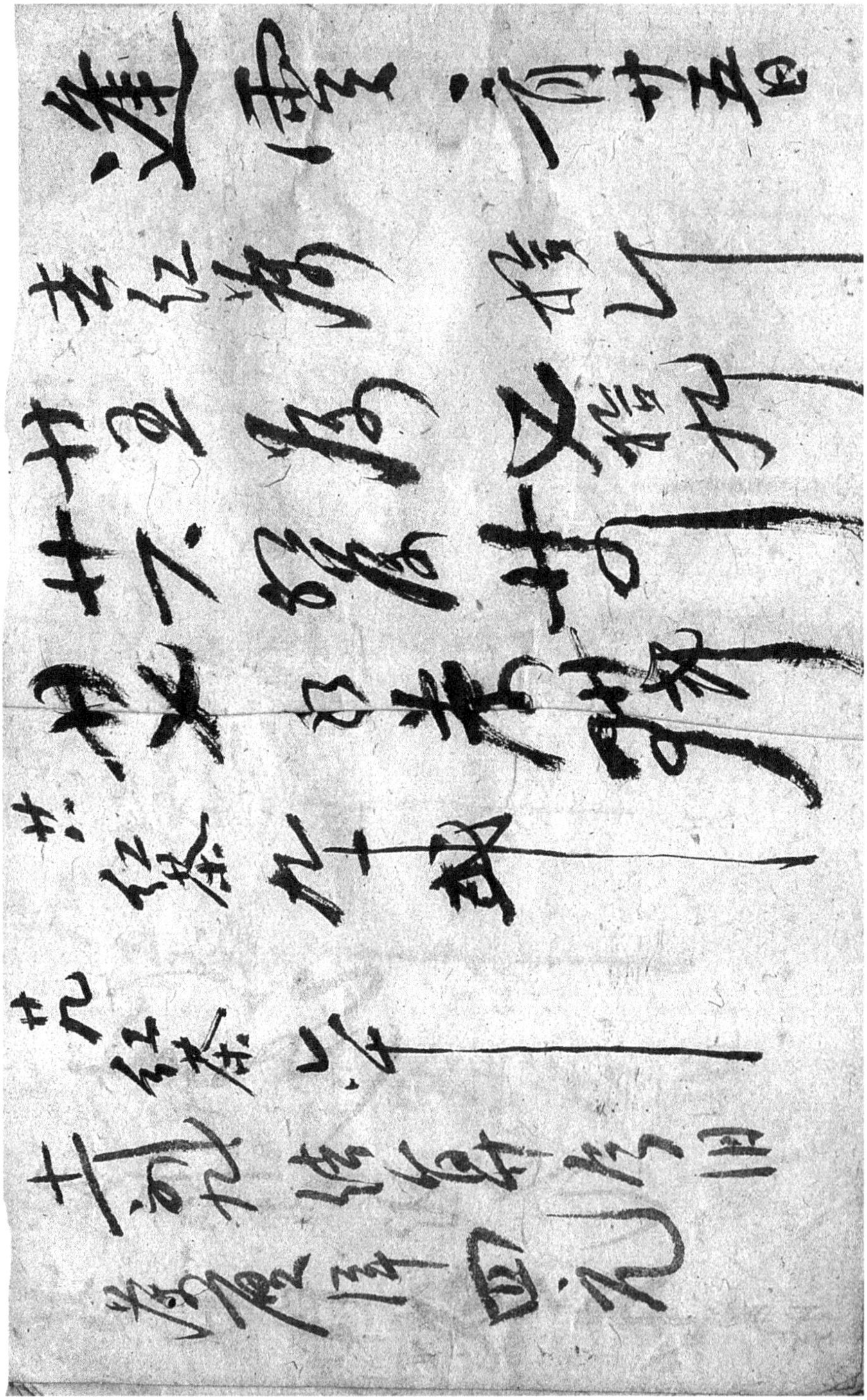

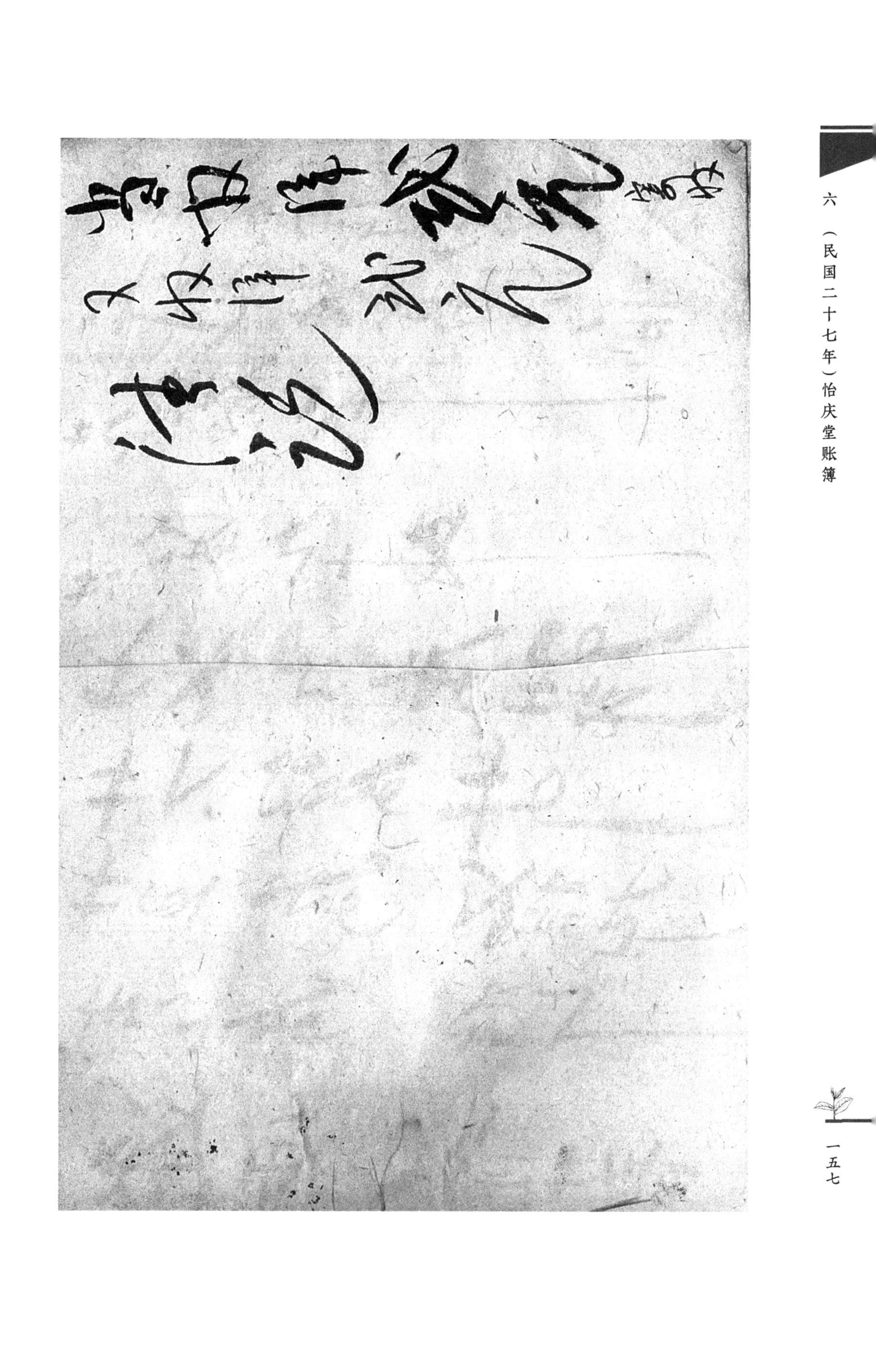

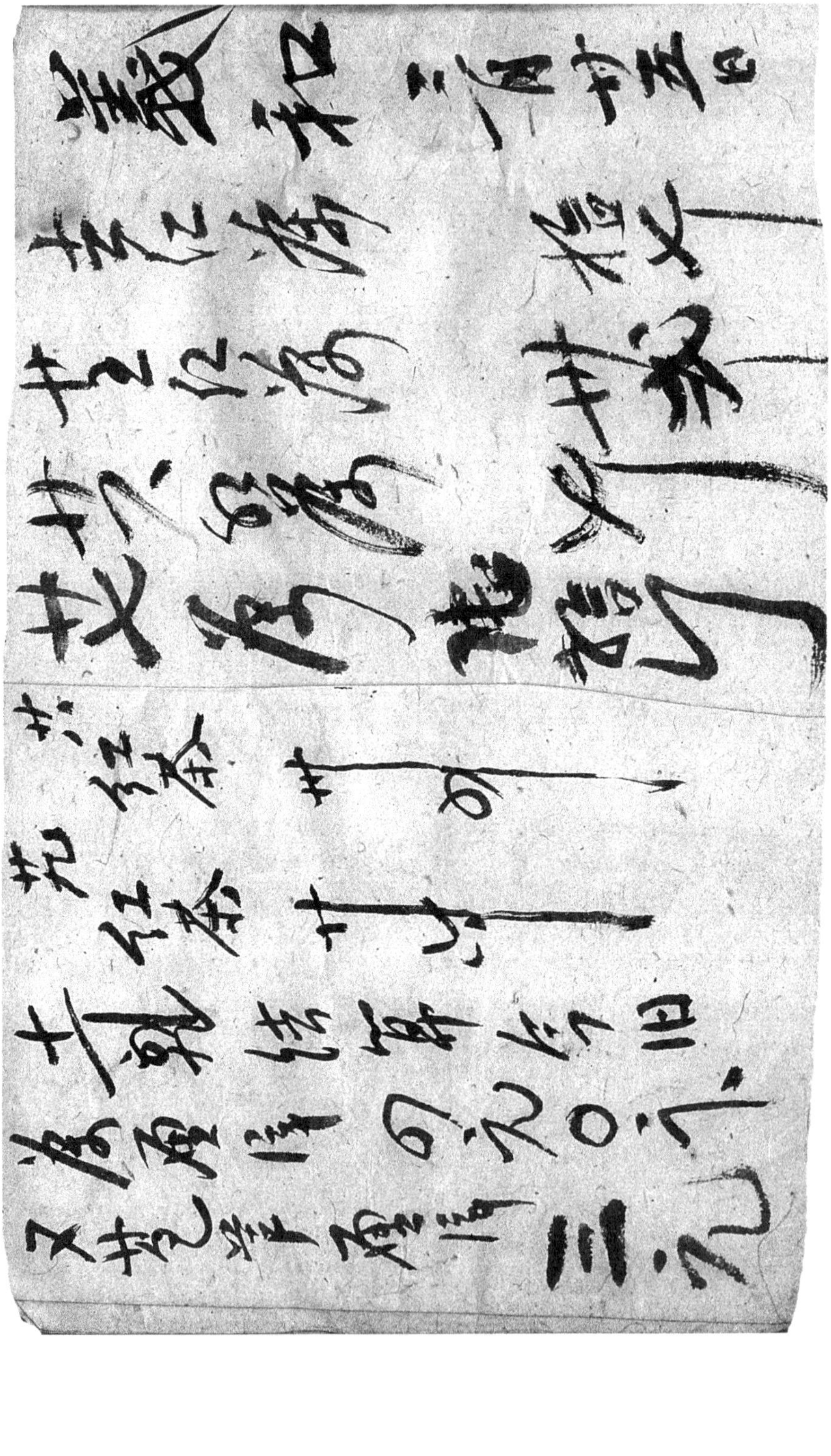

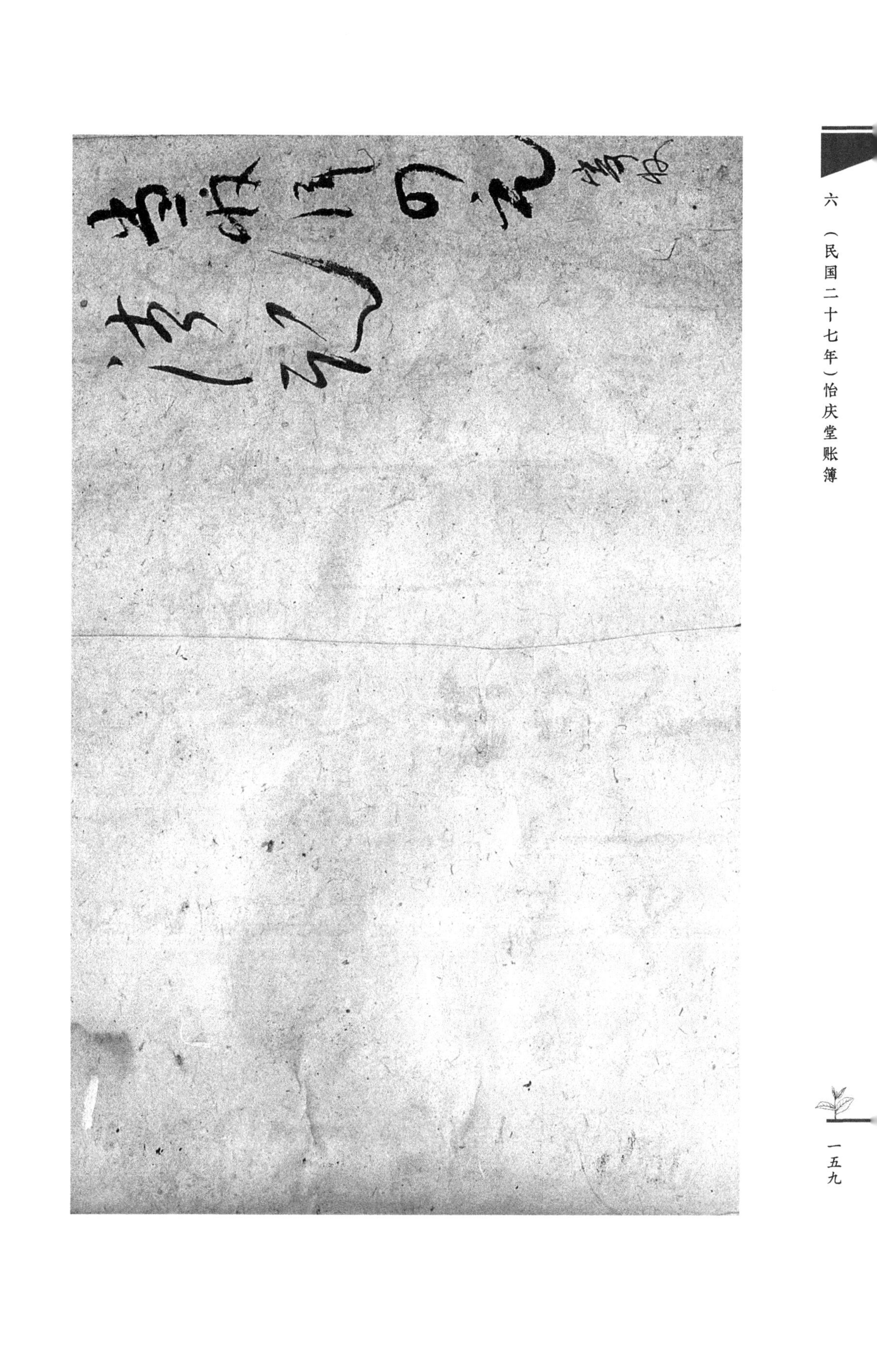

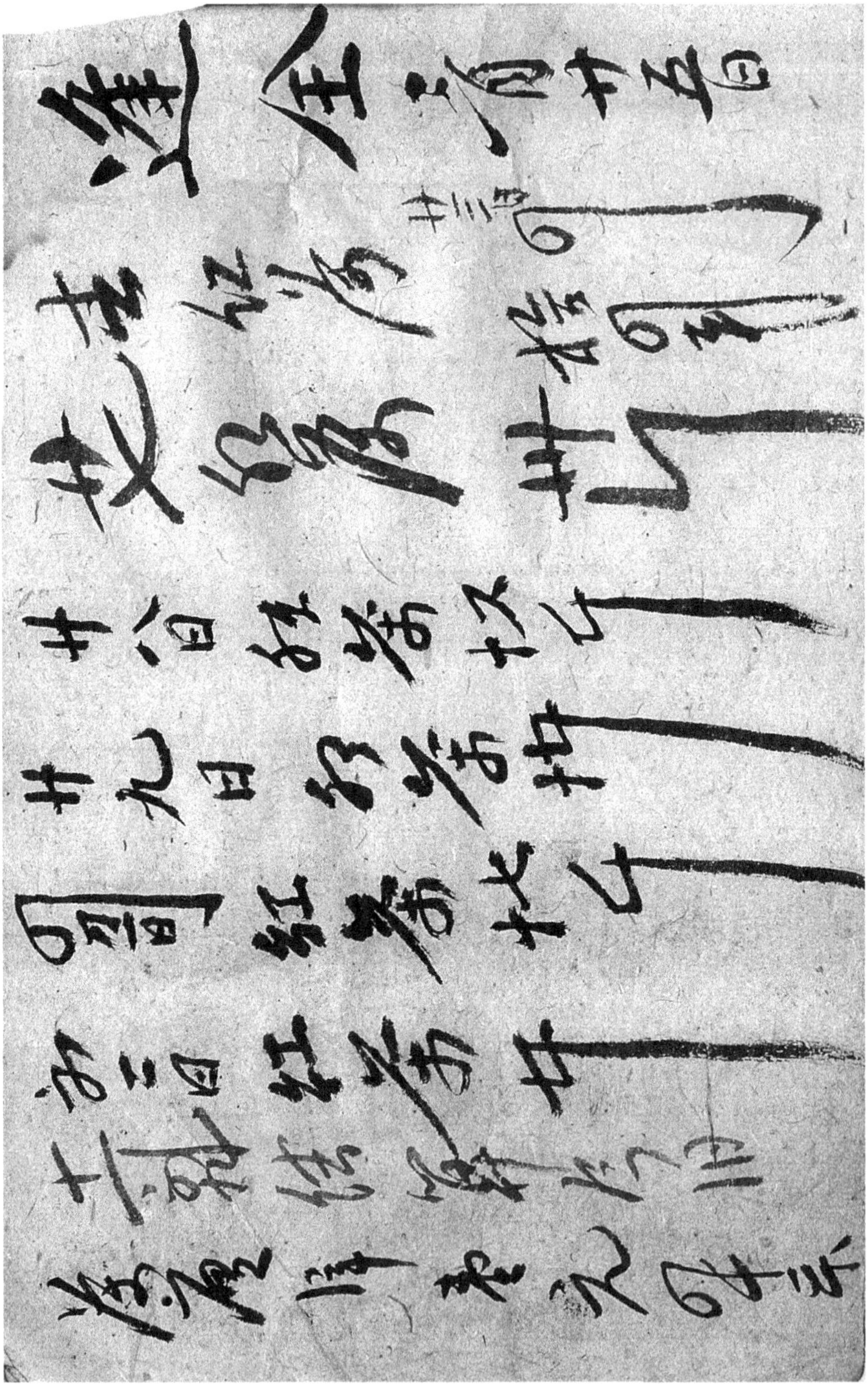

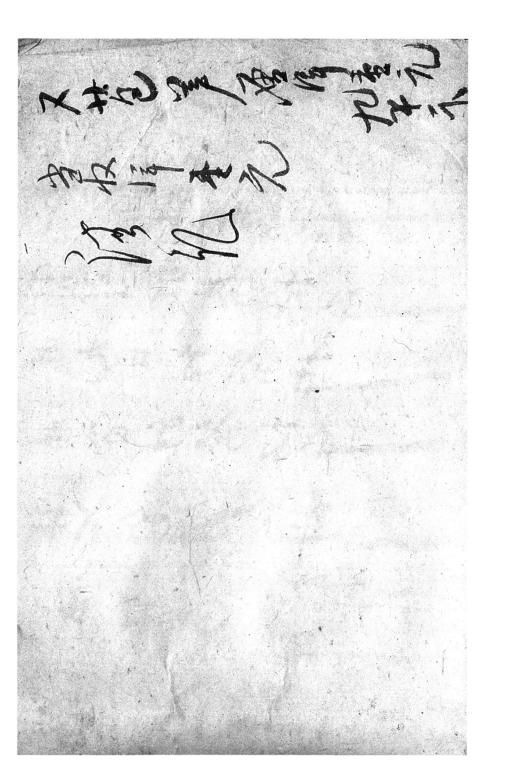

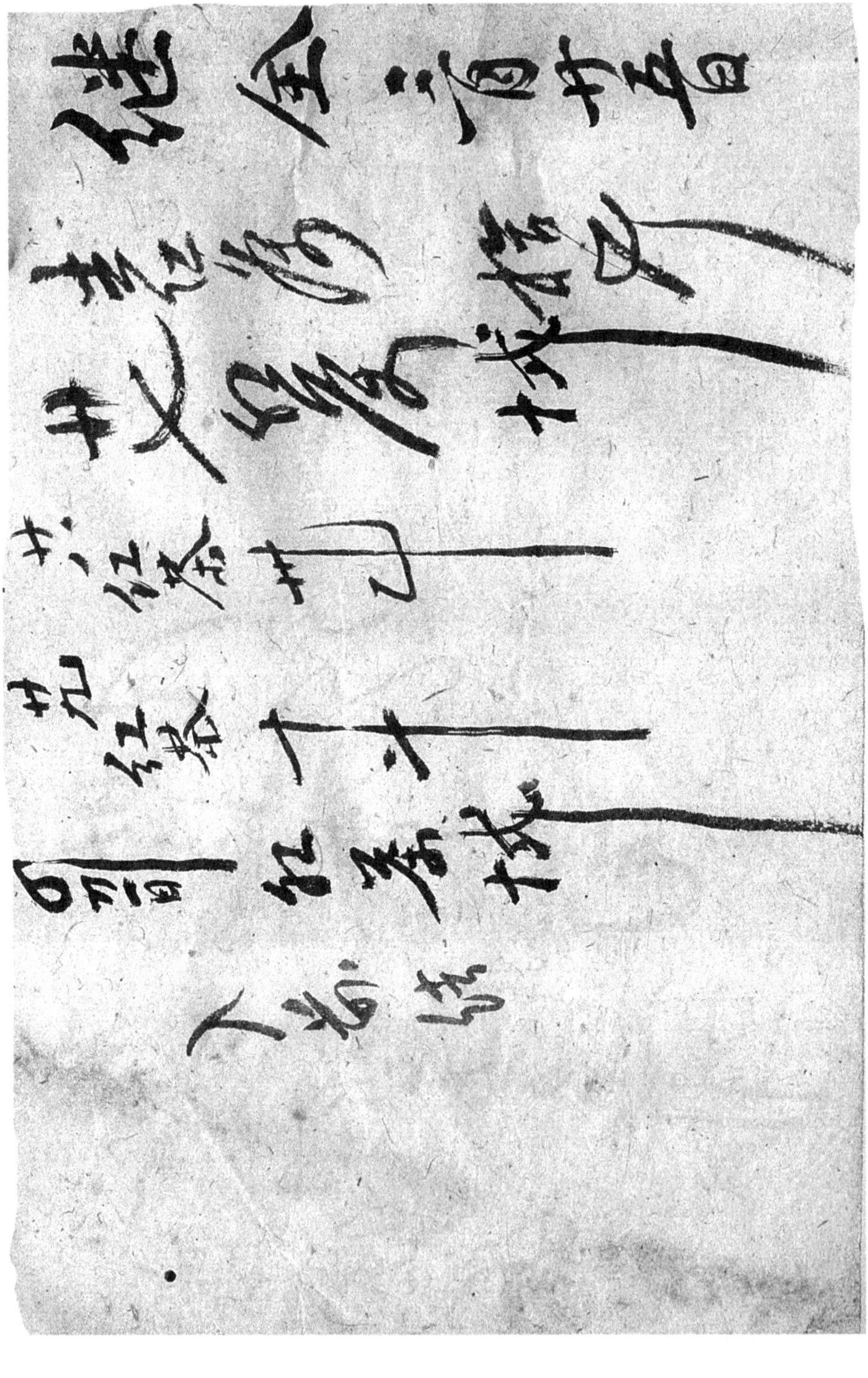

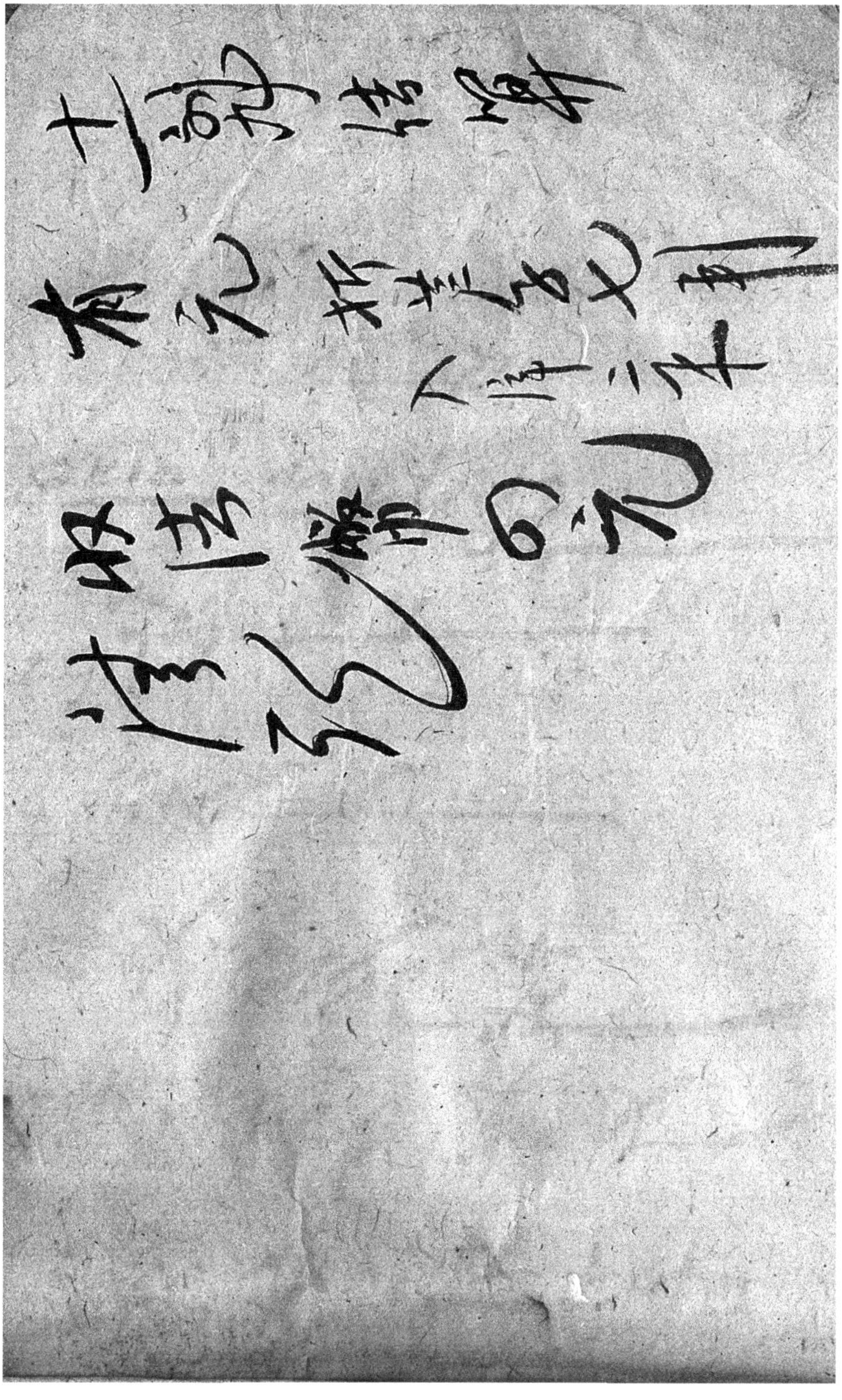

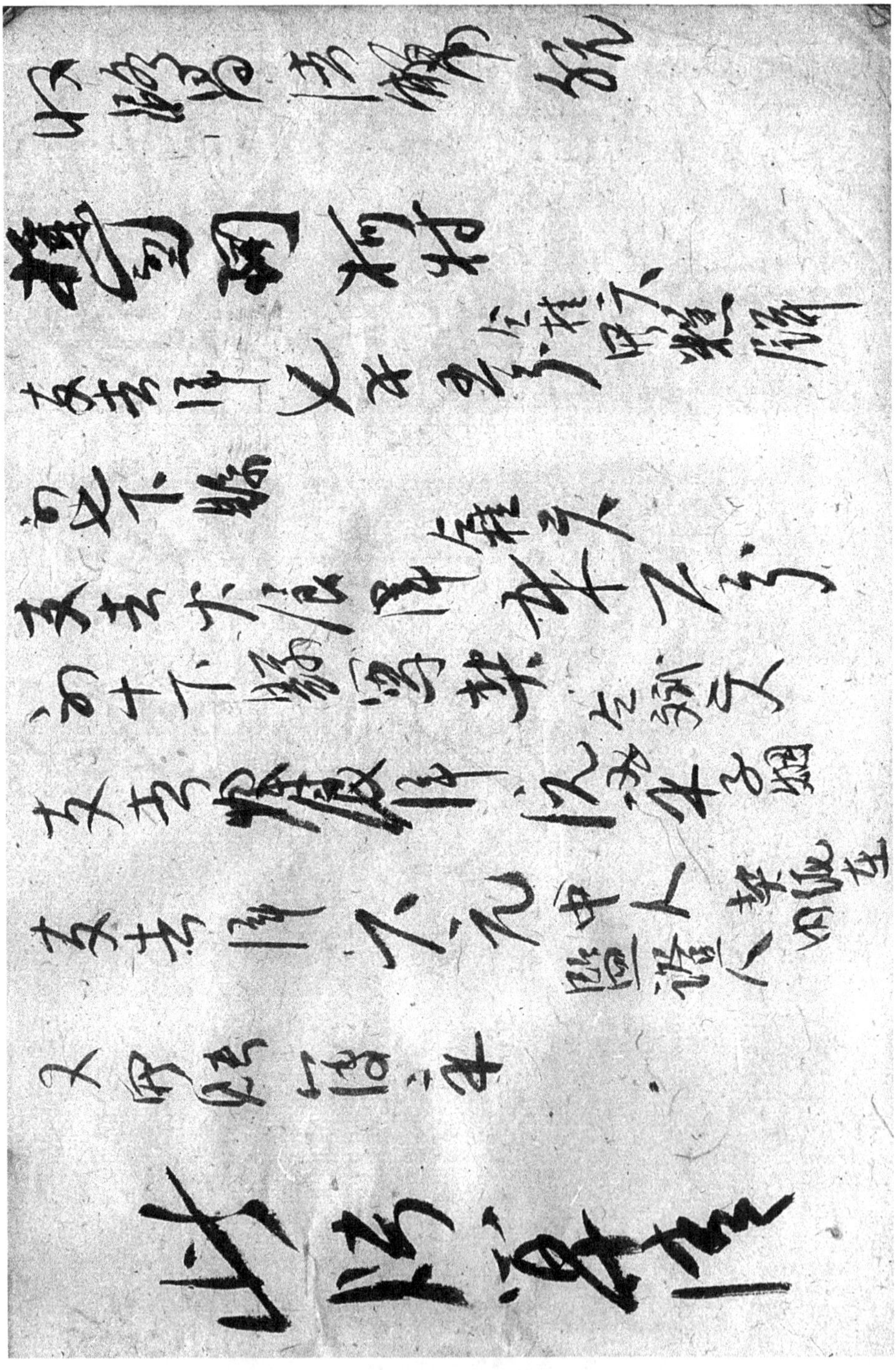

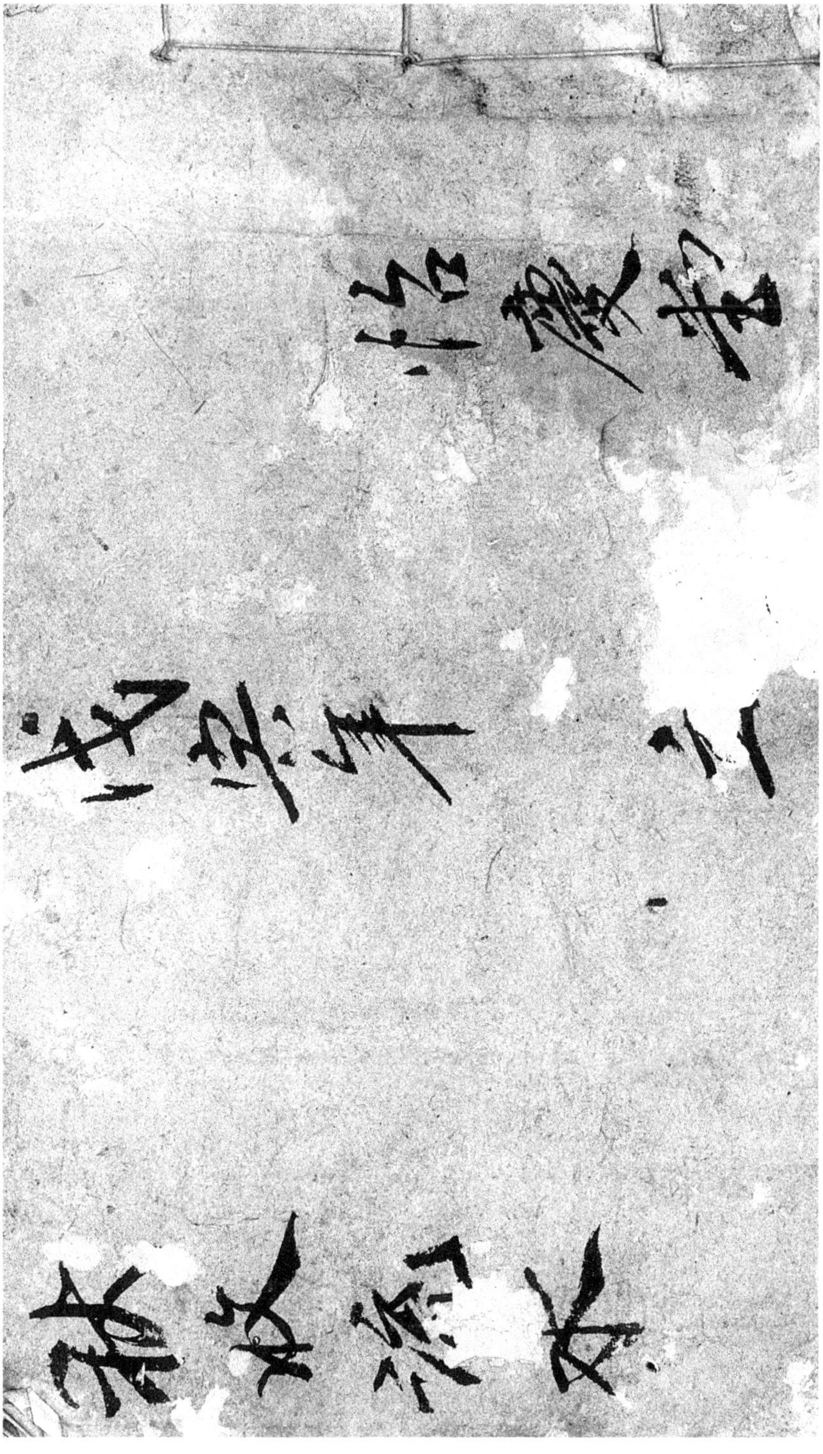

秋收流水

有緣 剳來茶百四十二斤
廿七剳來茶百五十斤 餘領

逢全 剳來茶百四十二斤 又和領

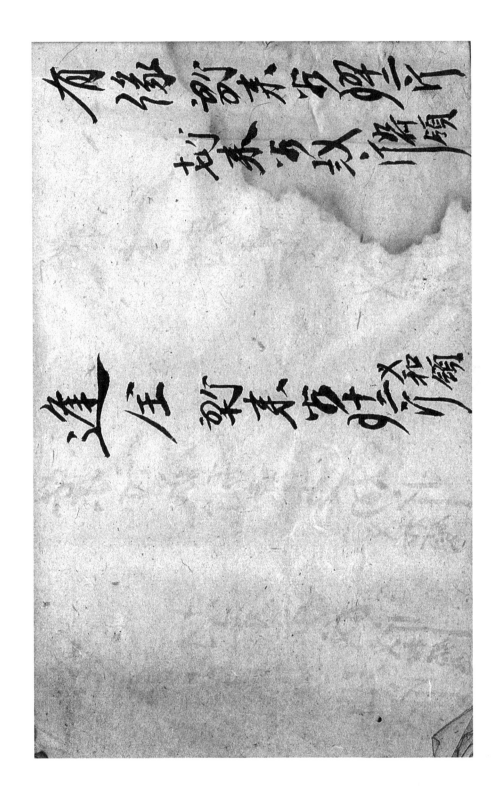

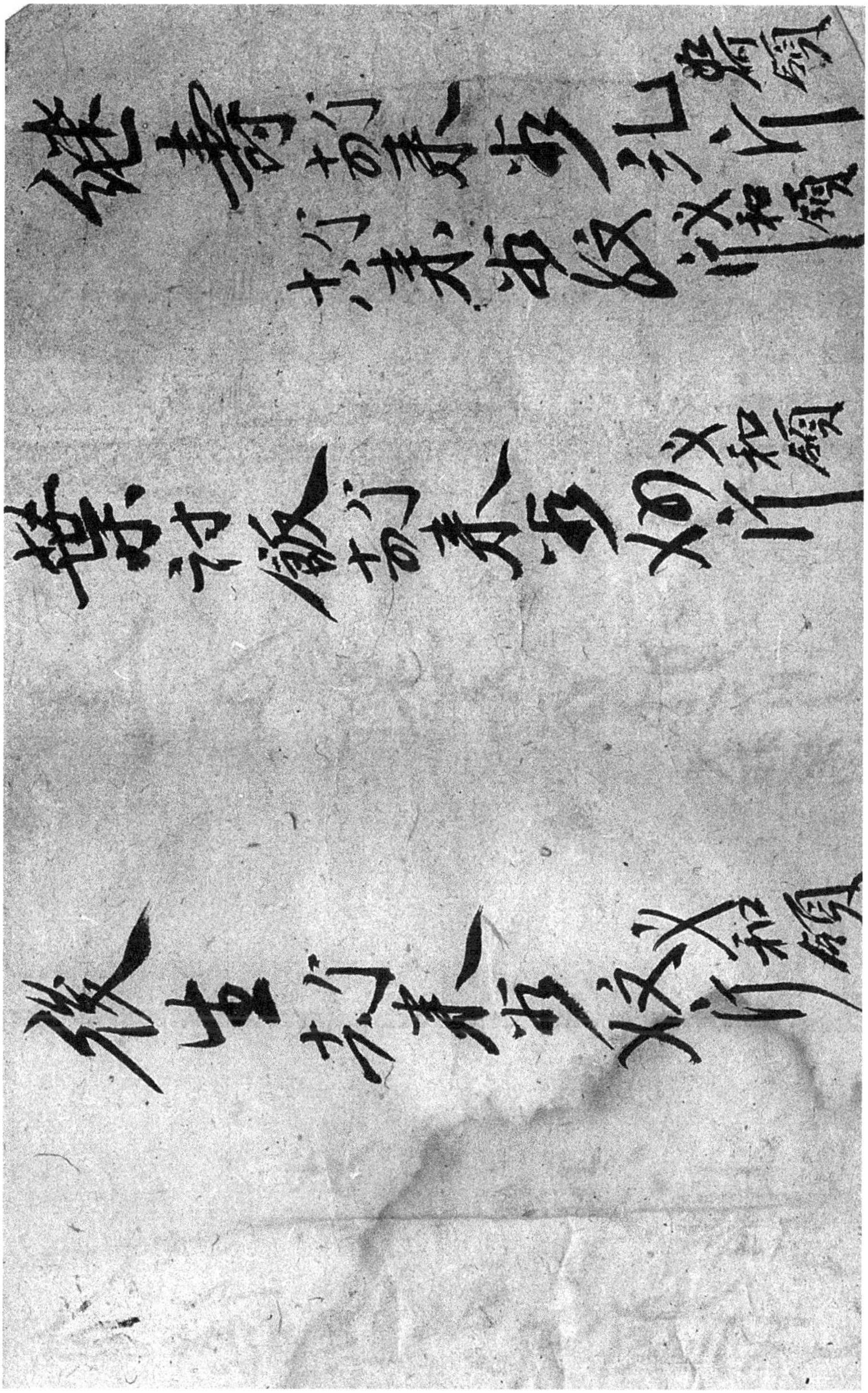
继寿
义和领
叶讨饭
义和领
后生
义和领

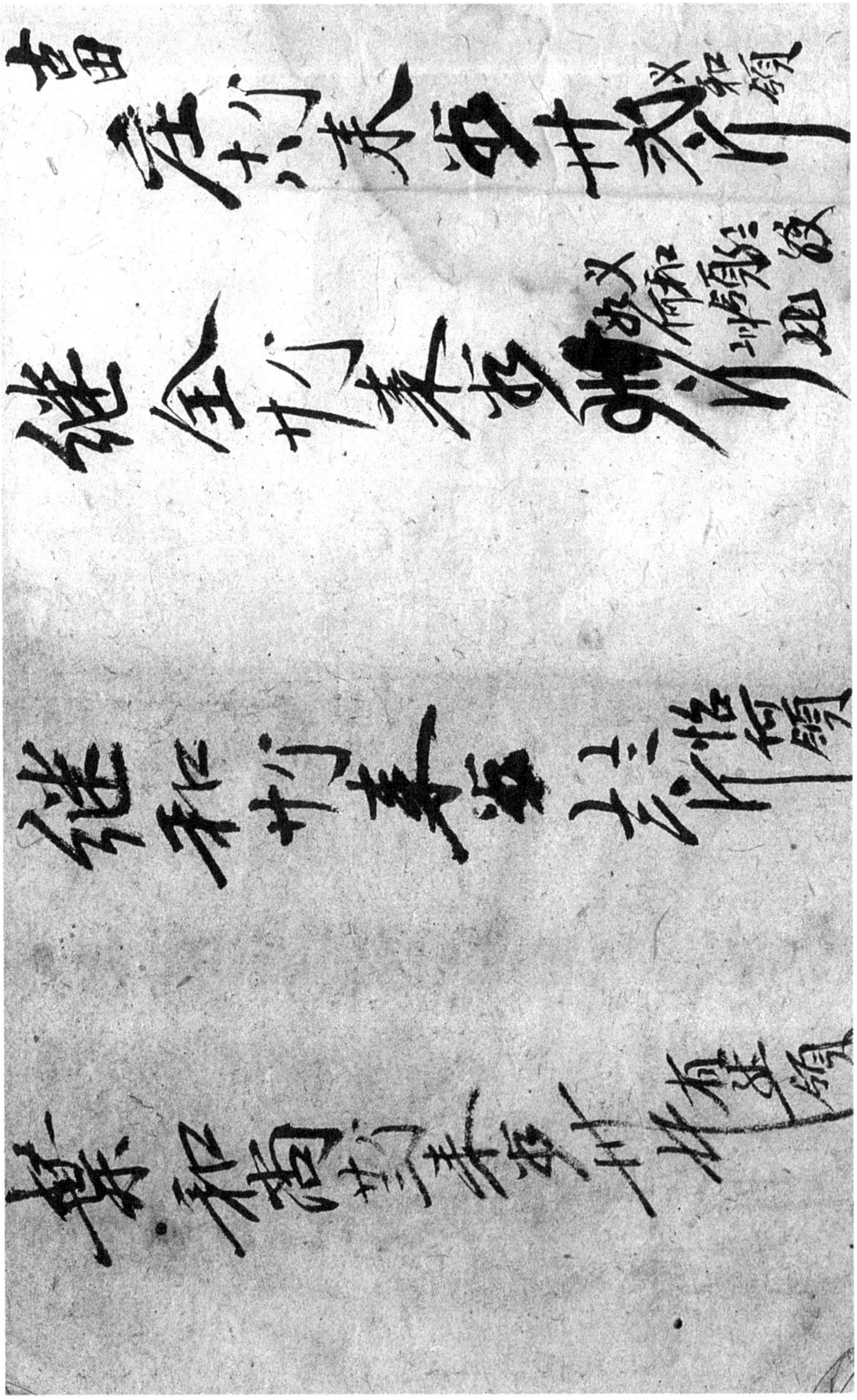

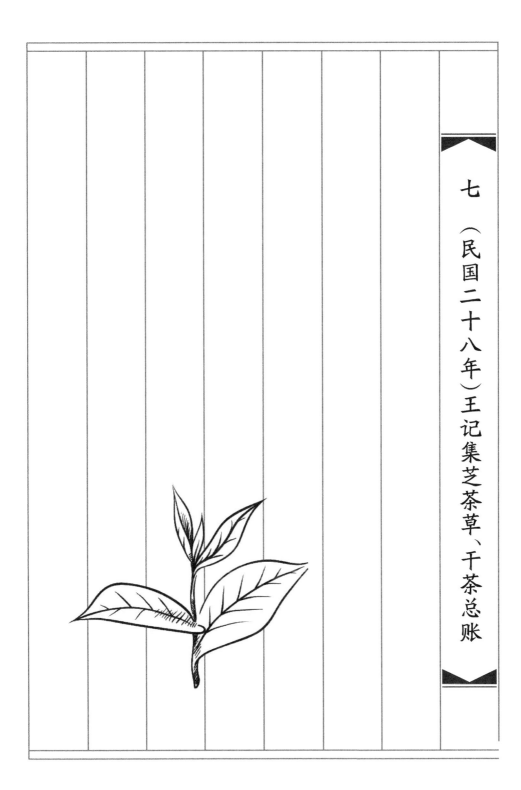

七 （民国二十八年）王记集芝茶草、干茶总账

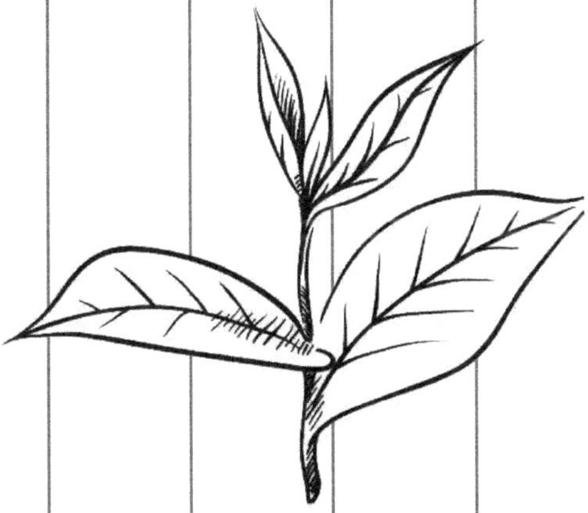

民國二十八年

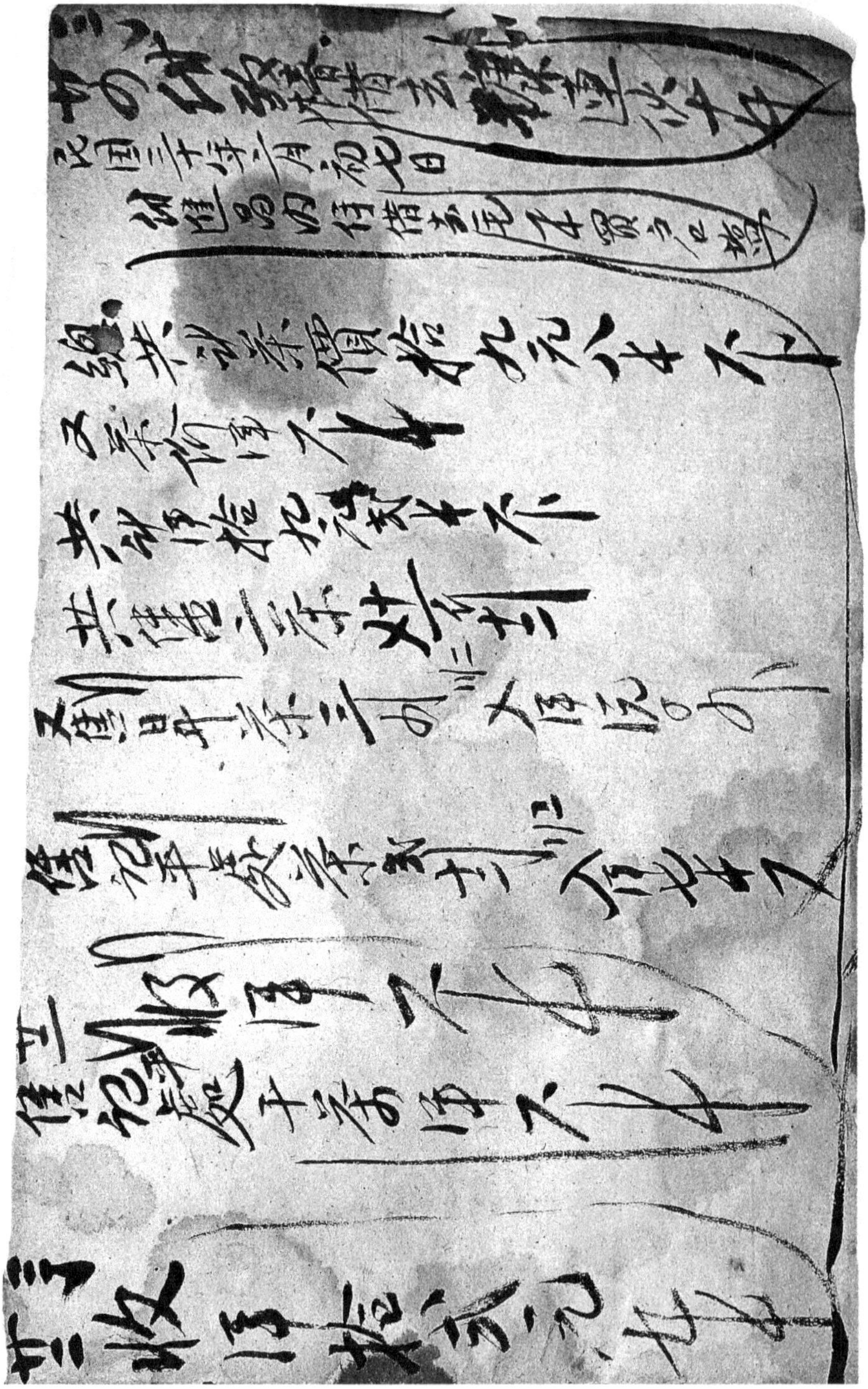

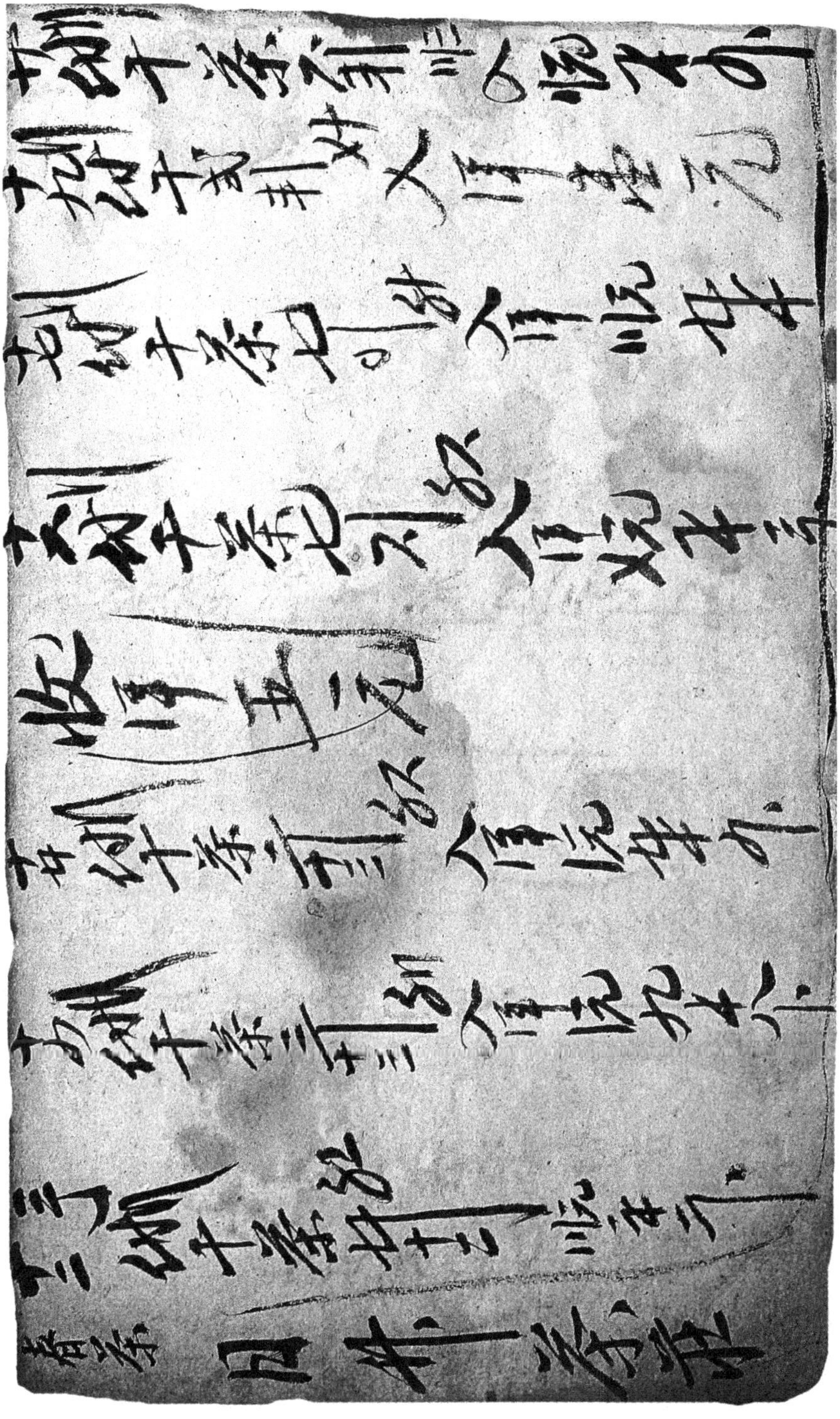

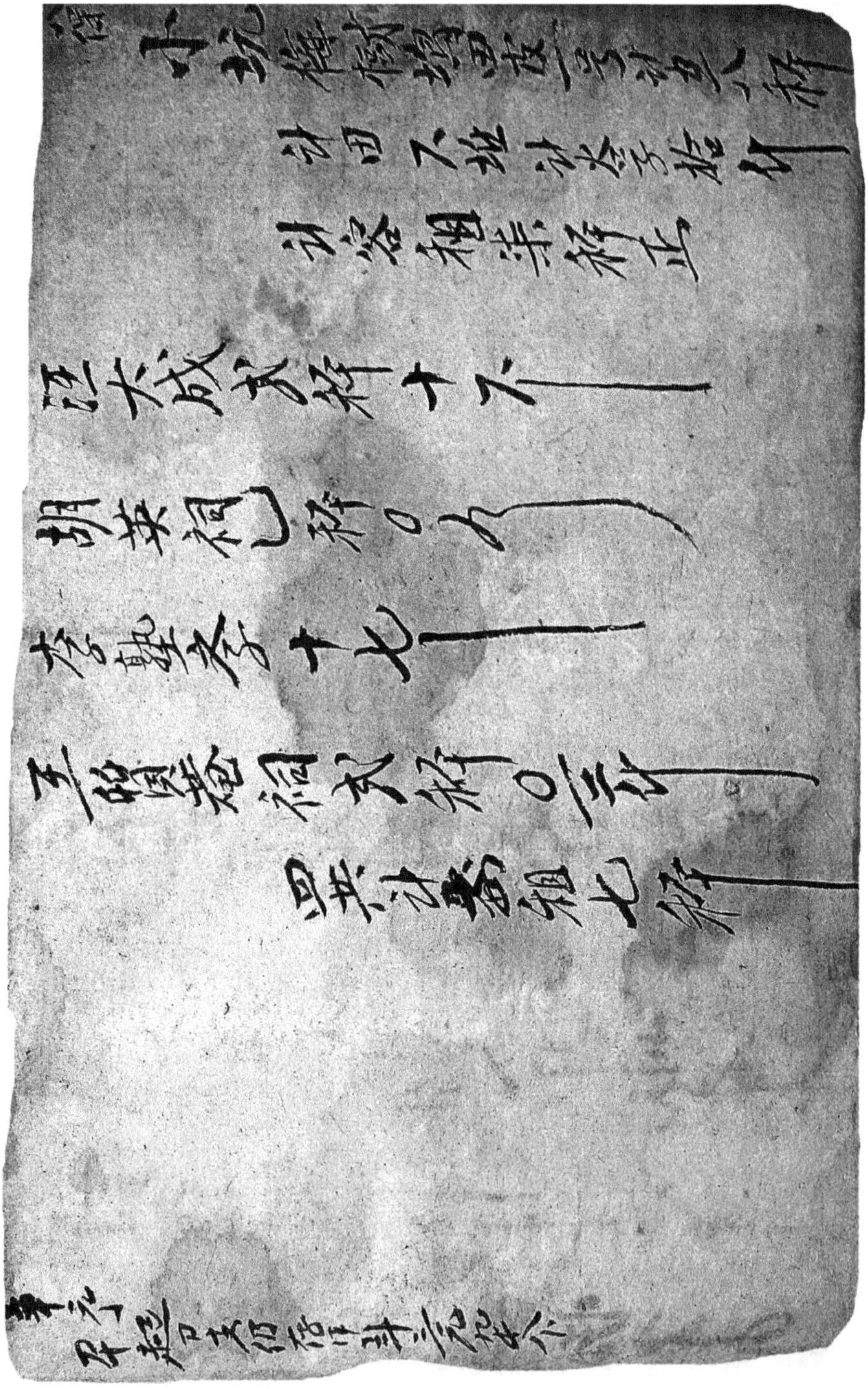
汪大成 页秤 十八
胡英祠 秤 〇八
李魁益 十七
王昭鉴祠 页秤 〇三

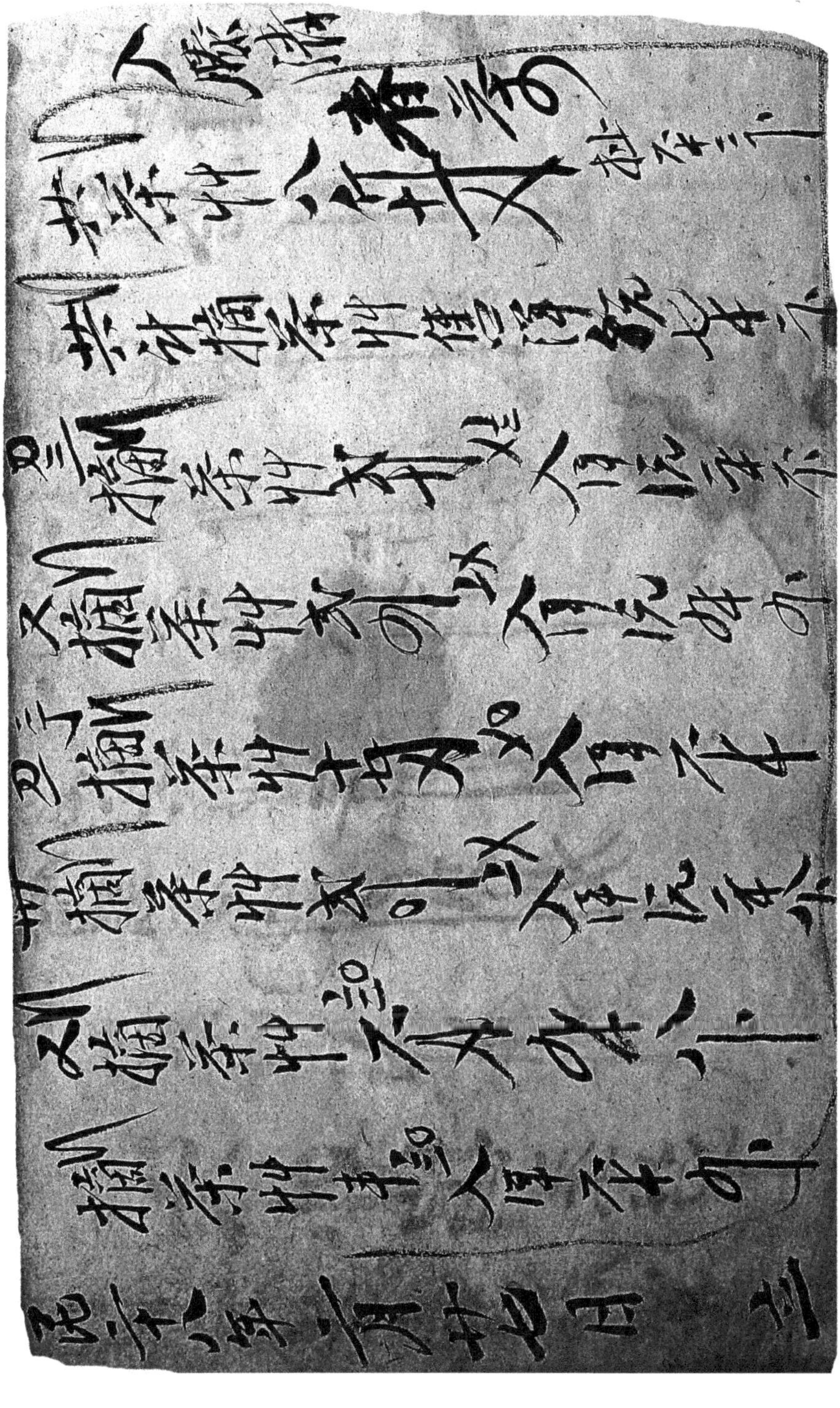

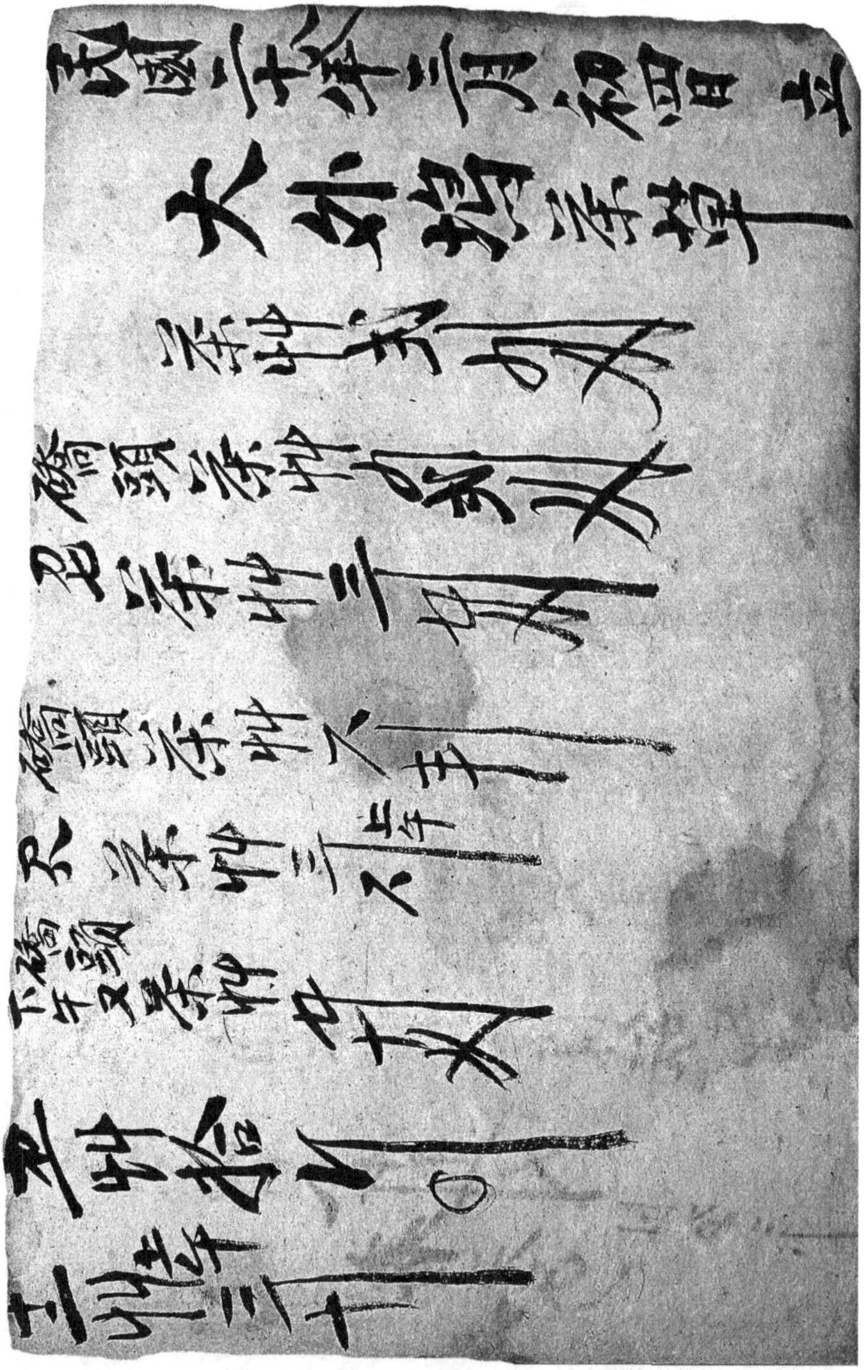
民國二十二年三月初四日　立
大水坑

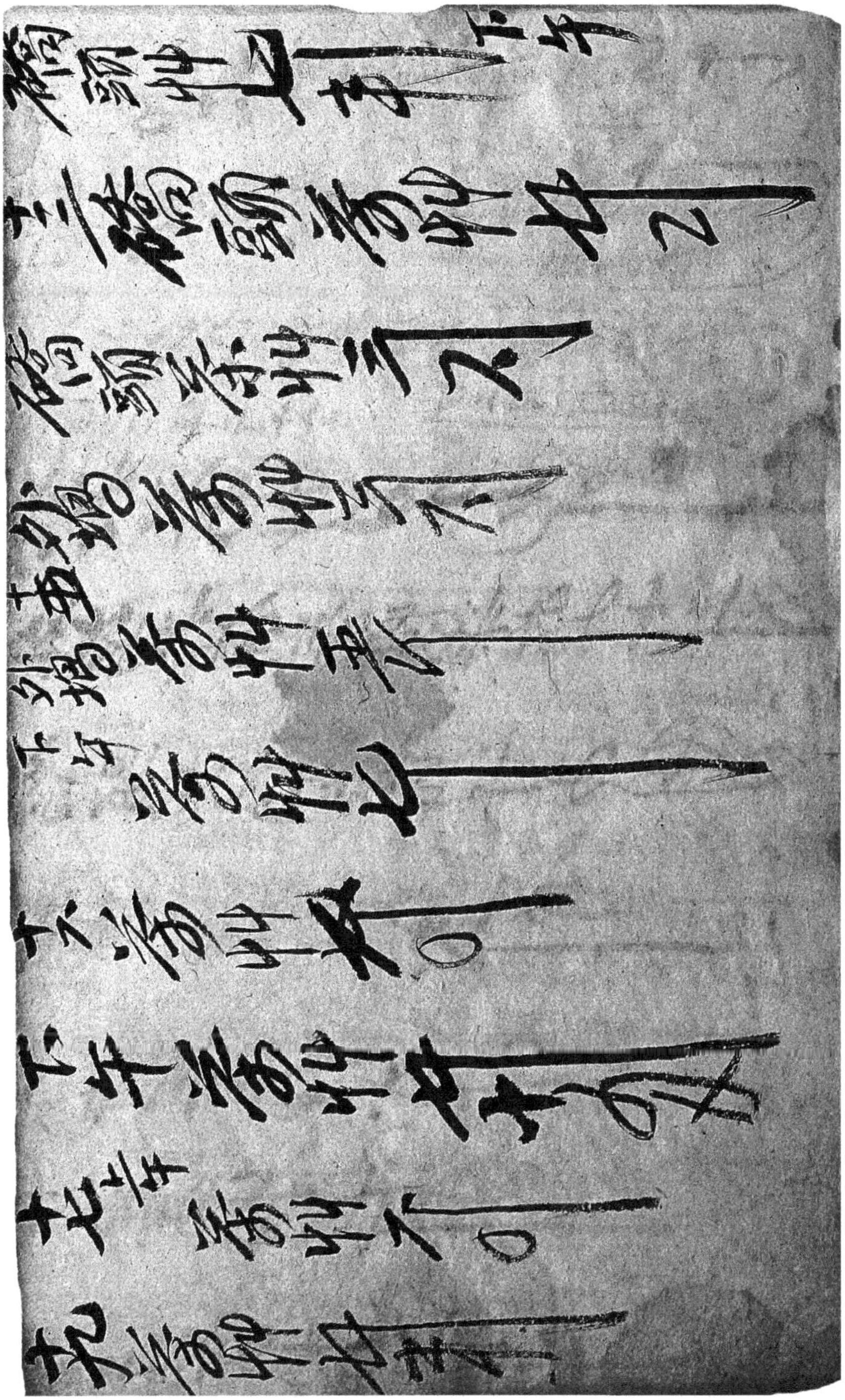

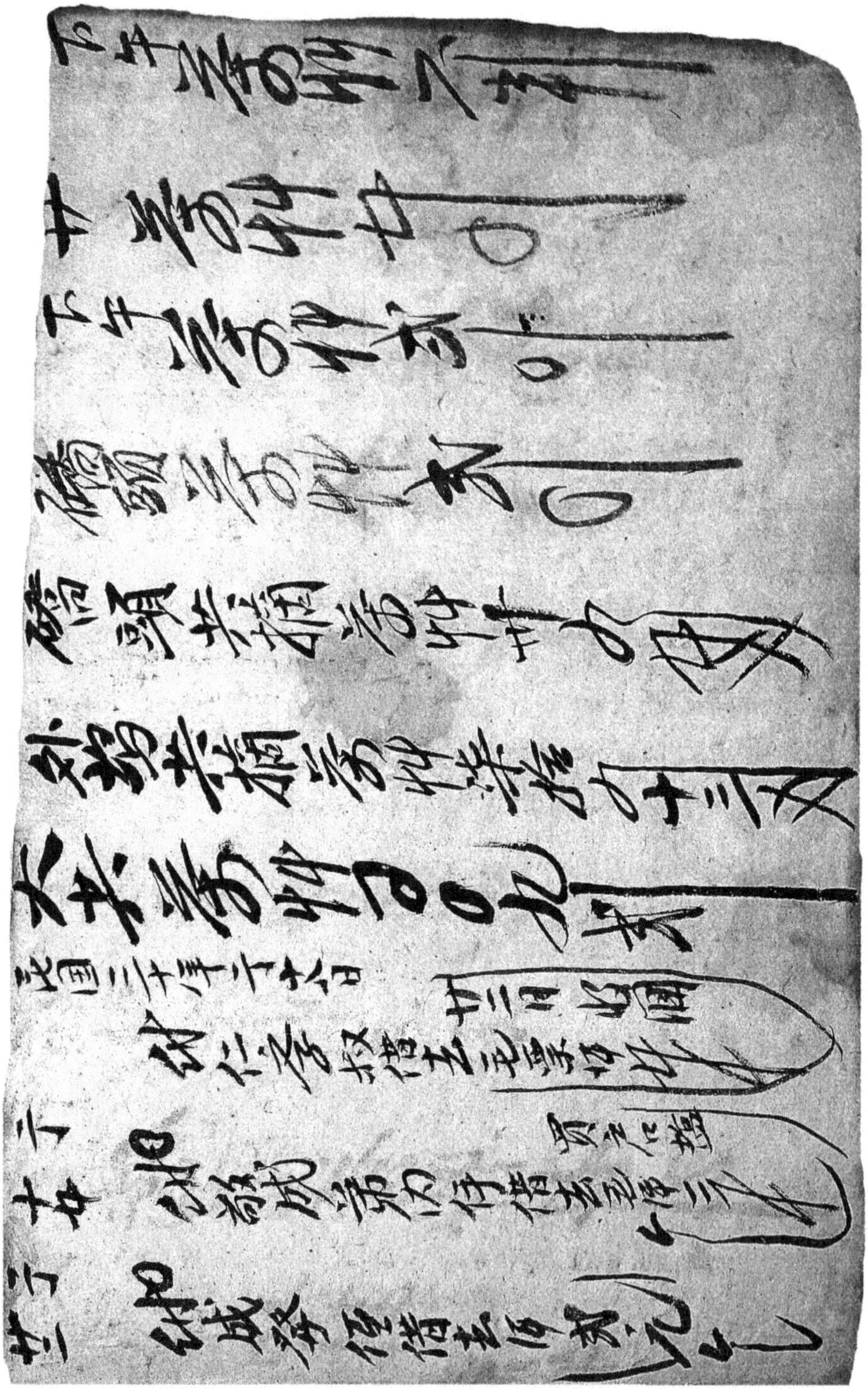

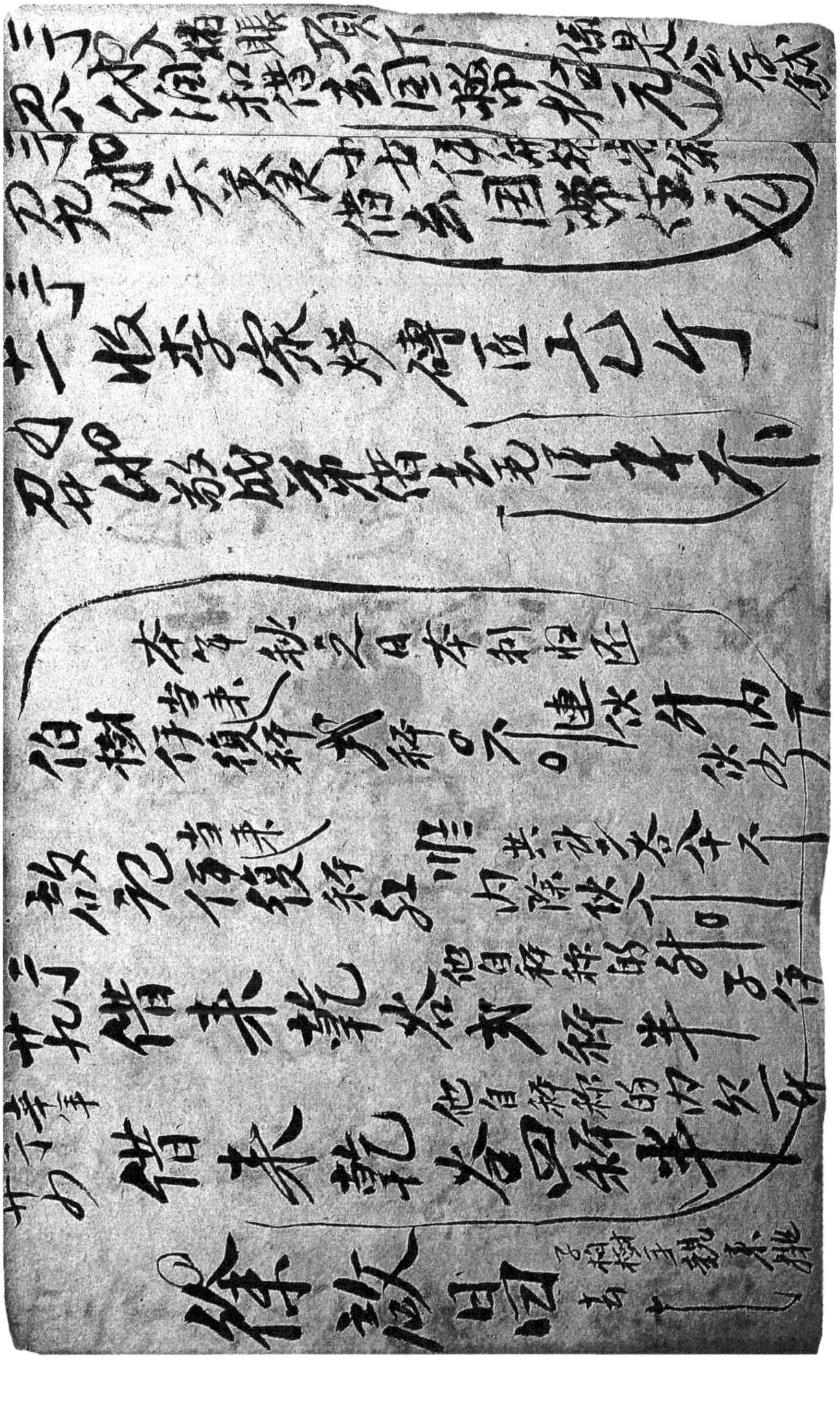

廿三年三月十五日贺祀　君祀　仰祀

録廸则抄租底　佐卿时傑敬放　佈安良翰集之

伙食账如下

由沛林手来　现价八元

收贺祠米六升

收佐卿米四升　仝

收云禄店内干付账

红烟　十元

白干廿二元

水付五元

收惠纯米川斗　计价廿五元

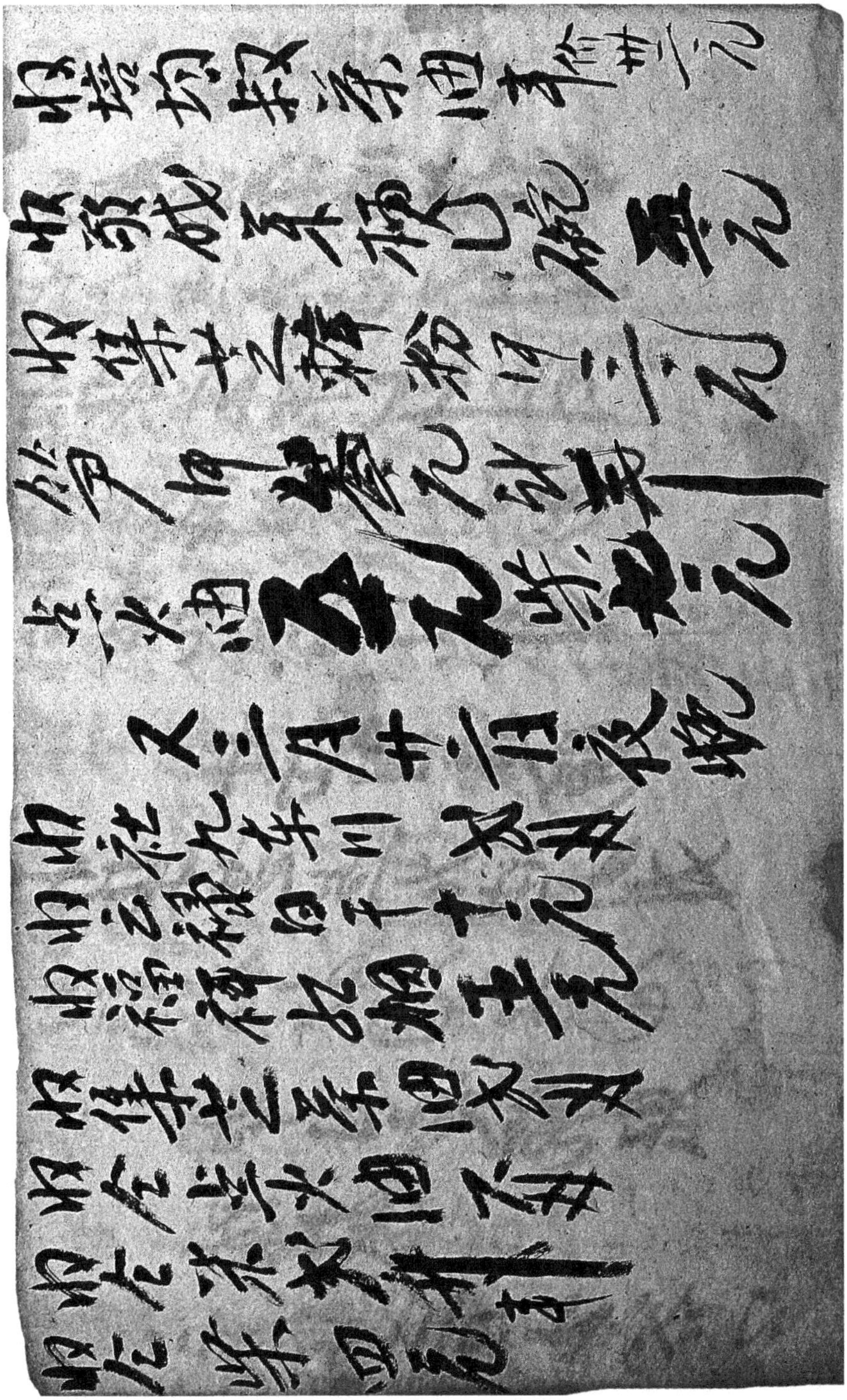

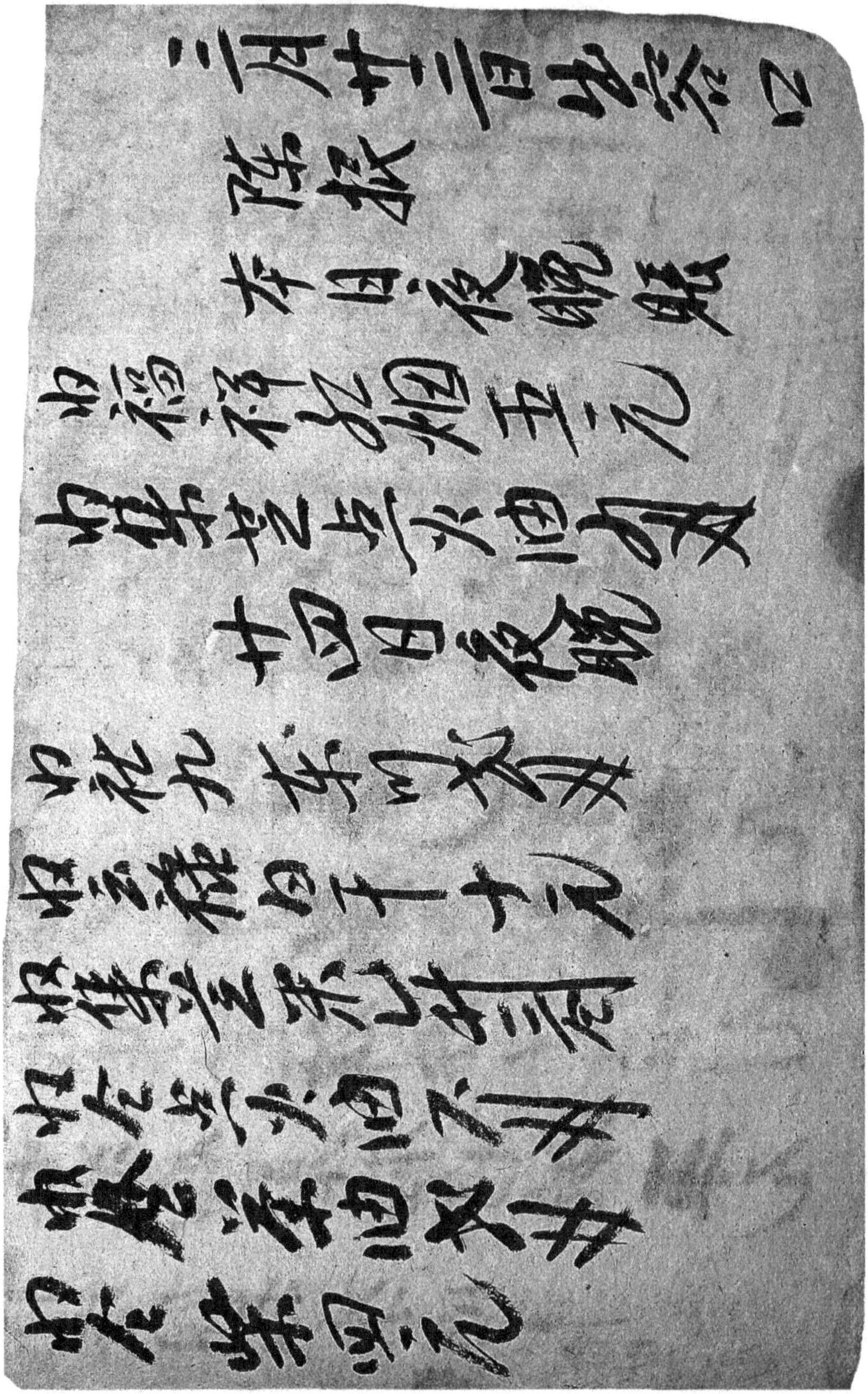

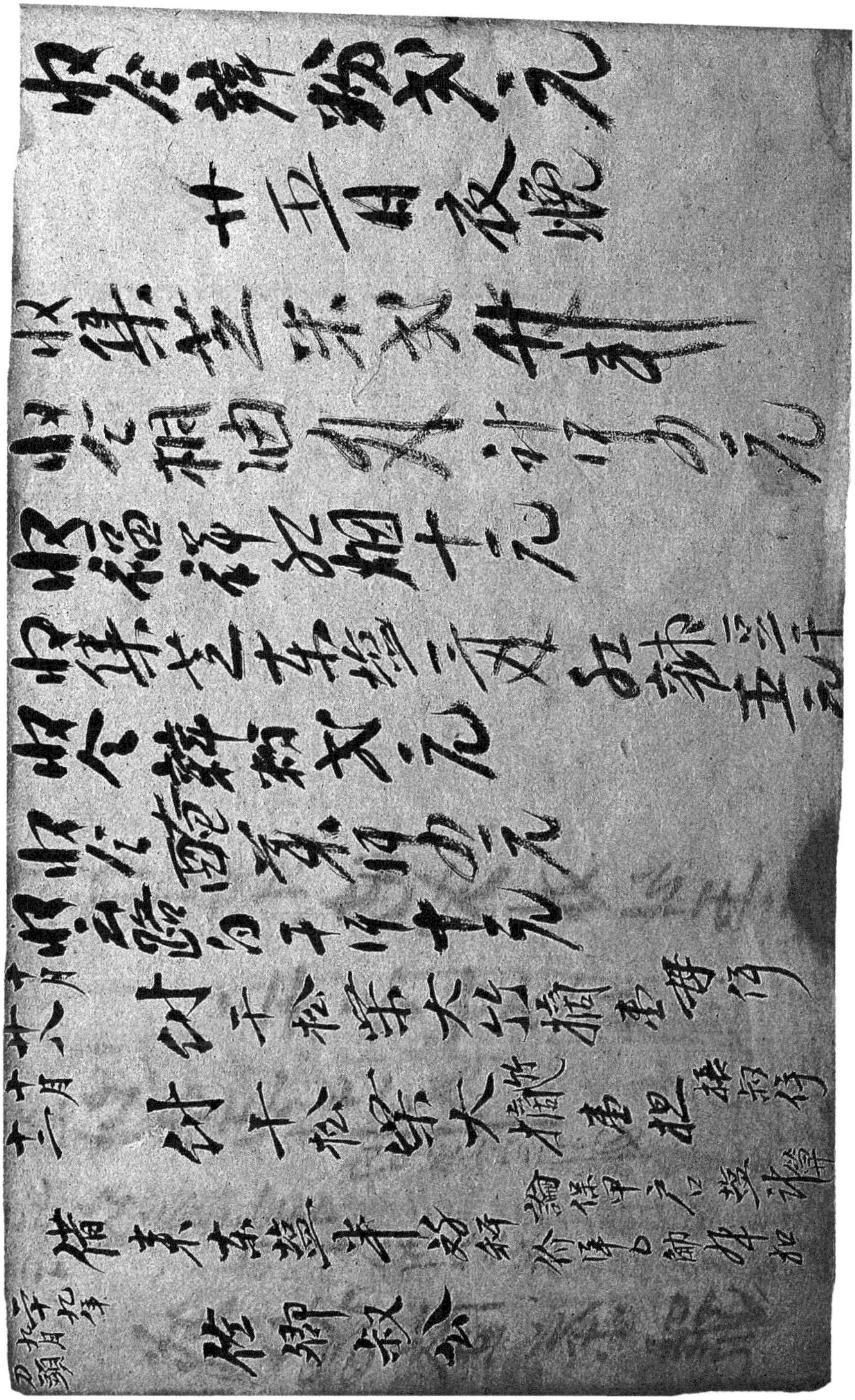
收仝辞粉弍元
廿五日夜晚
收集芝茶弍升
收仝桐油九斤计斤九元
收福祥红烟十元
收集芝东盐三斤红糖三斤五元
收仝辞粉弍元
收仝西苞茶斤九元
收云路白干斤十元
十月十八　付干松茶大竹摘壶每斤
十月廿二　付十松茶大摘壶竹把　根叔付
论保甲户口盐计算
二十九年九月刀头
借东东盐半斤价洋
佐御叔公

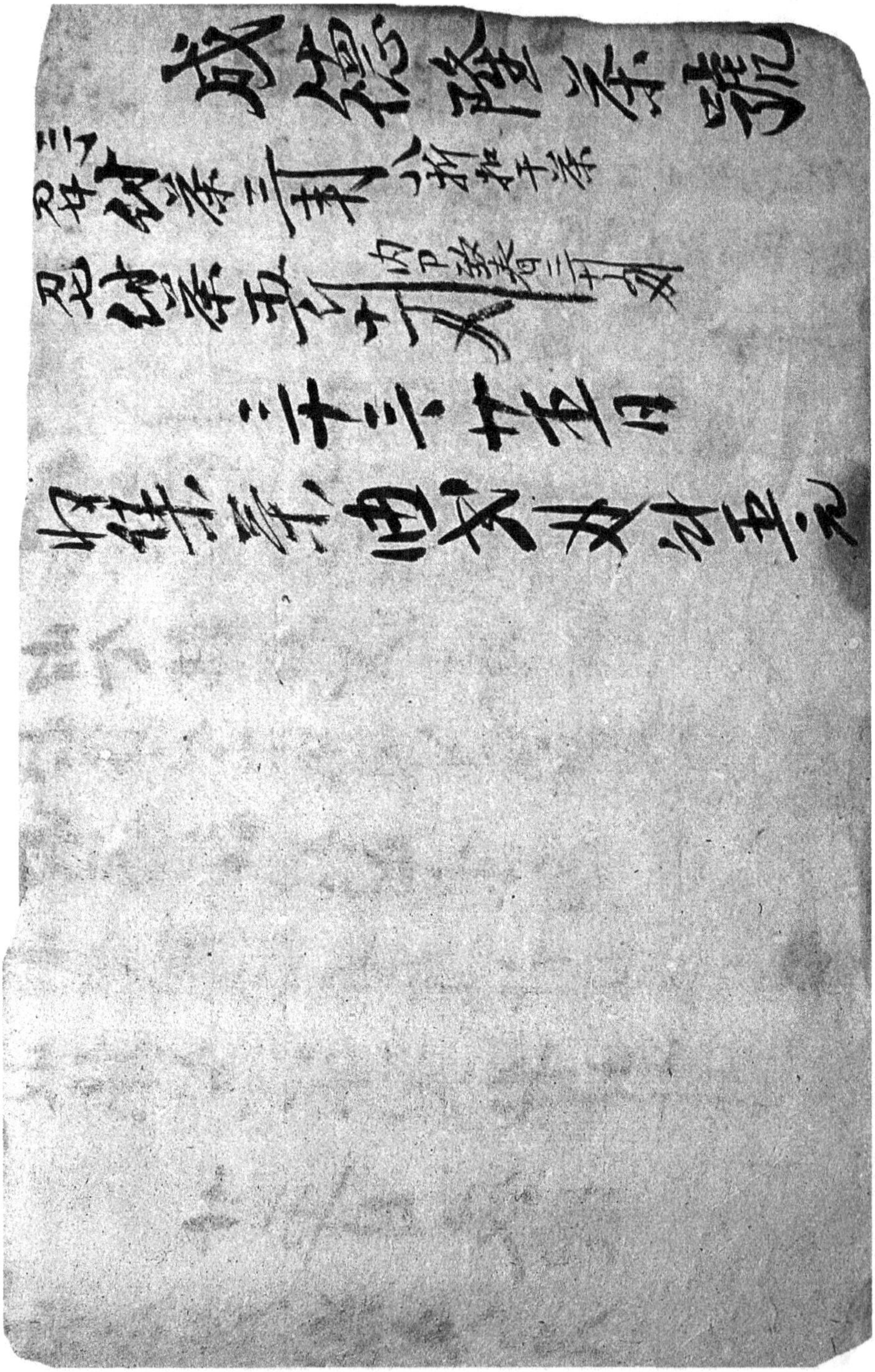

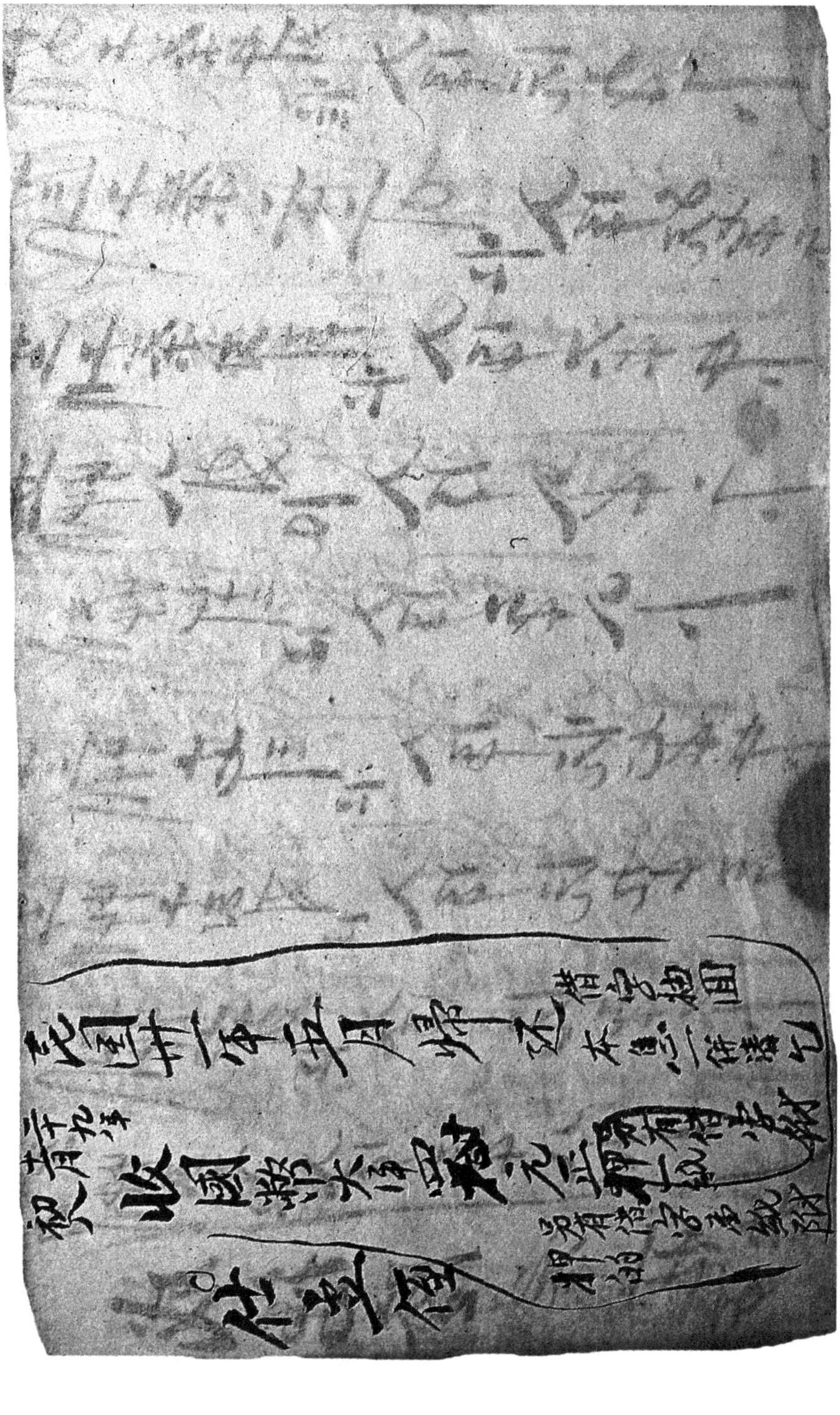

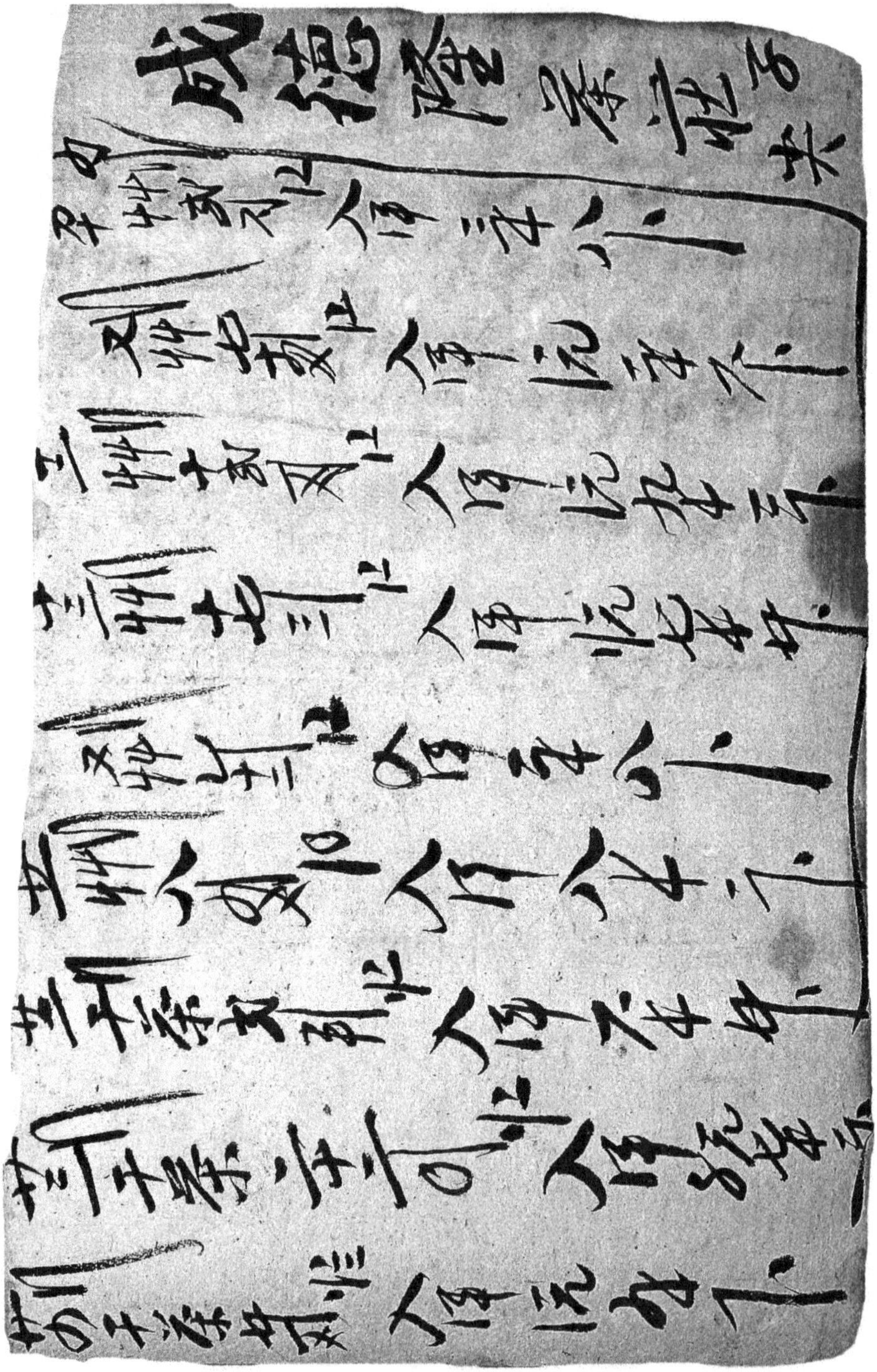

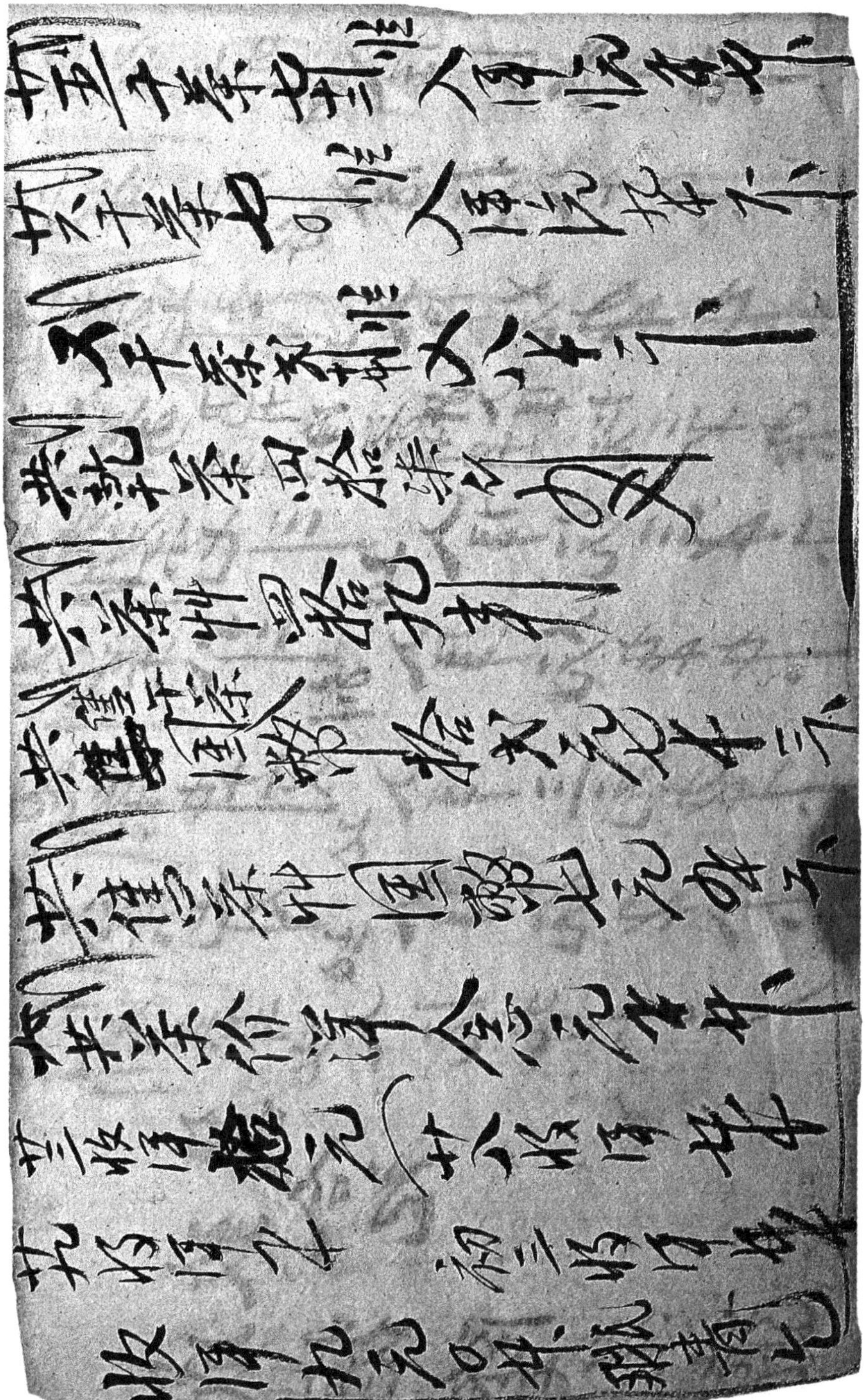

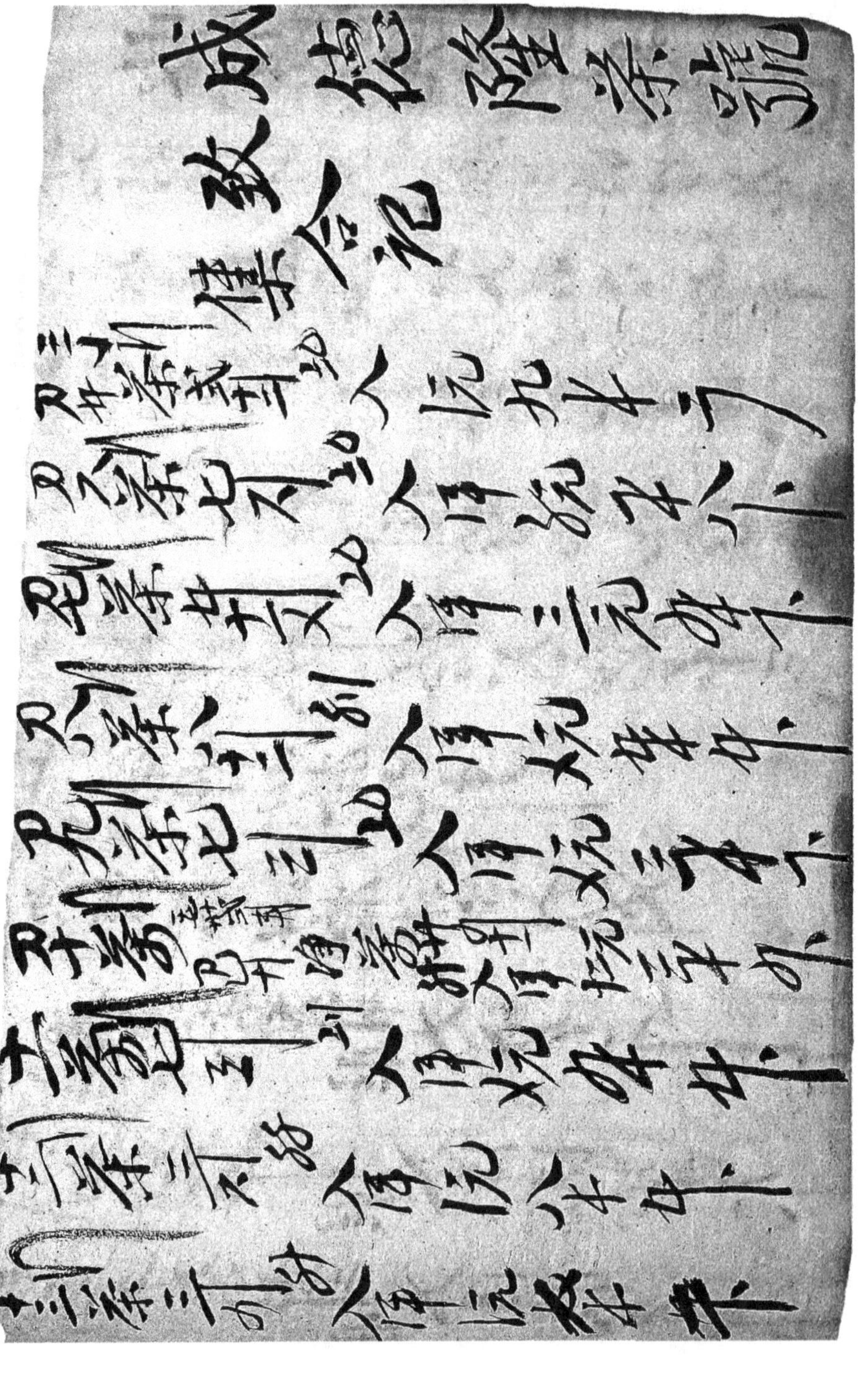

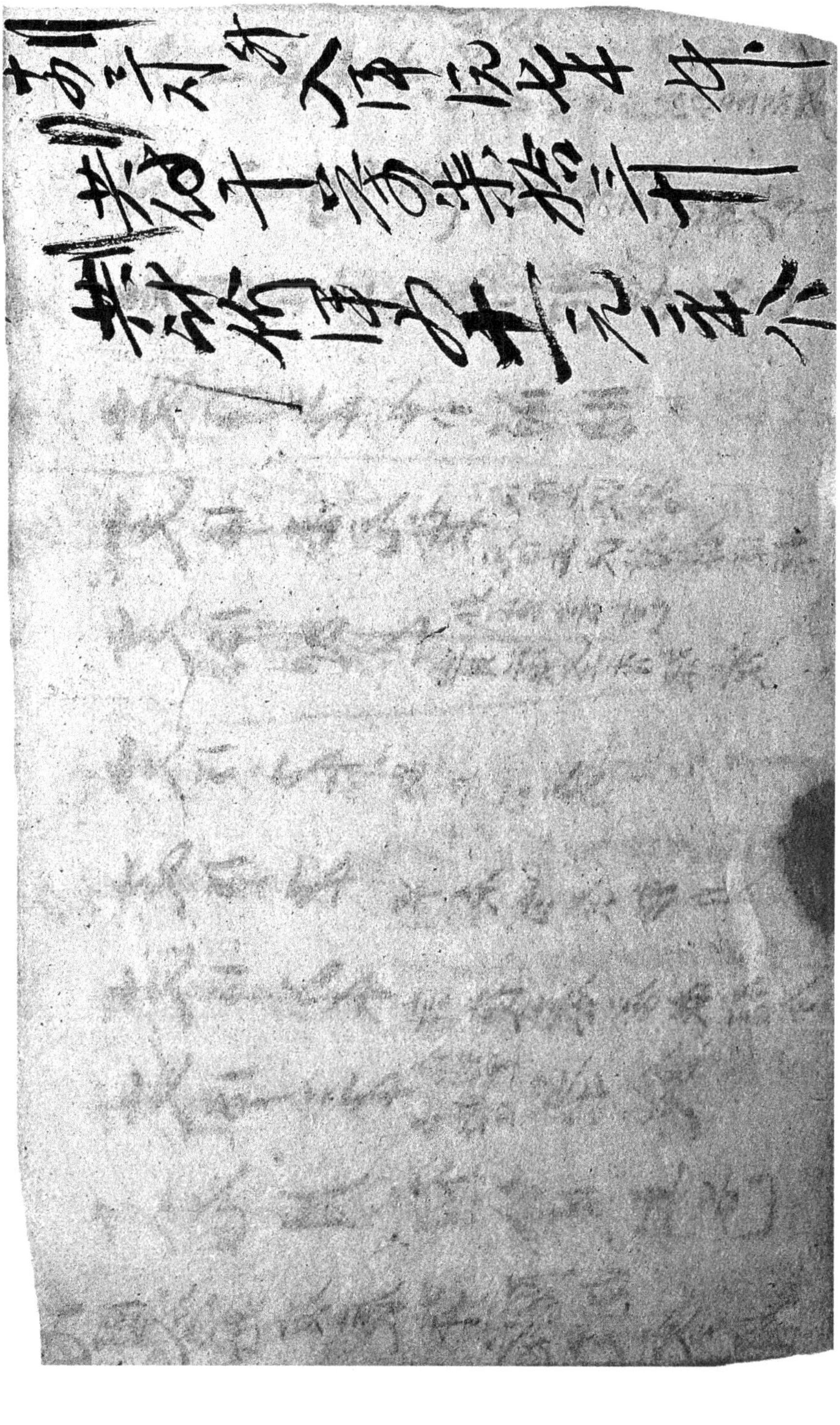

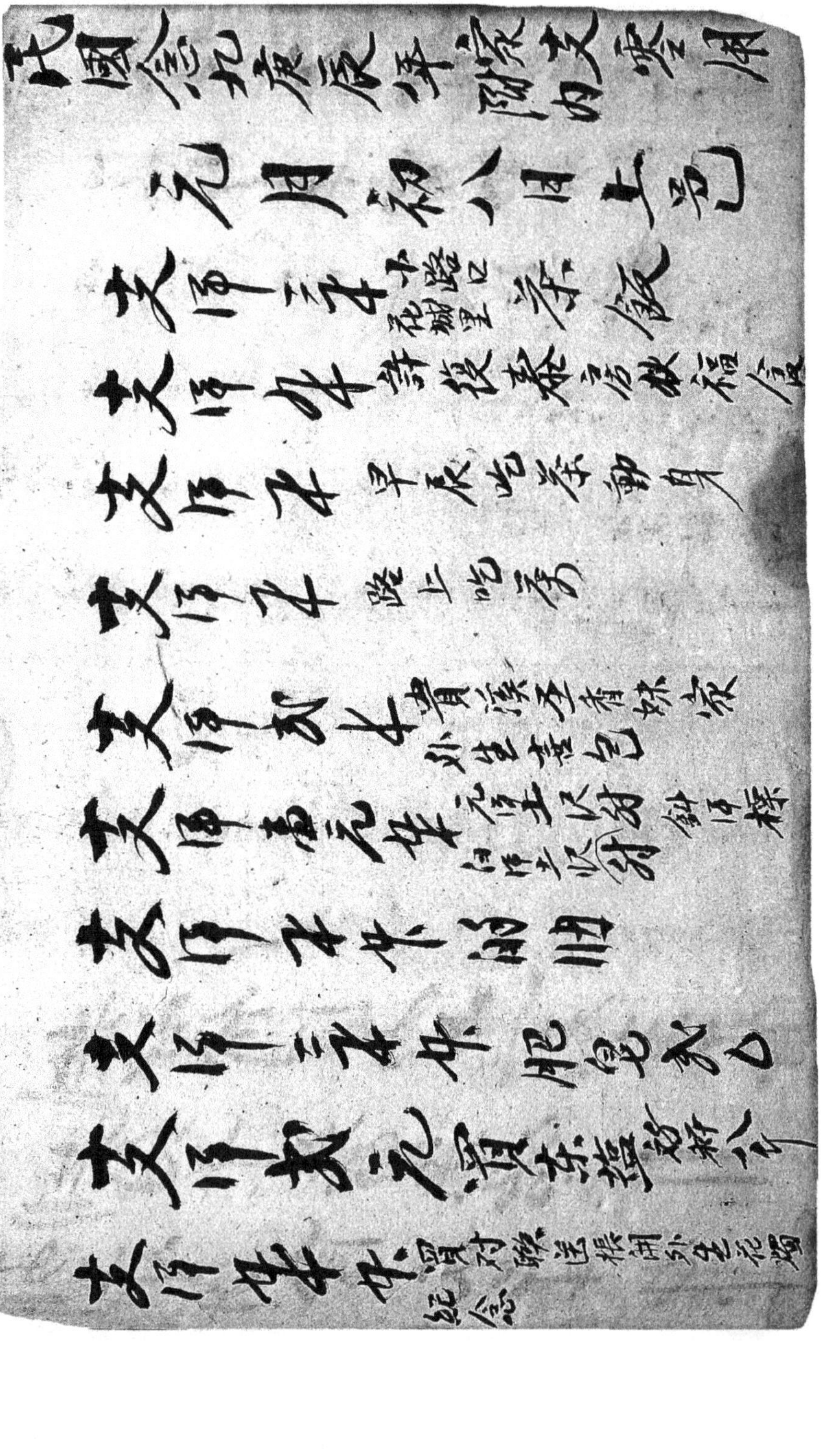

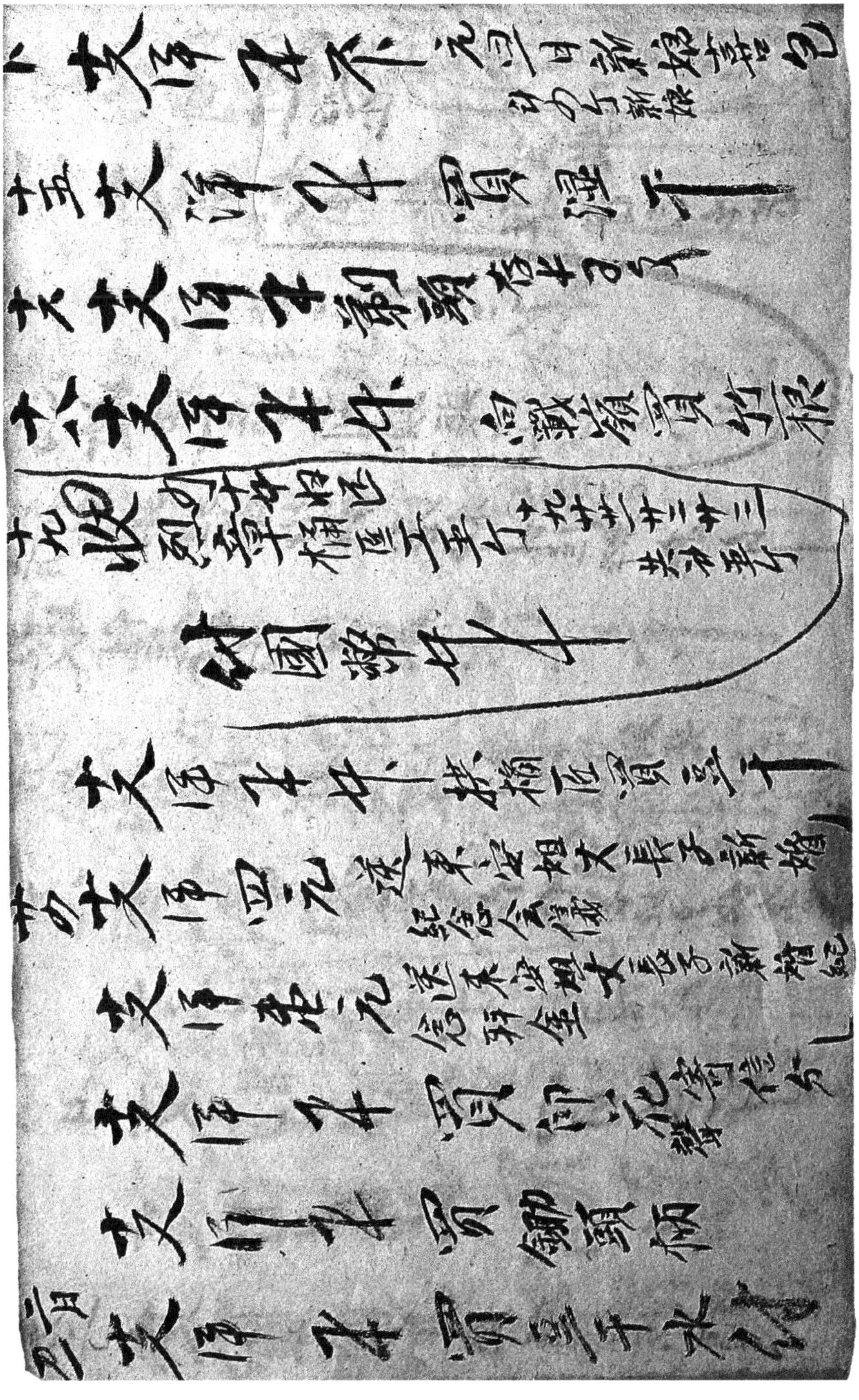

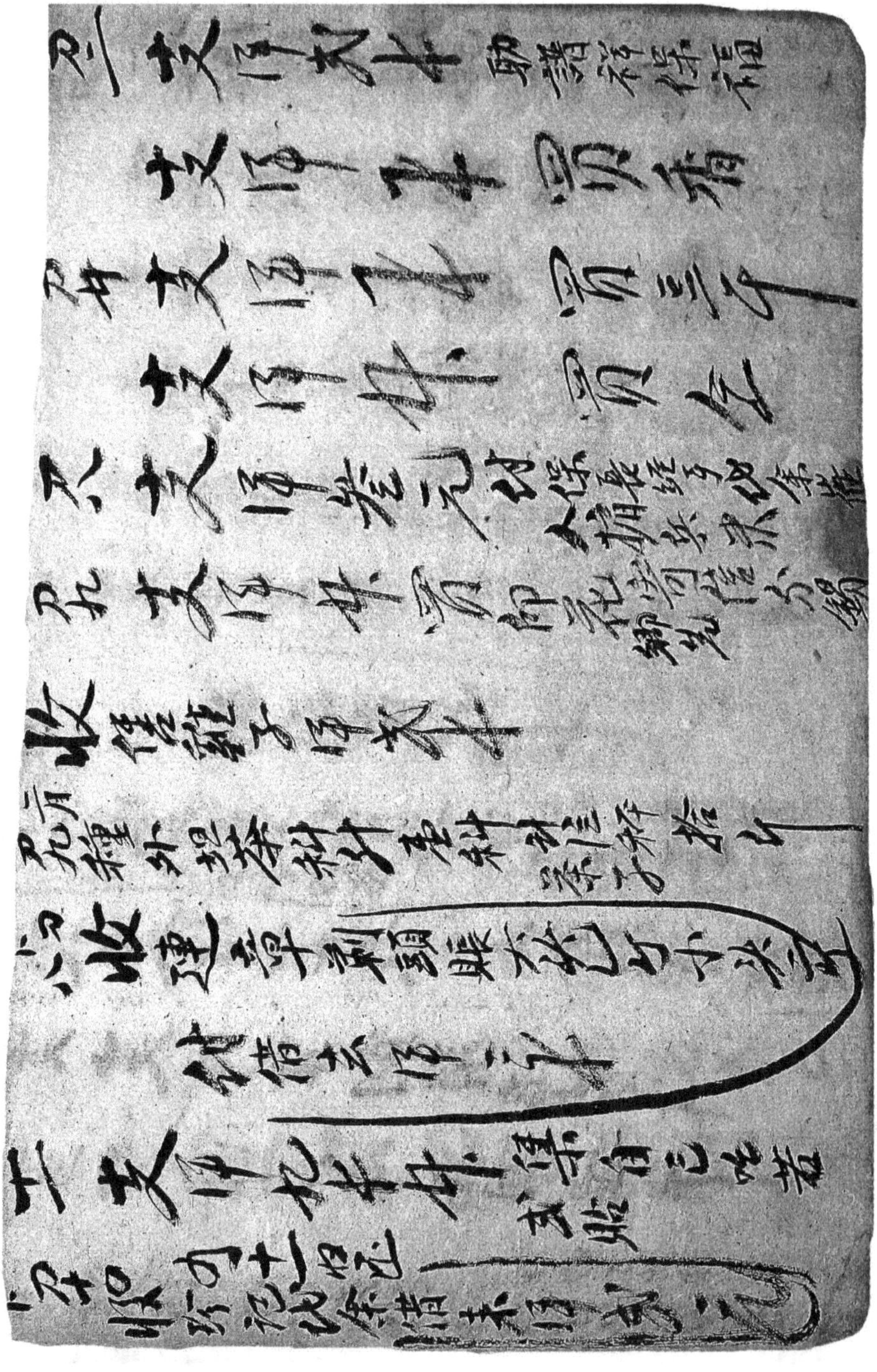

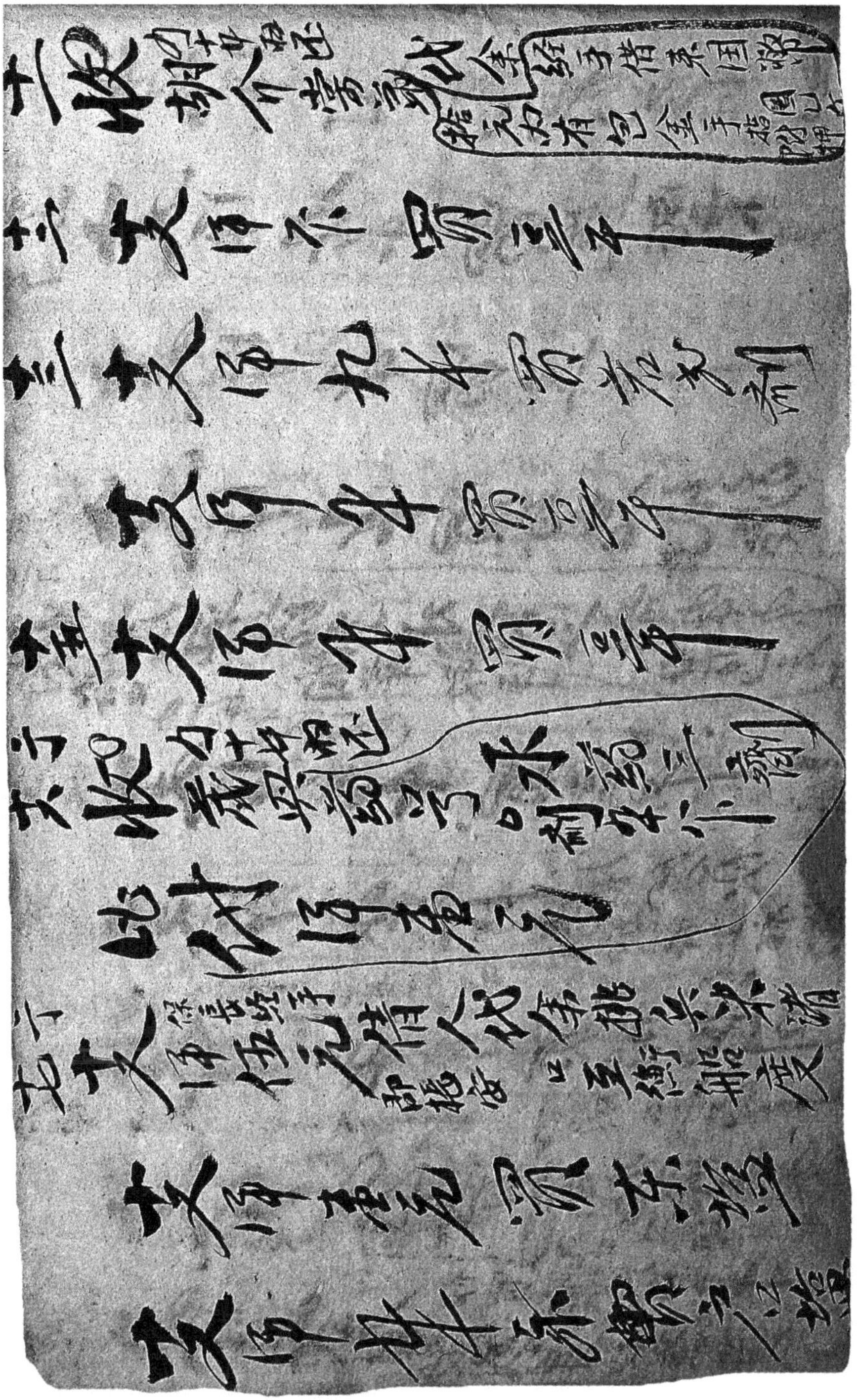

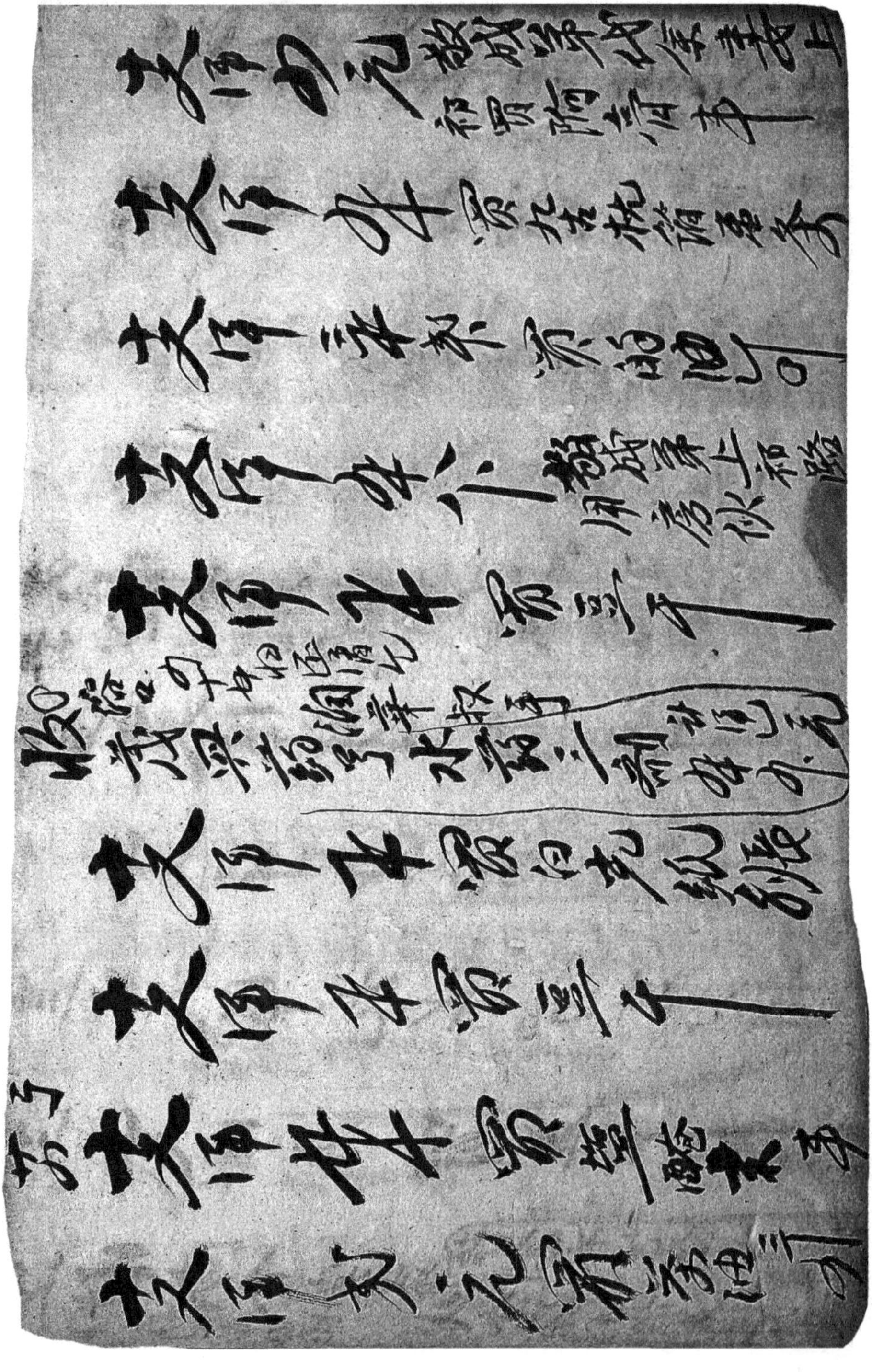

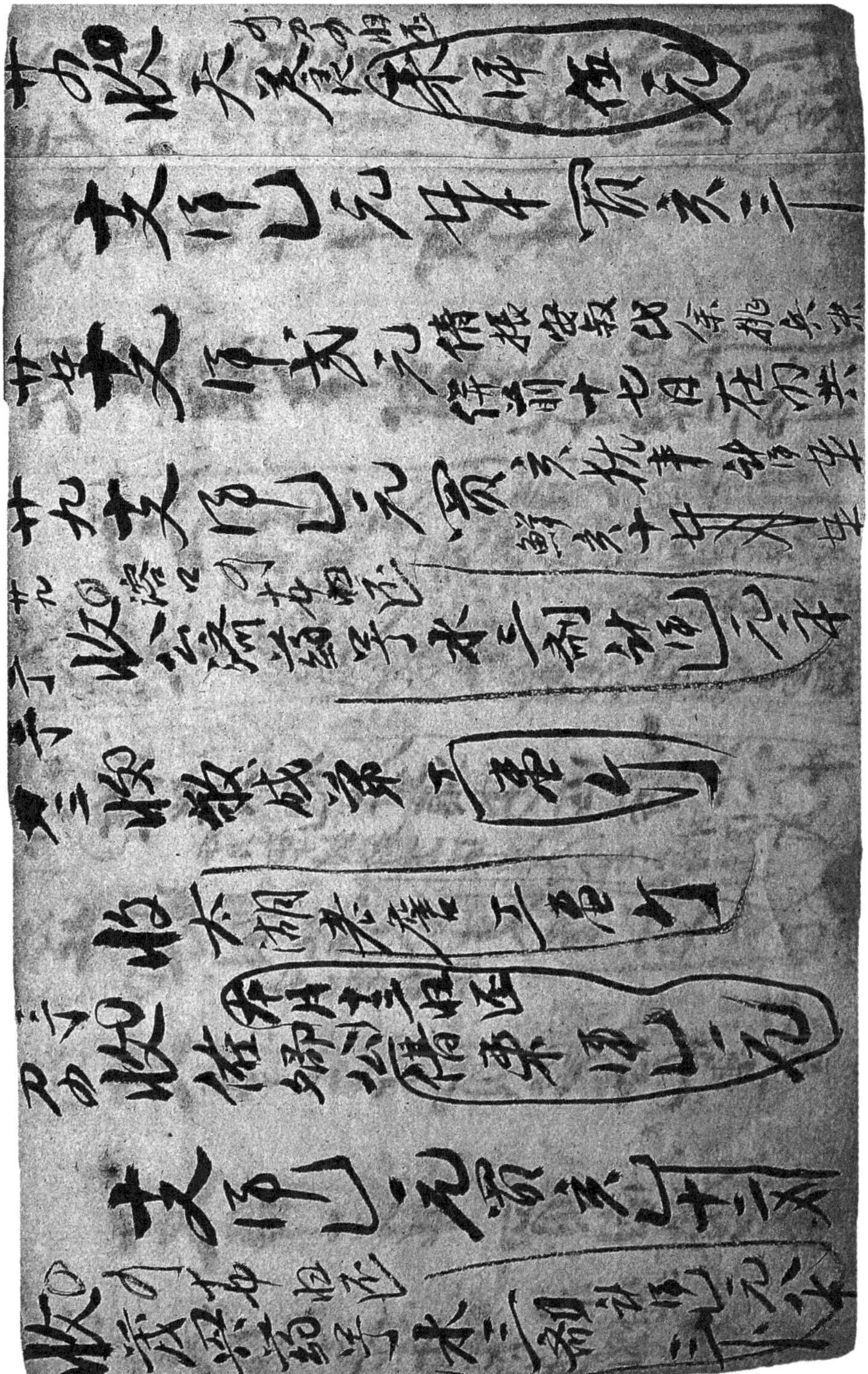

三月初六 支洋三千文 买烟、白[illegible] 米粉

支洋二千 买肉腊条

初七 支洋二千 买笋壳壹百

三月初九 收润华公来洋伍元 初九归正

三月十二 收贤祀房头出四秤元八十 本月初十付秤出洋式元八十七元秤手 计洋式

三月十三 支洋壹元八十 钉红茶秤壹根 计数四两重廿二两

收烟 支洋式元 交教成弟到[illegible]子渠处 余情人摘茶

收售糠洋式元 付糠三秤 〇廿

收售鸡子洋式十

三月十九 十七归正

三月十八 收茂兴药号 木药式剂 计洋壹元[illegible]

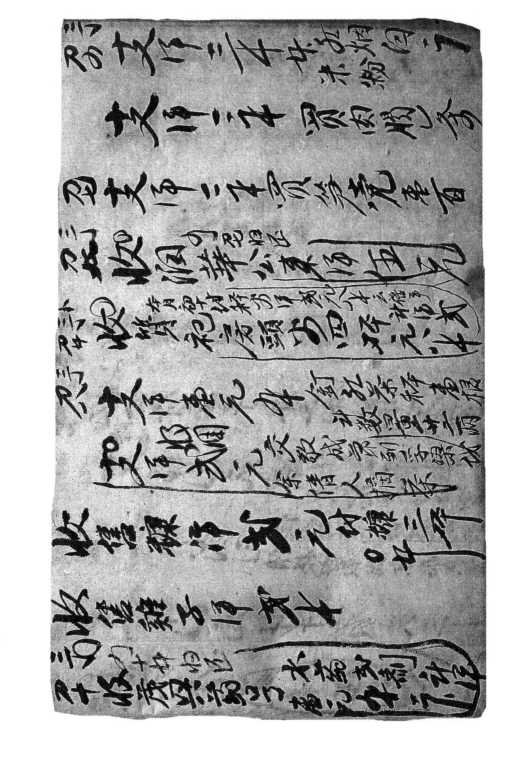

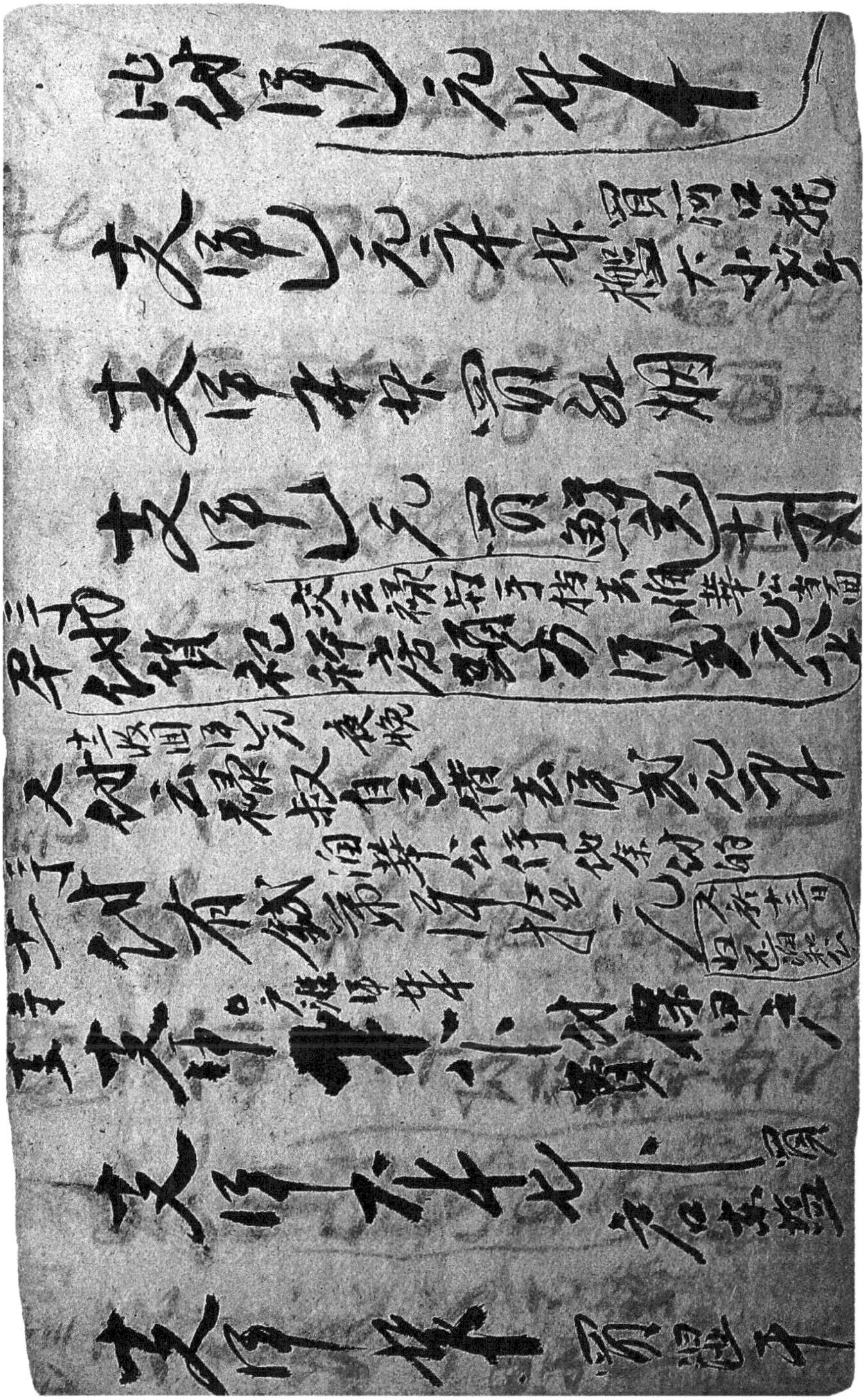

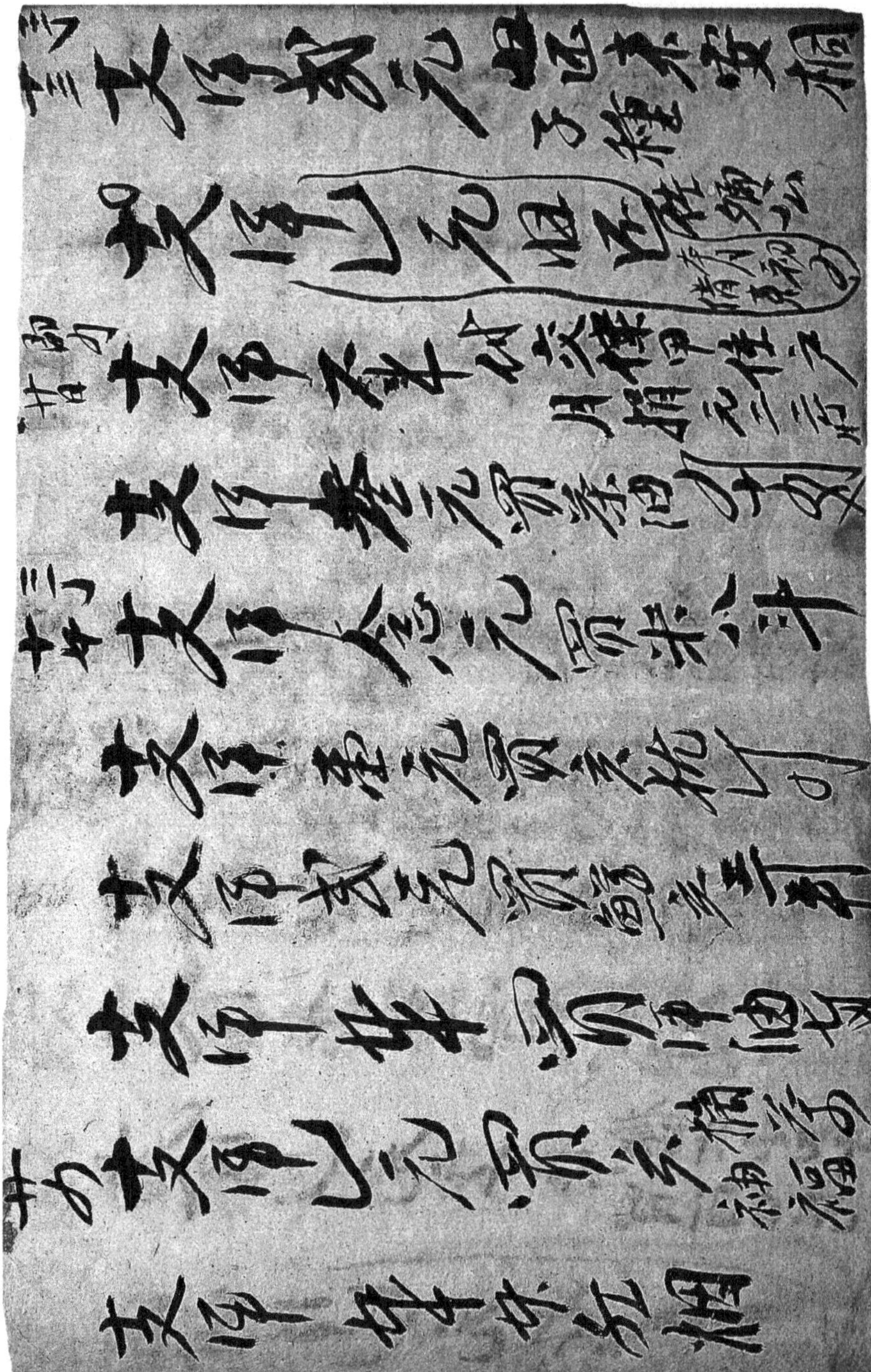

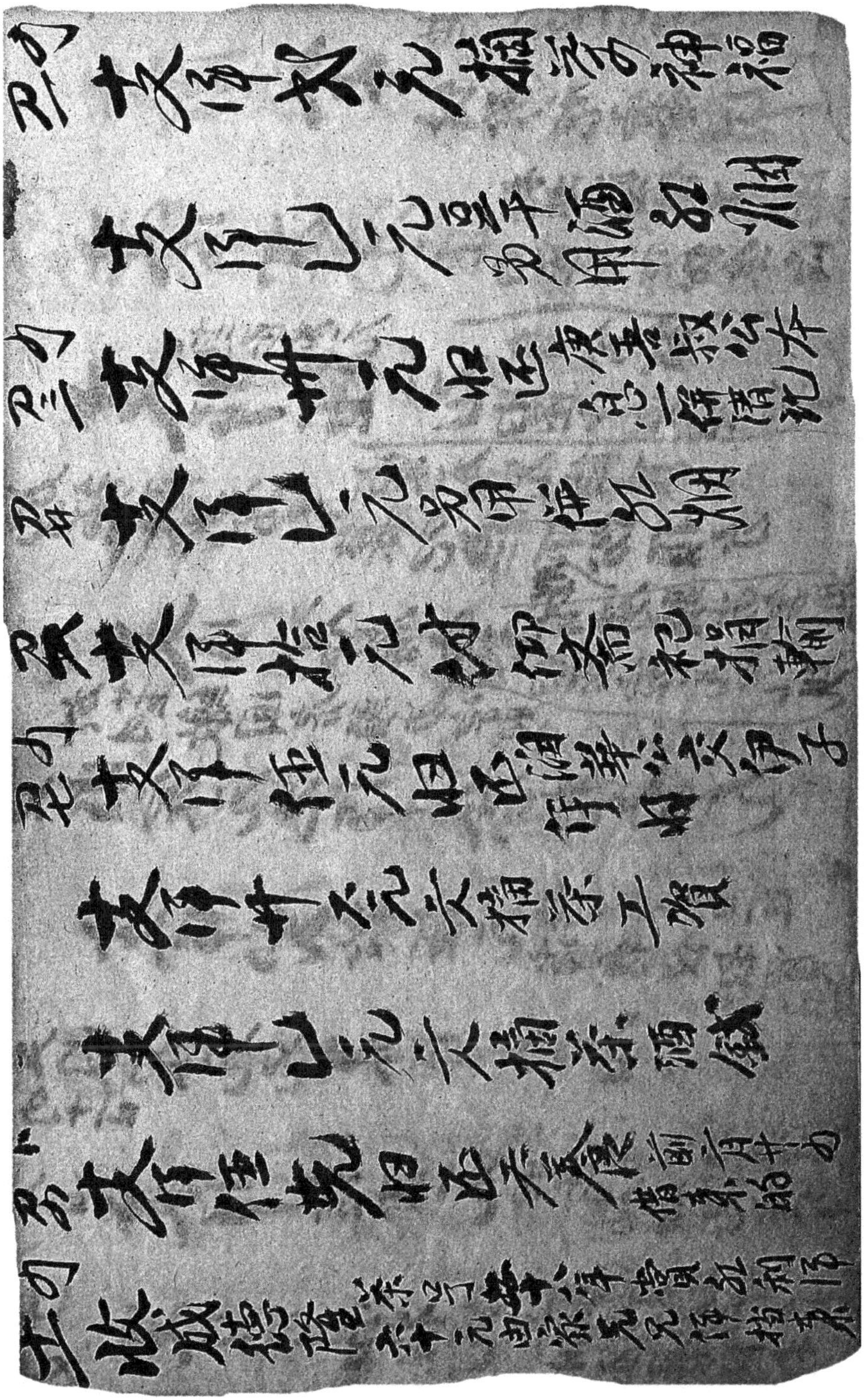

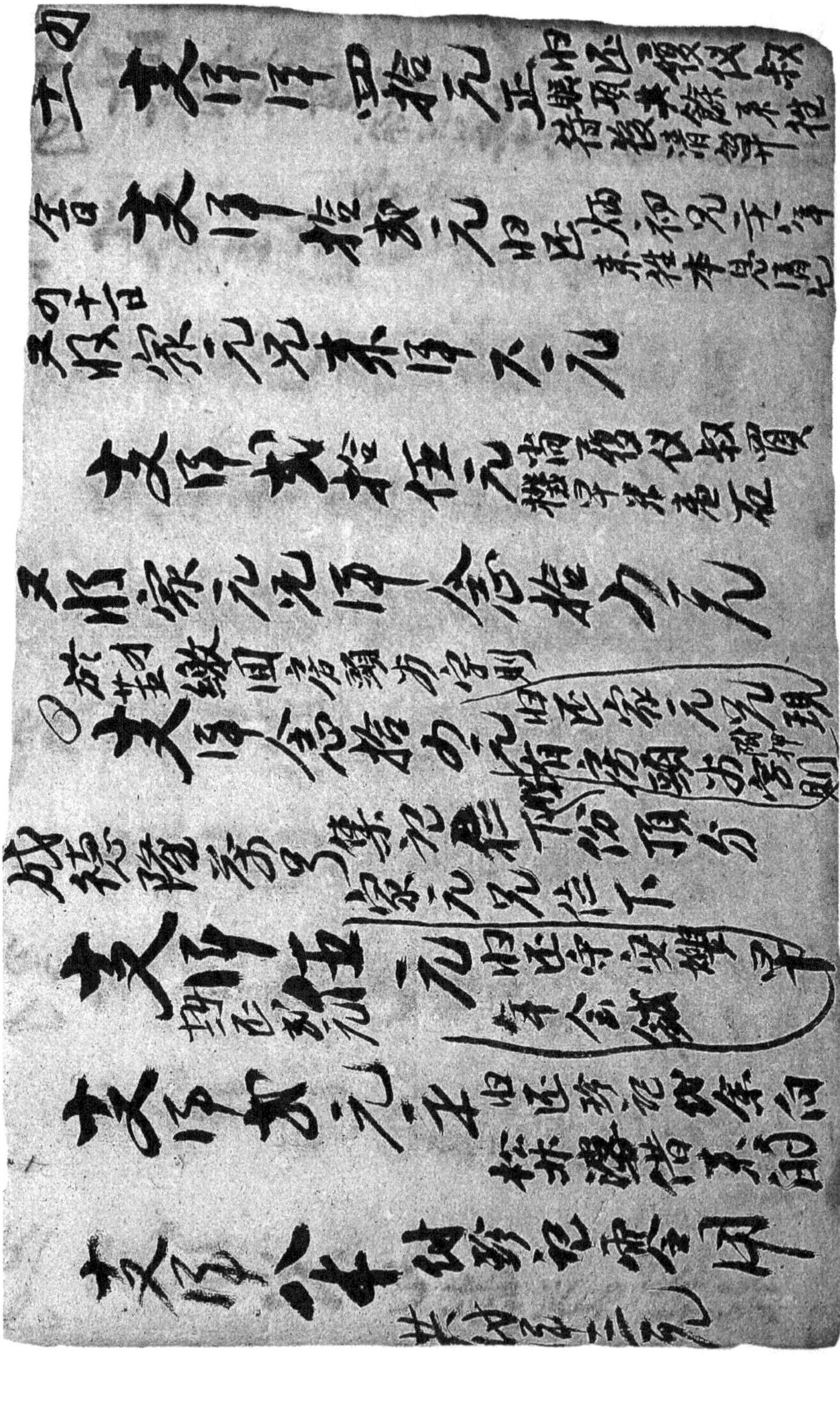

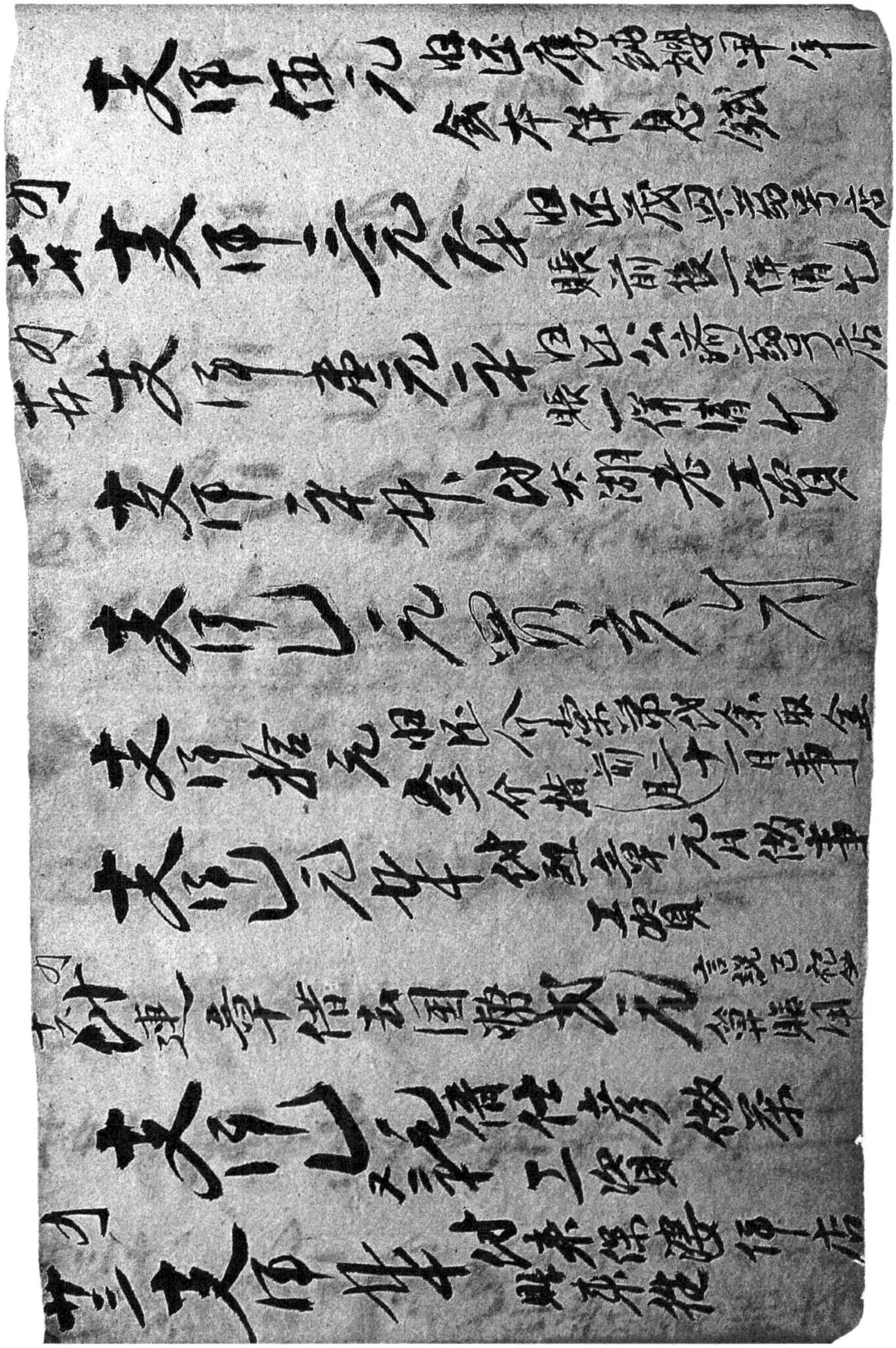

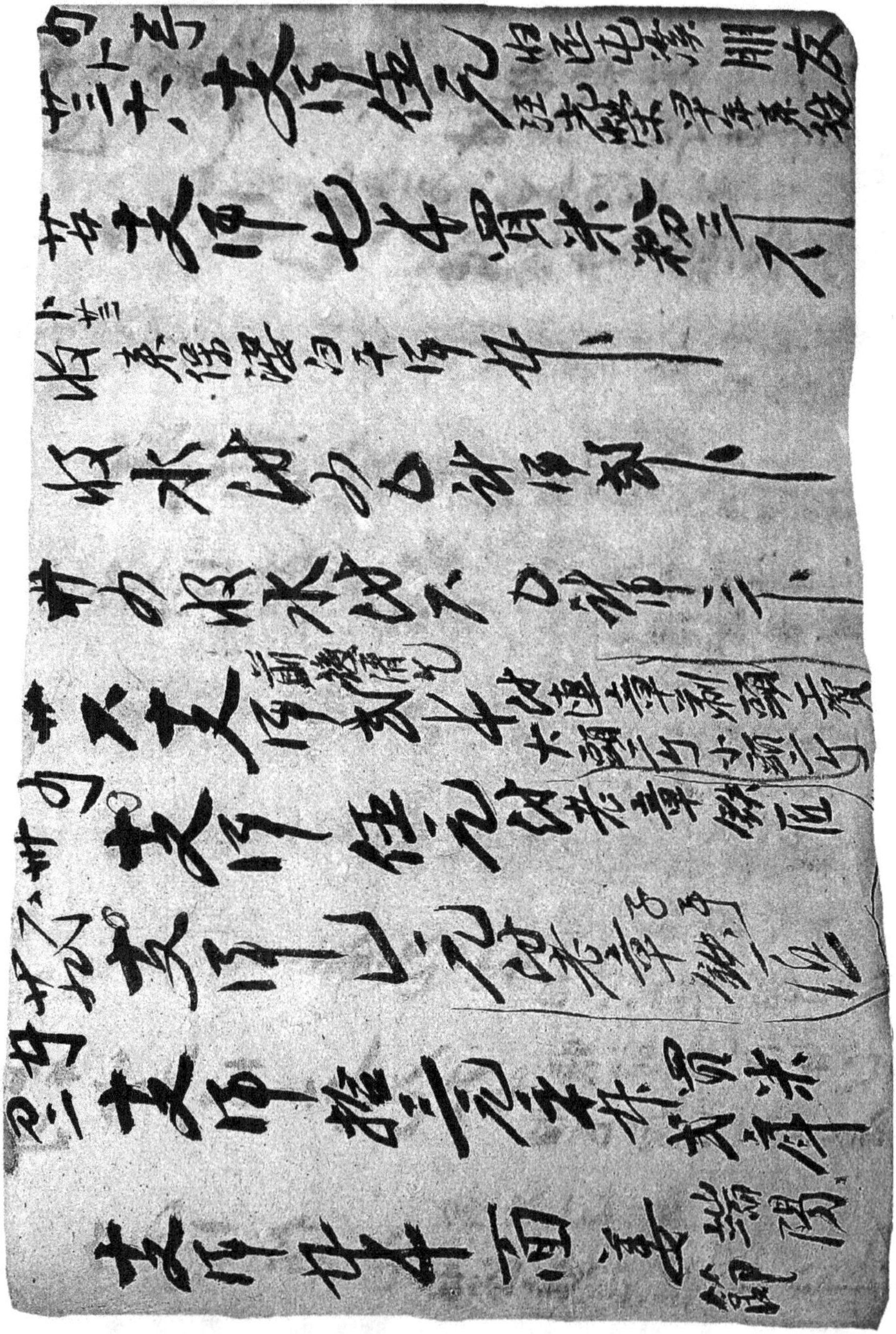

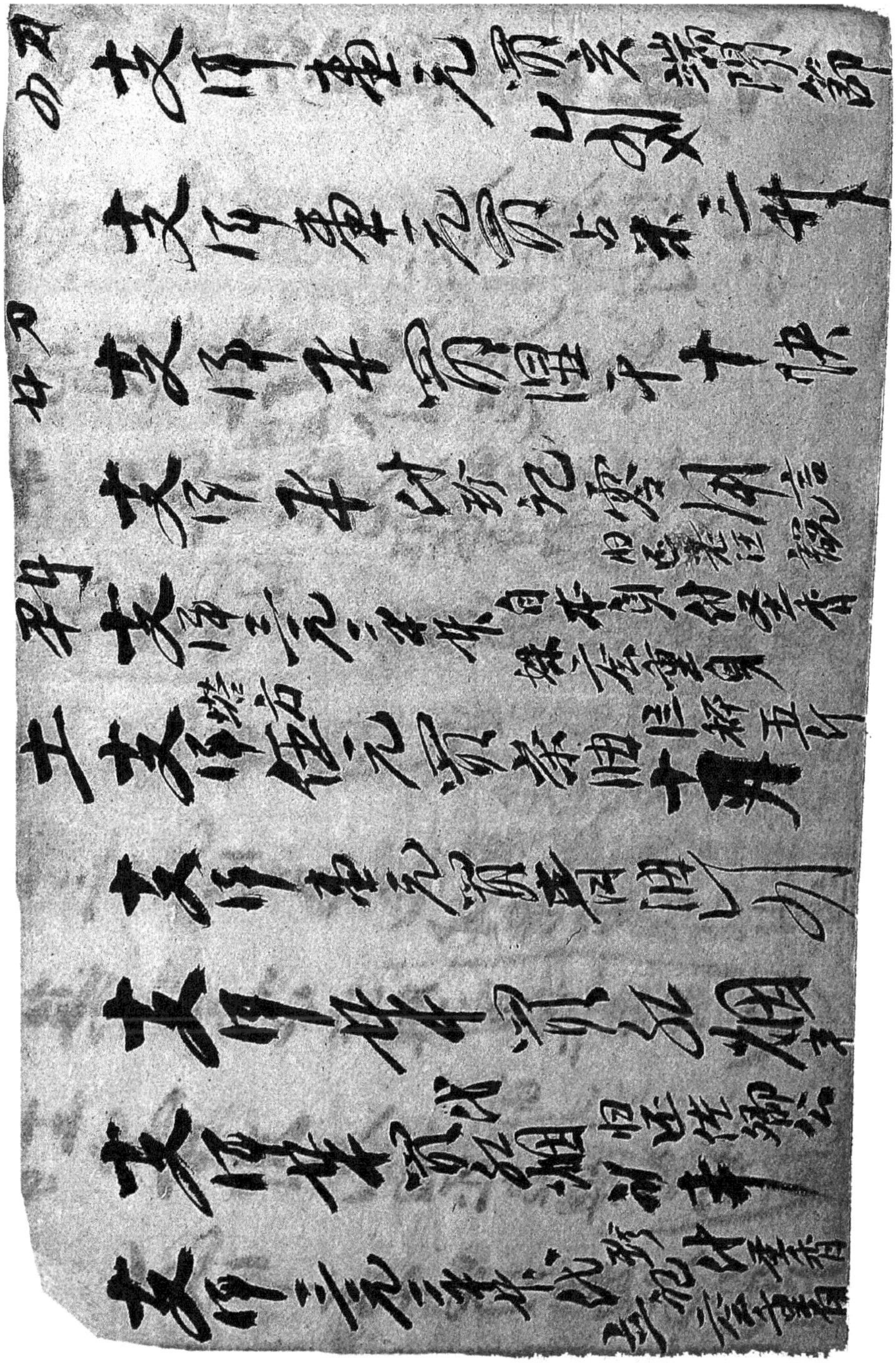

支洋一元　买麦芯纸回

十二　支洋贰元　归还启嫂会钱偿
前欠十二伍元共七元

集芝之分守安嫂前后一併清讫

十三　支洋壹元　付振安代我挑兵米

支洋一角半　吃澜帝会
又讯洋一角半福食

廿　支洋一元　买挑吃讨

廿　支洋伍元　旧还寿禄嫂会本钱
息钱当面言让讫

民国廿九年国历十一月一号起至

民国二十九年废历廿四止

经手各项杂费用今

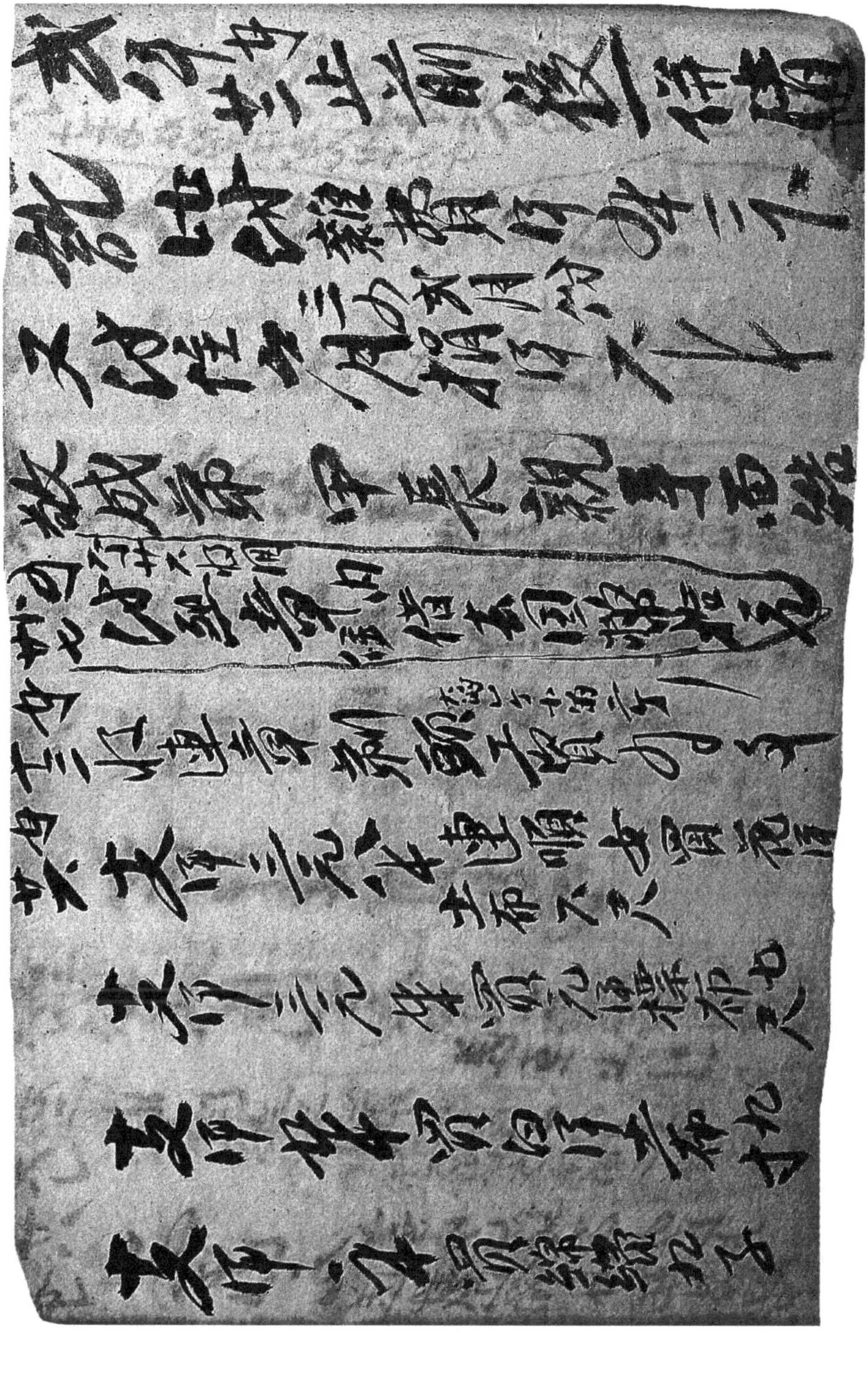

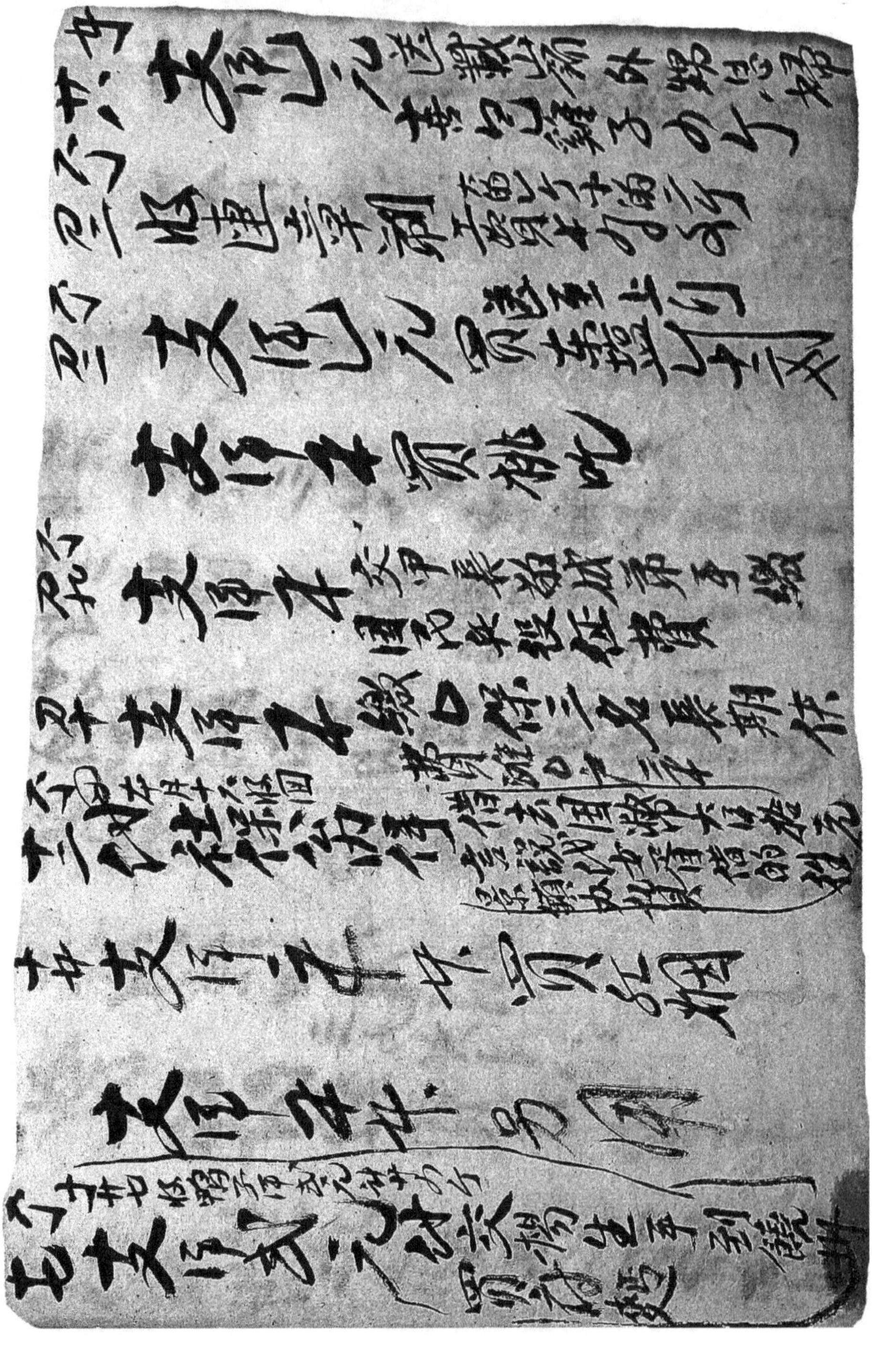

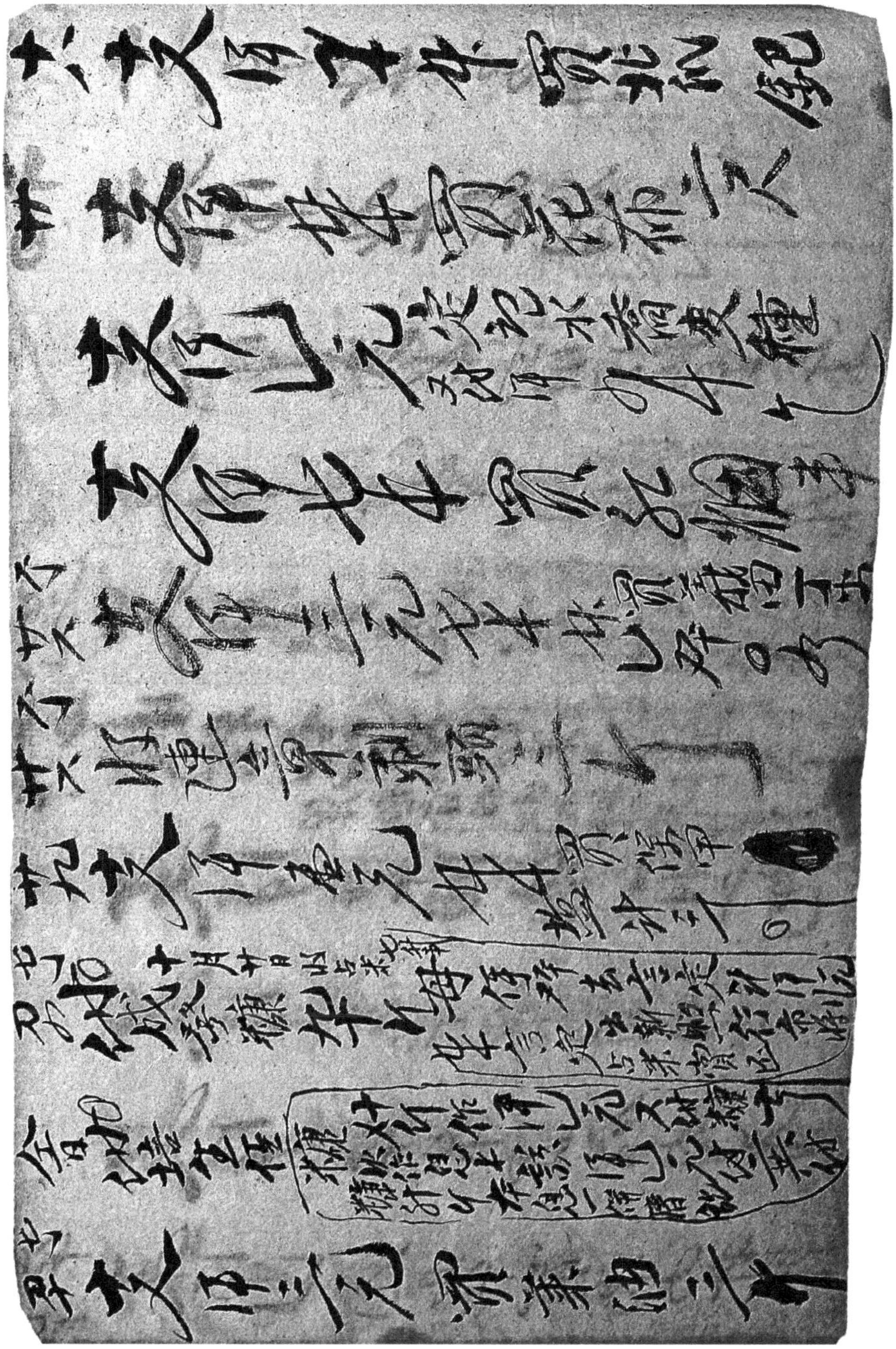

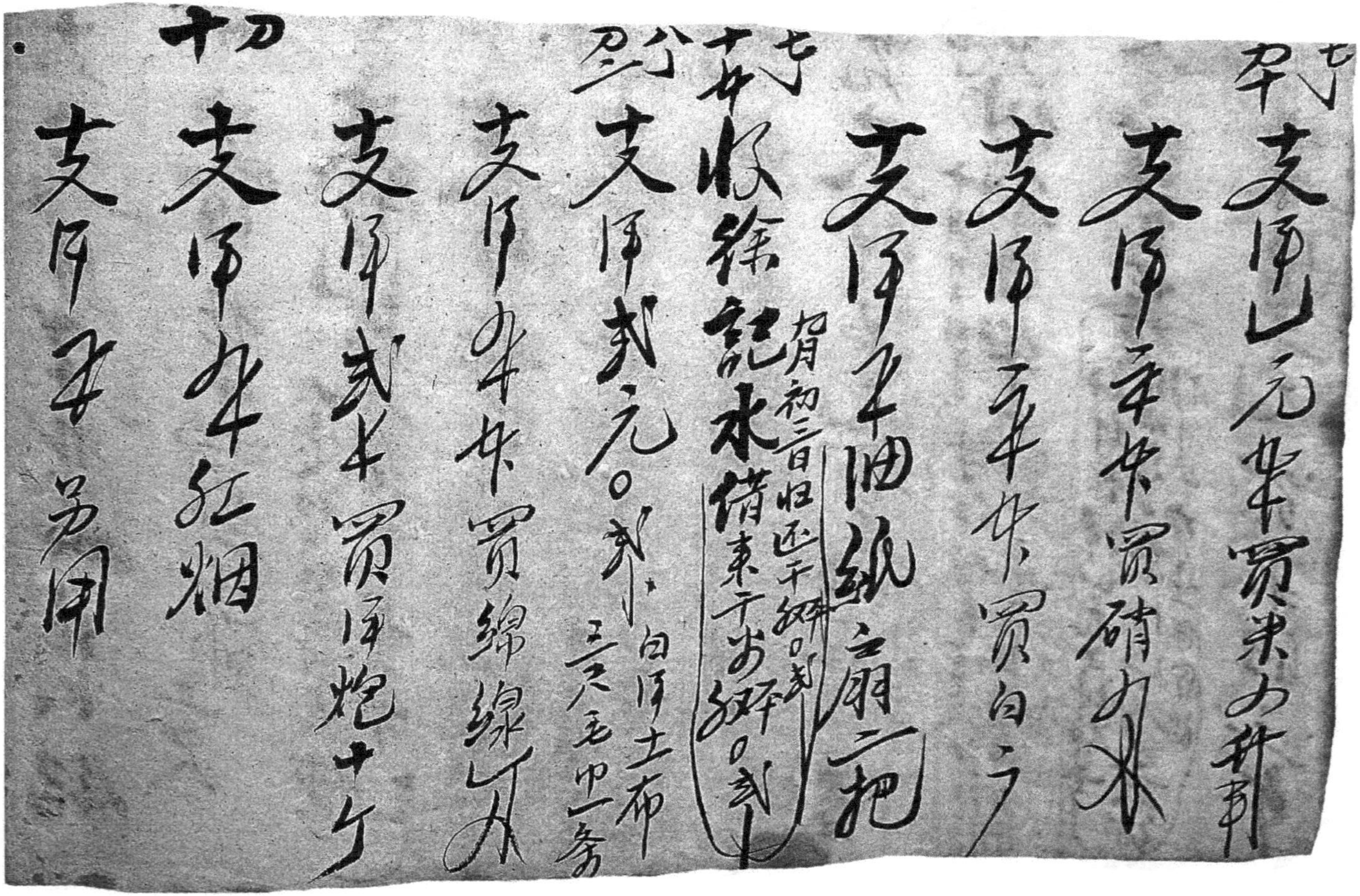
七 卅 支洋[illegible]元半 买米[illegible]
支洋半角 买硝[illegible]
支洋半角 买白[illegible]
支洋半[illegible] 细纸二扇二把
柒月初三日[illegible]还干[illegible]〇式
借来干[illegible]〇式
七 廿六 收徐记水
廿八 支洋式元〇式 白洋土布 三尺毛巾一条
支洋半角 买绵线[illegible]
支洋式角 买洋炮十个
十四 支洋半角 红烟
支洋半角 [illegible]用

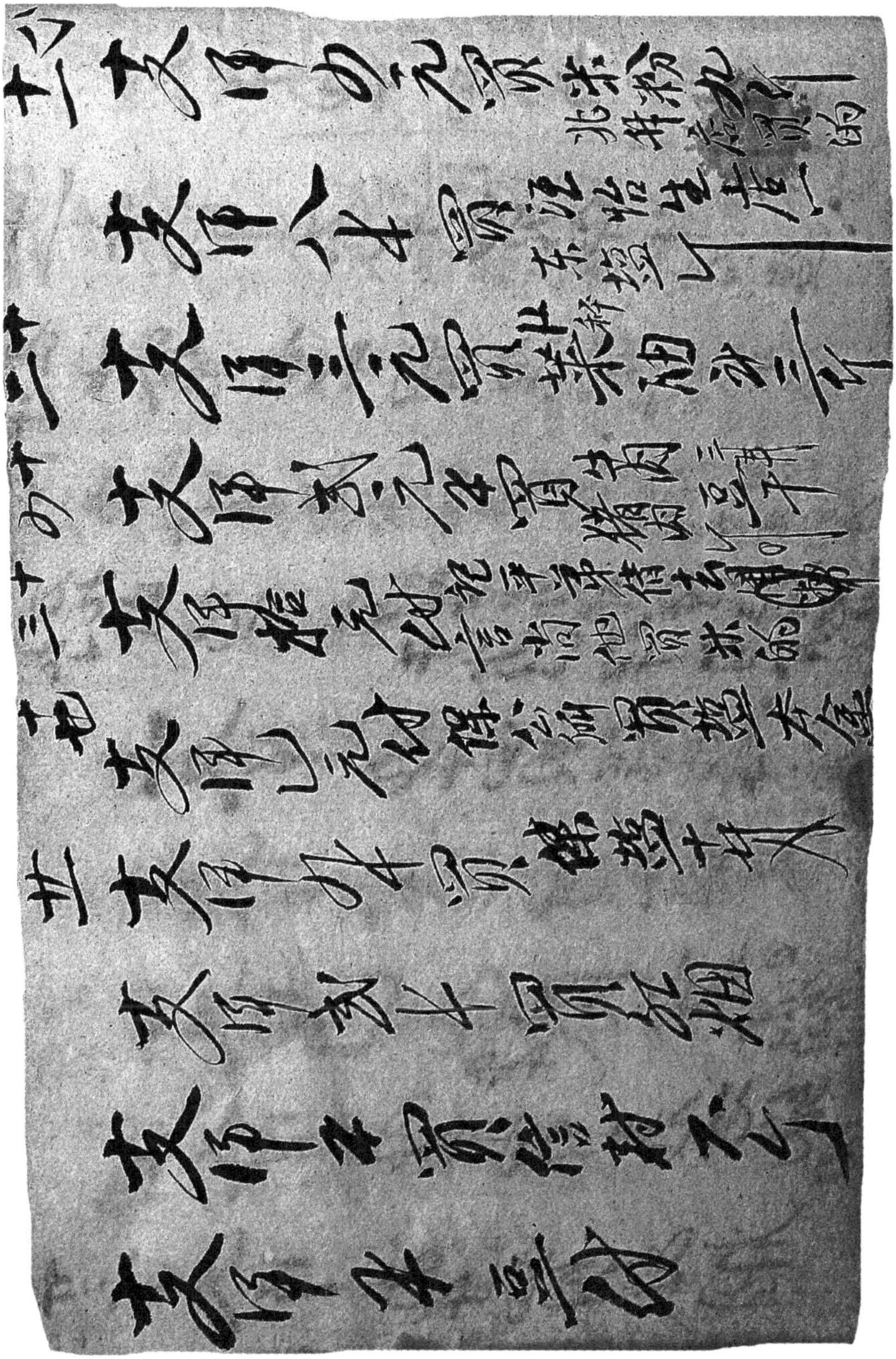

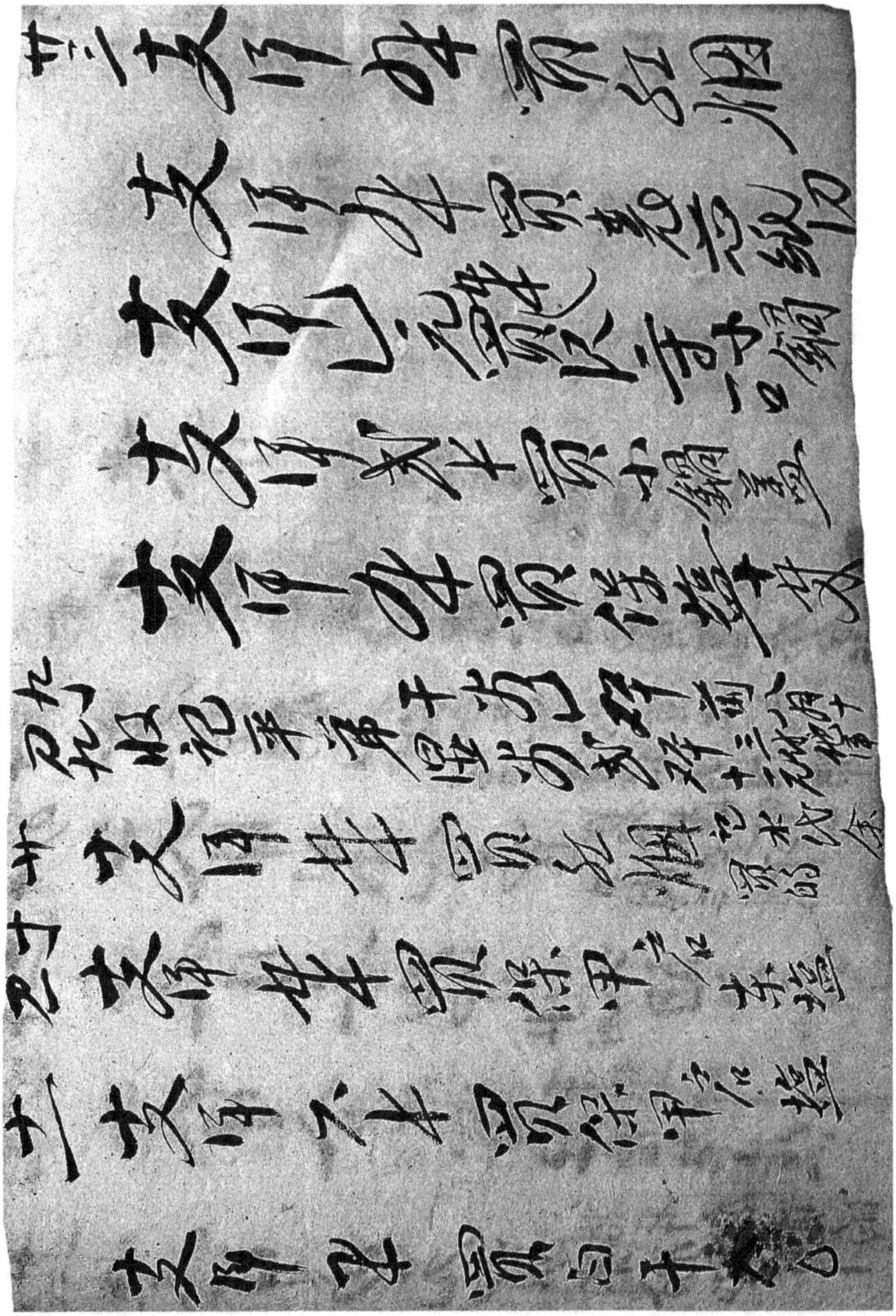

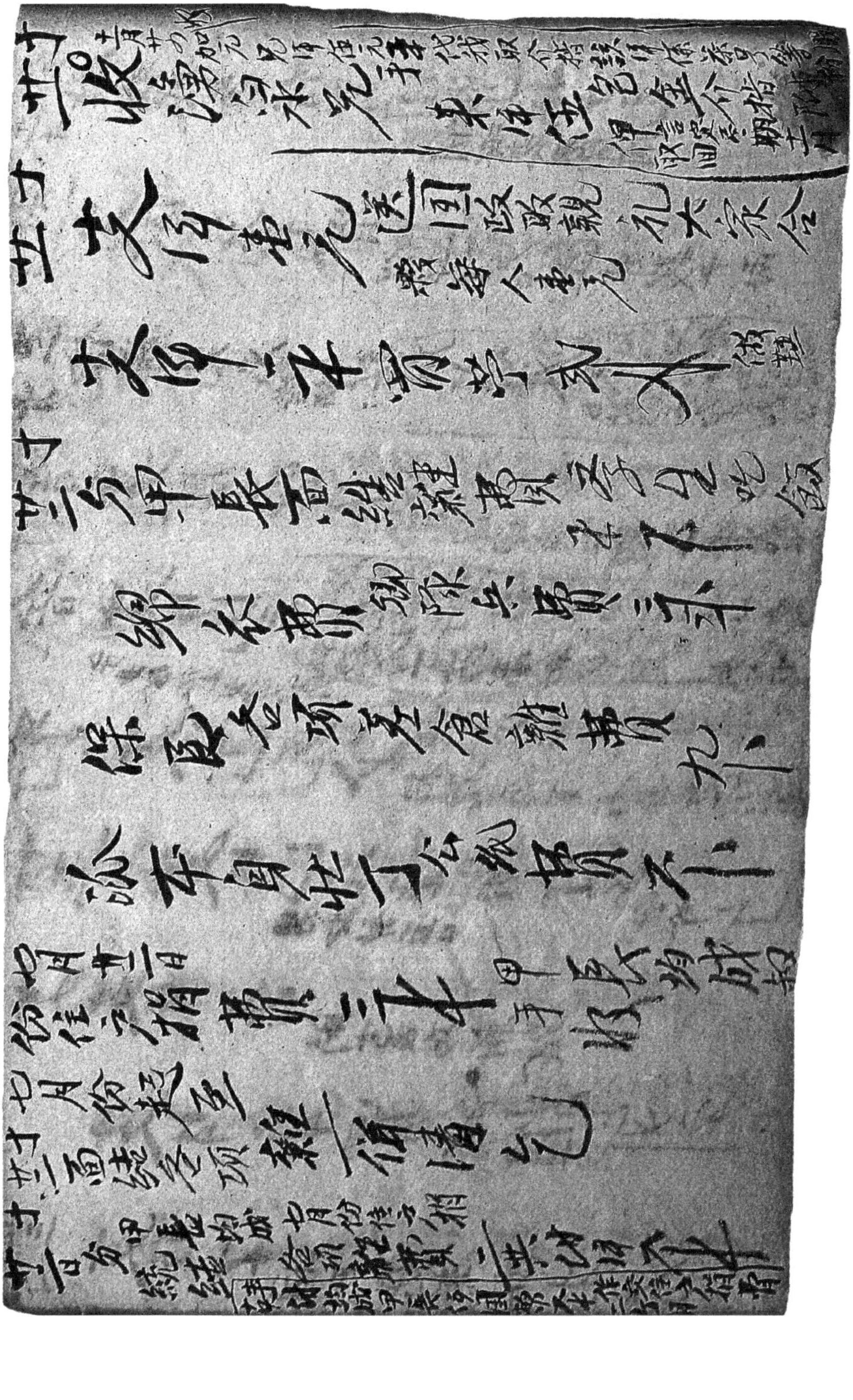

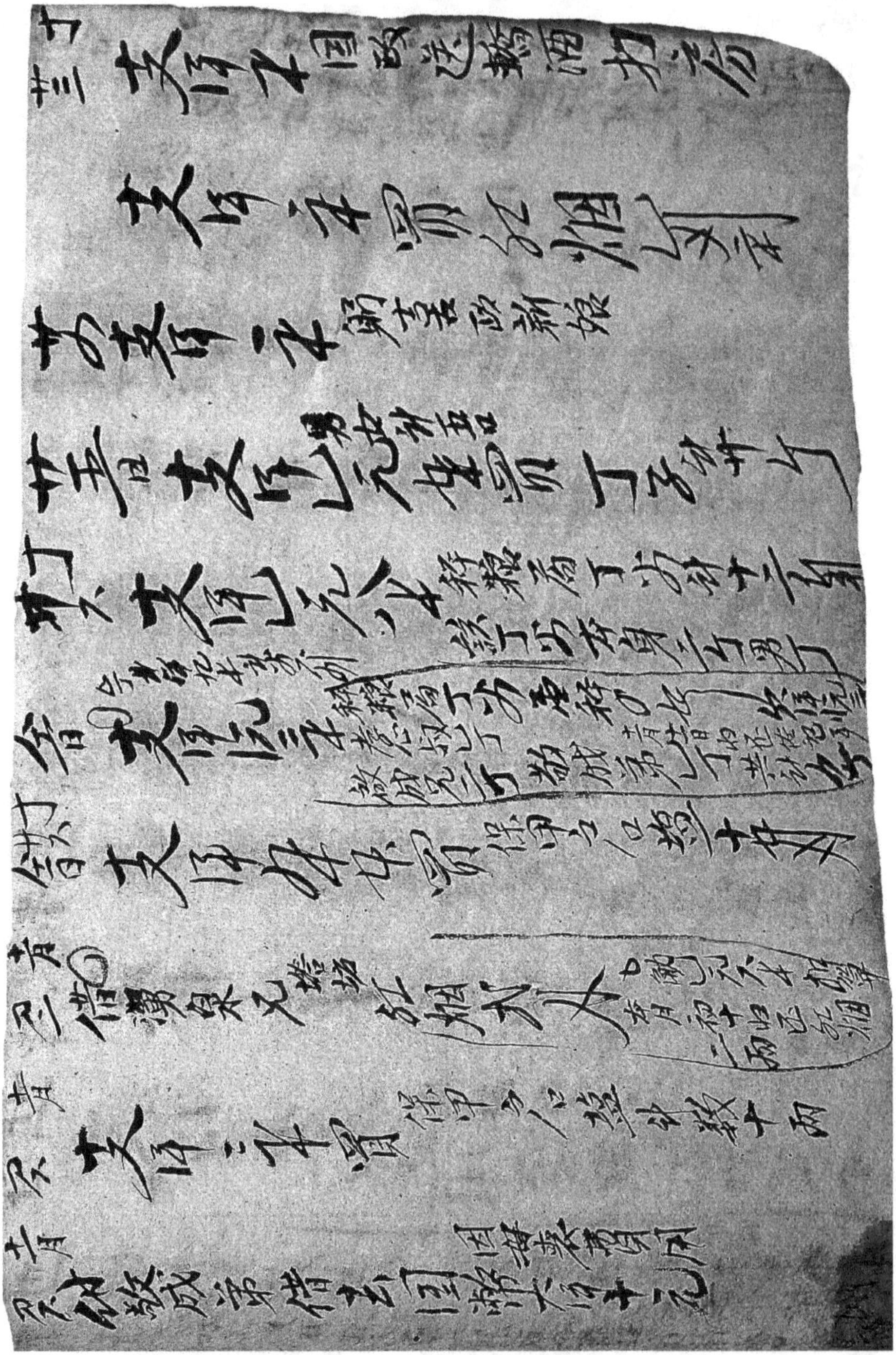

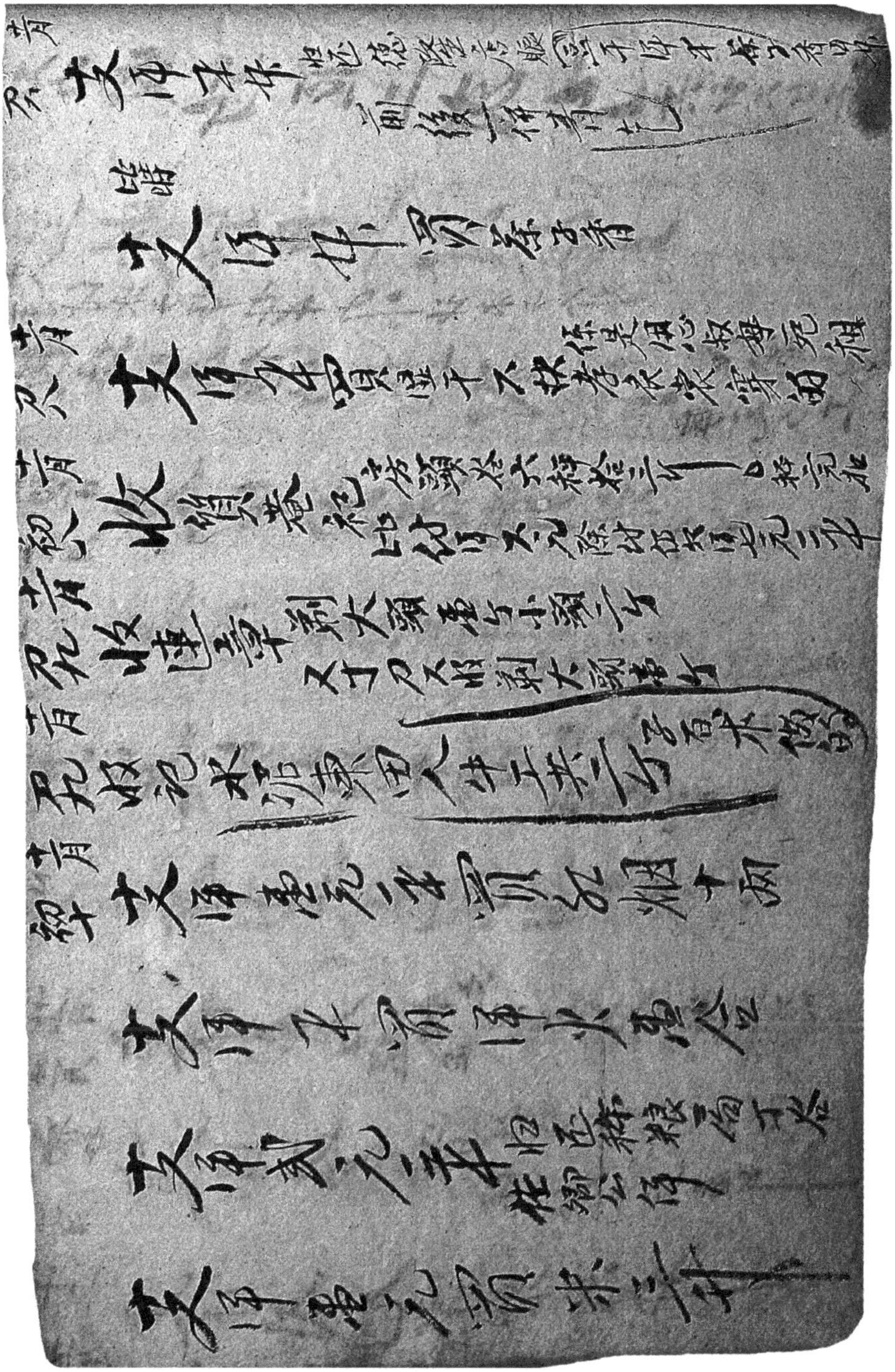

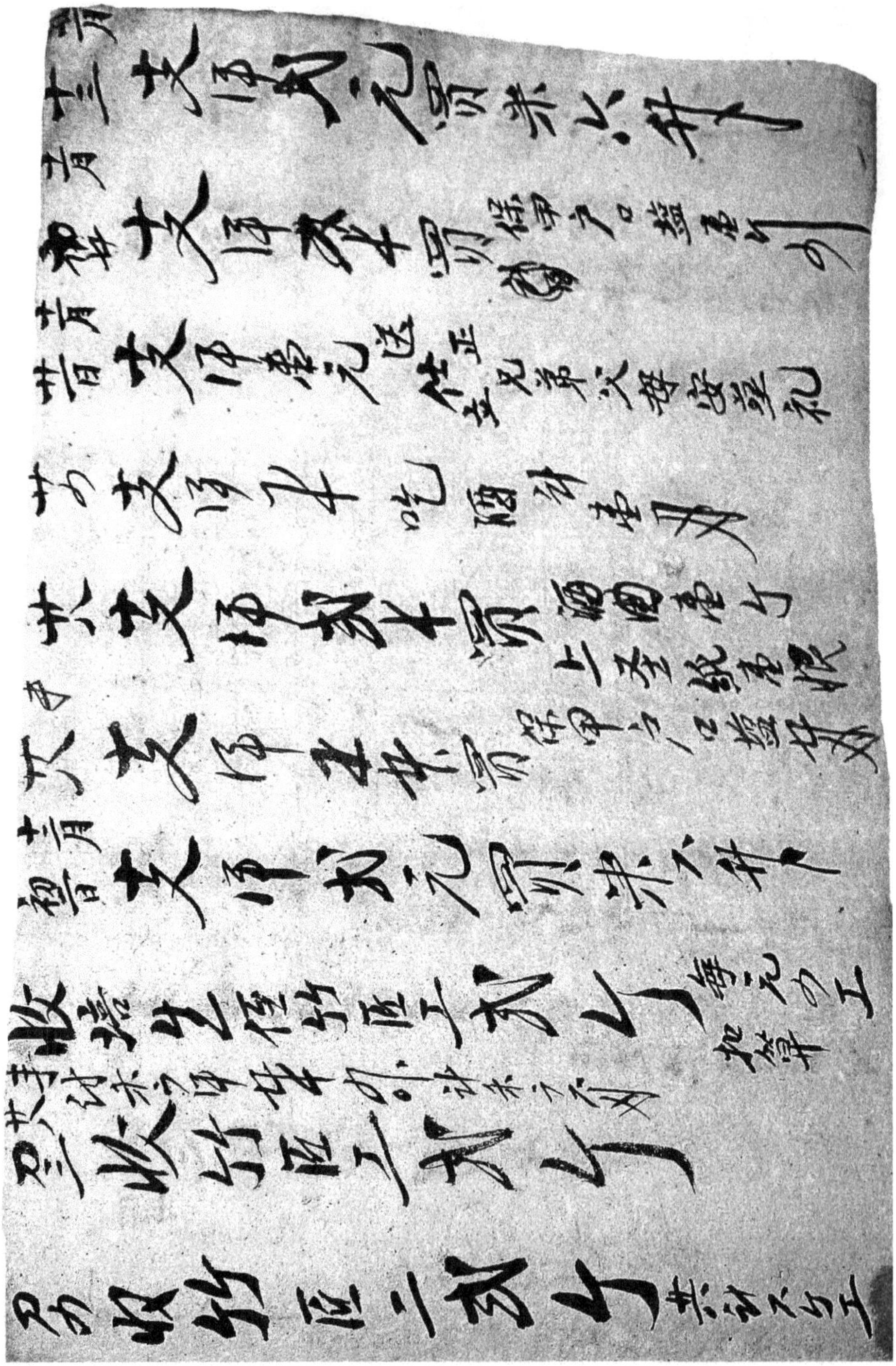

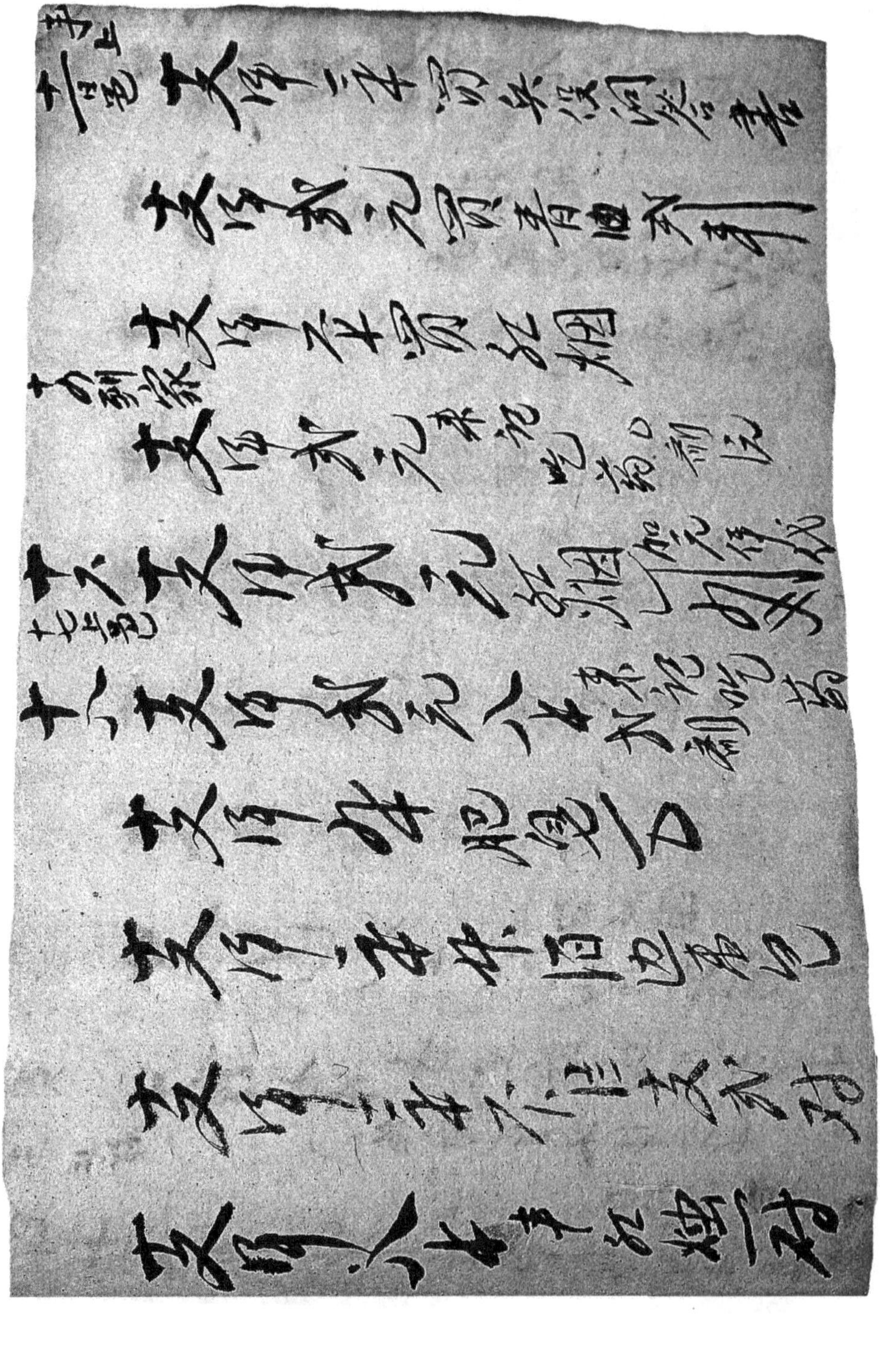

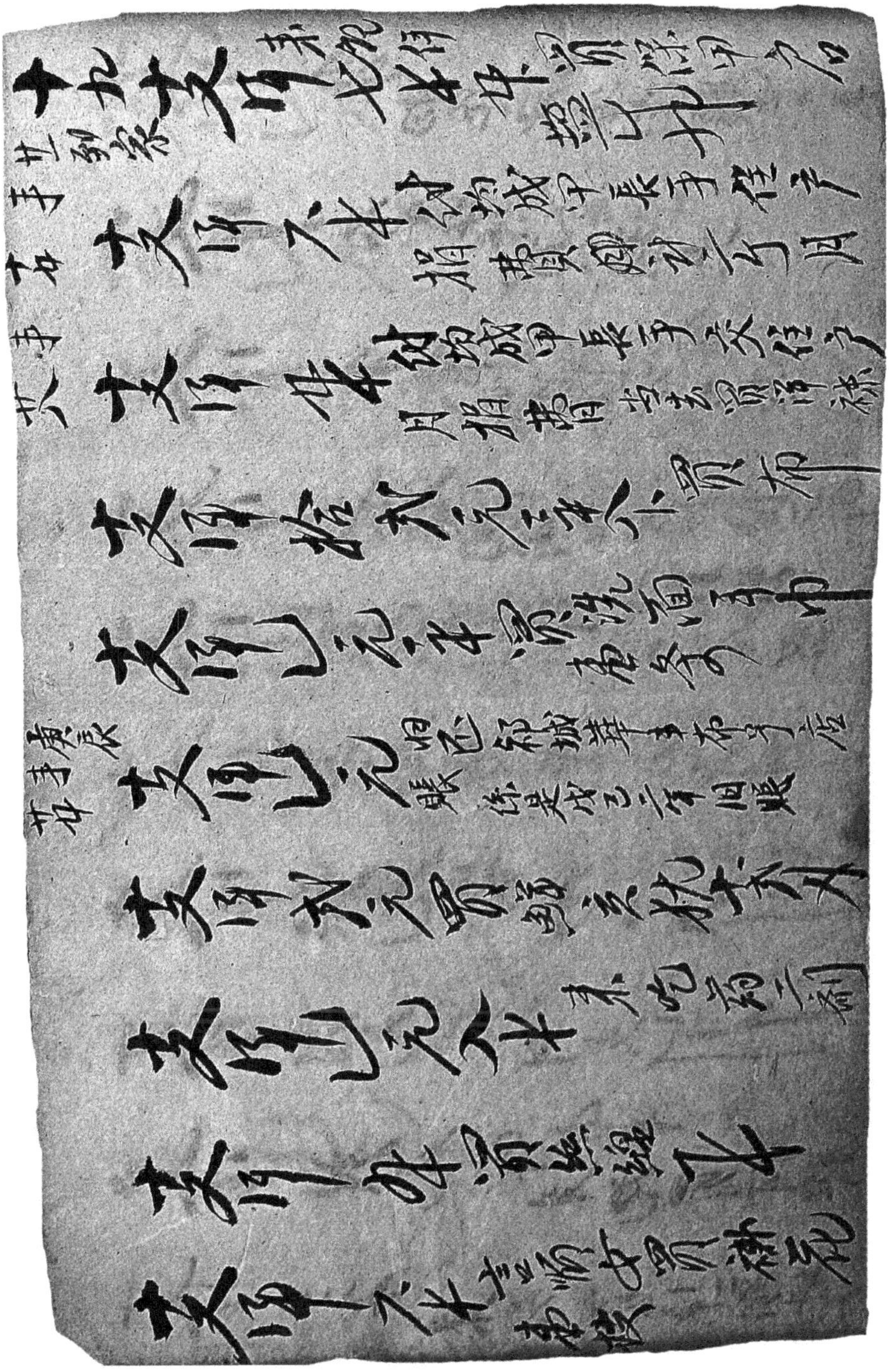

支洋二角 来纪买洋头纸

支洋弍元半 来纪买阿胶 〤

支洋弍元买鲜交〡〨

支洋弍元买砂六〤〇

支洋三元买菜油三〡〇

支洋七元 王三示买六石盐 二斗

支洋二元 向酒和买油〢〇

支洋一元半 旧匹廷本旧账去烟一合

支洋一元半 买珠去

支洋一元半 旧匹永安店账去三年

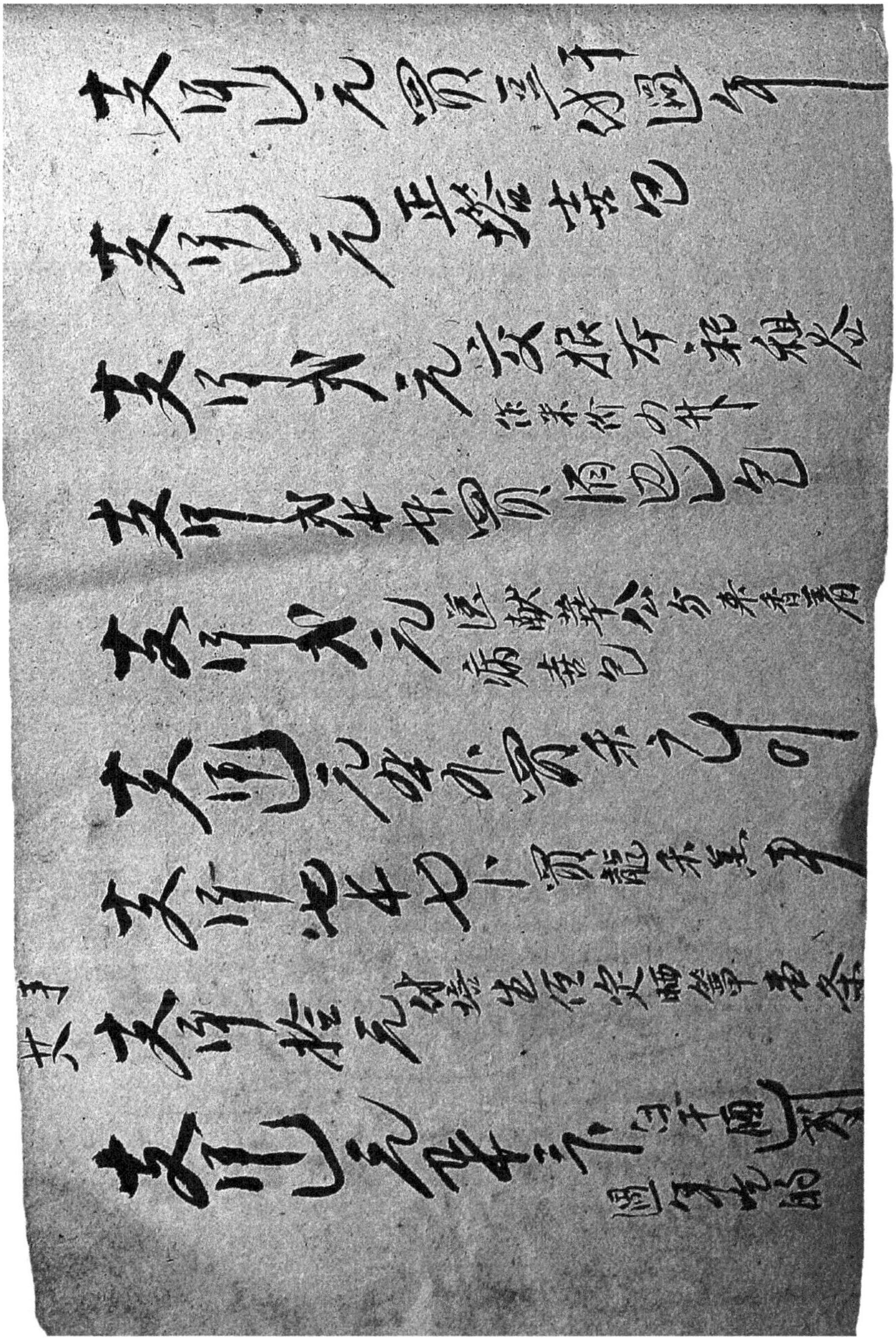

十 廿四日付喜民姑滬息洋贰元

二 廿四 收灶根借來國幣拾元 即润和叔黟

收借來國幣拾伍元

辛年 丁 廿日 喜民姑婆洋伍元 內廿二付本洋拾元 廿七付

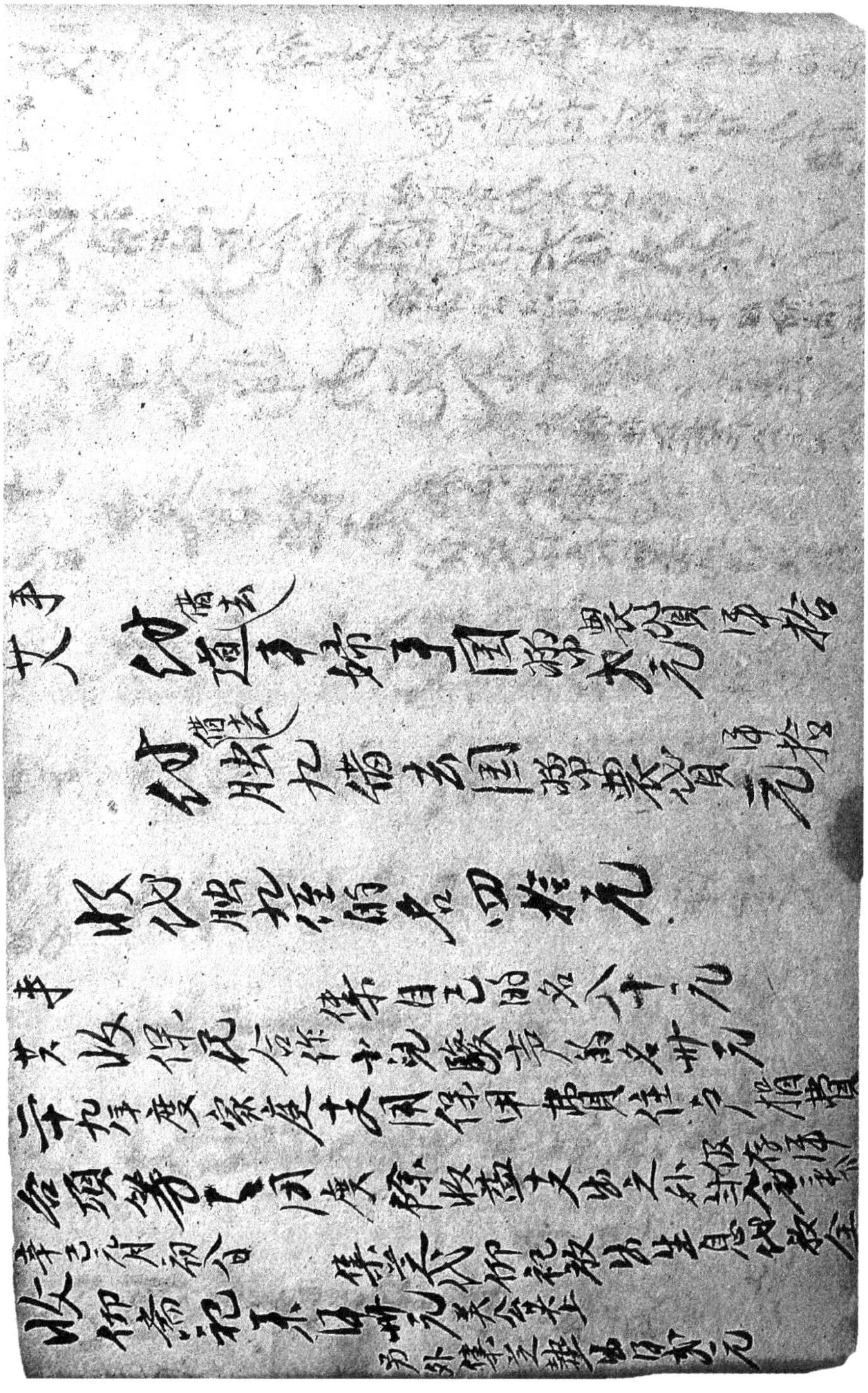

民國辛巳三十年家用　轉登　立

元月初六　支洋乙元買甲子拾壹斤

支洋貳角　匯記水子十二包

仝七

仝九　支洋貳角買豆干十六

仝廿　支洋壹元買白土布貳尺

卜節掃祀洋卅元

仝八　支洋貳元　付金美公借去內第　藉附押

元月十一　支洋伍元　付交保長聖武仔代我挑兵洪儒人

元月十五　支洋四元八角　今槐桂公基仁公上元会神主〇名式元九角

元月十廿日　收領借上元会國幣大洋貳拾元　每年交息洋壹分五厘　值年輪流經管　首人收去

元月十五　收上元会神主錢　樹森公一名計洋　未歸管年頭收　槐桂基仁二名計洋四角收　集己

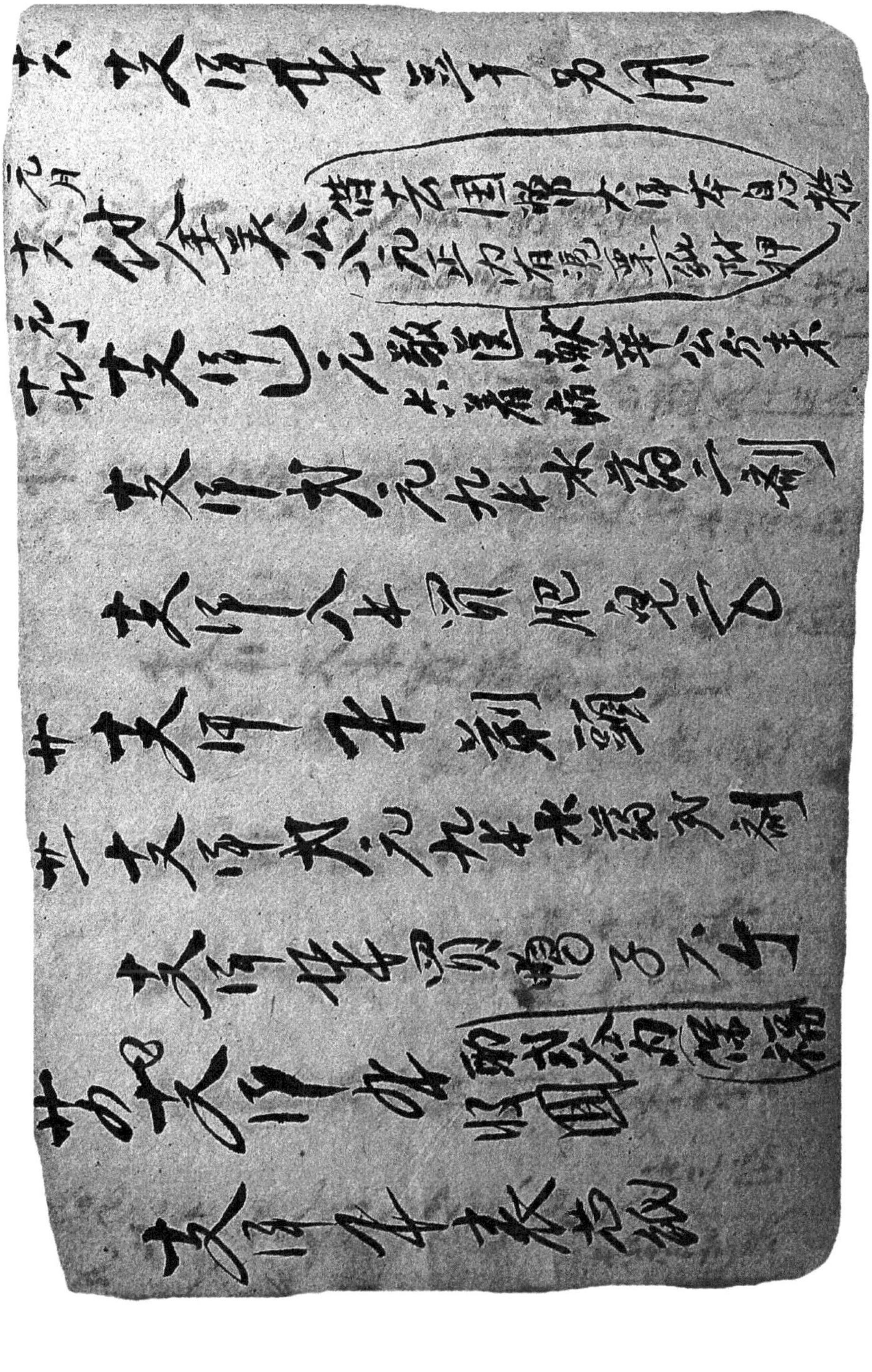

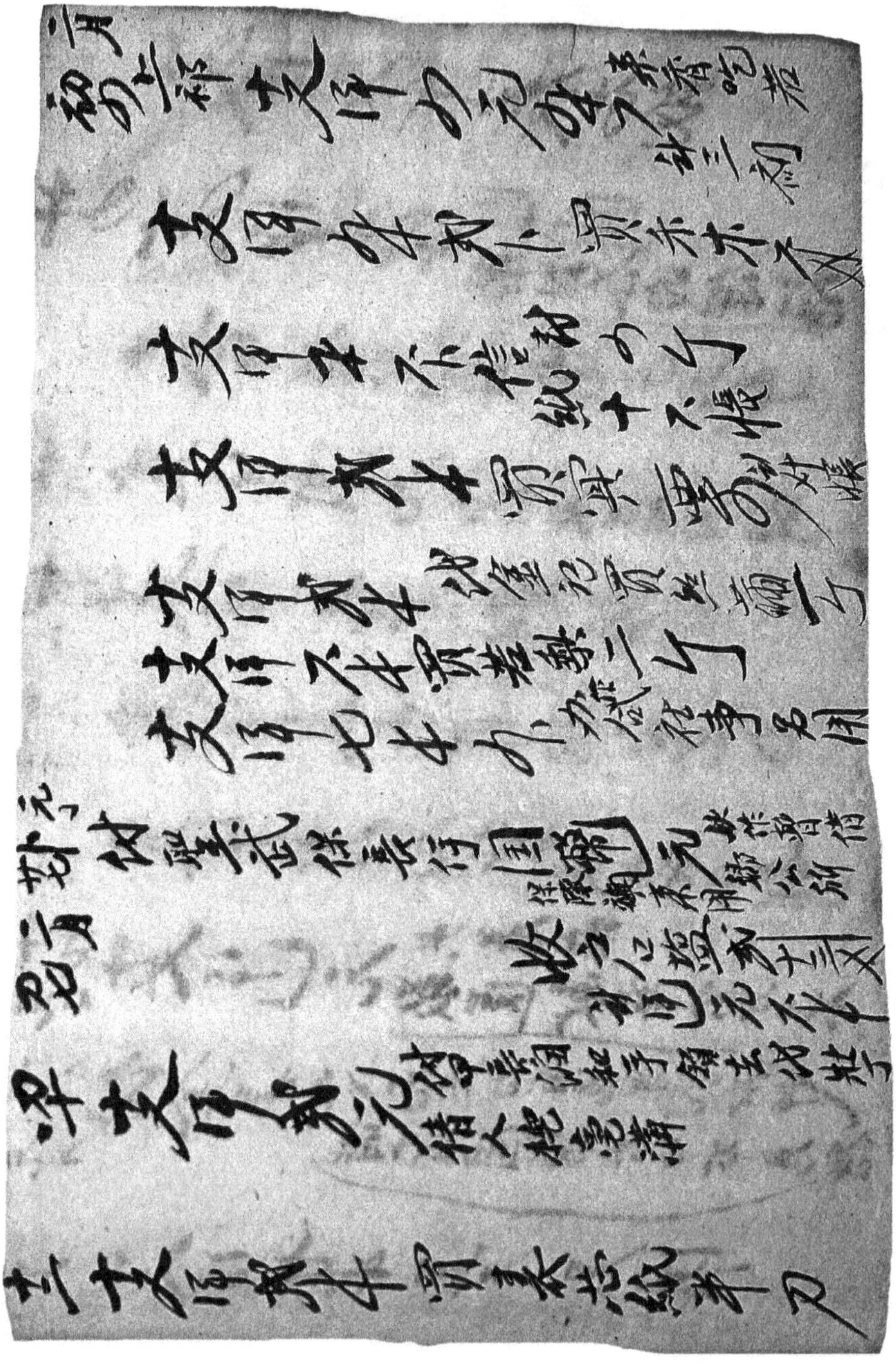

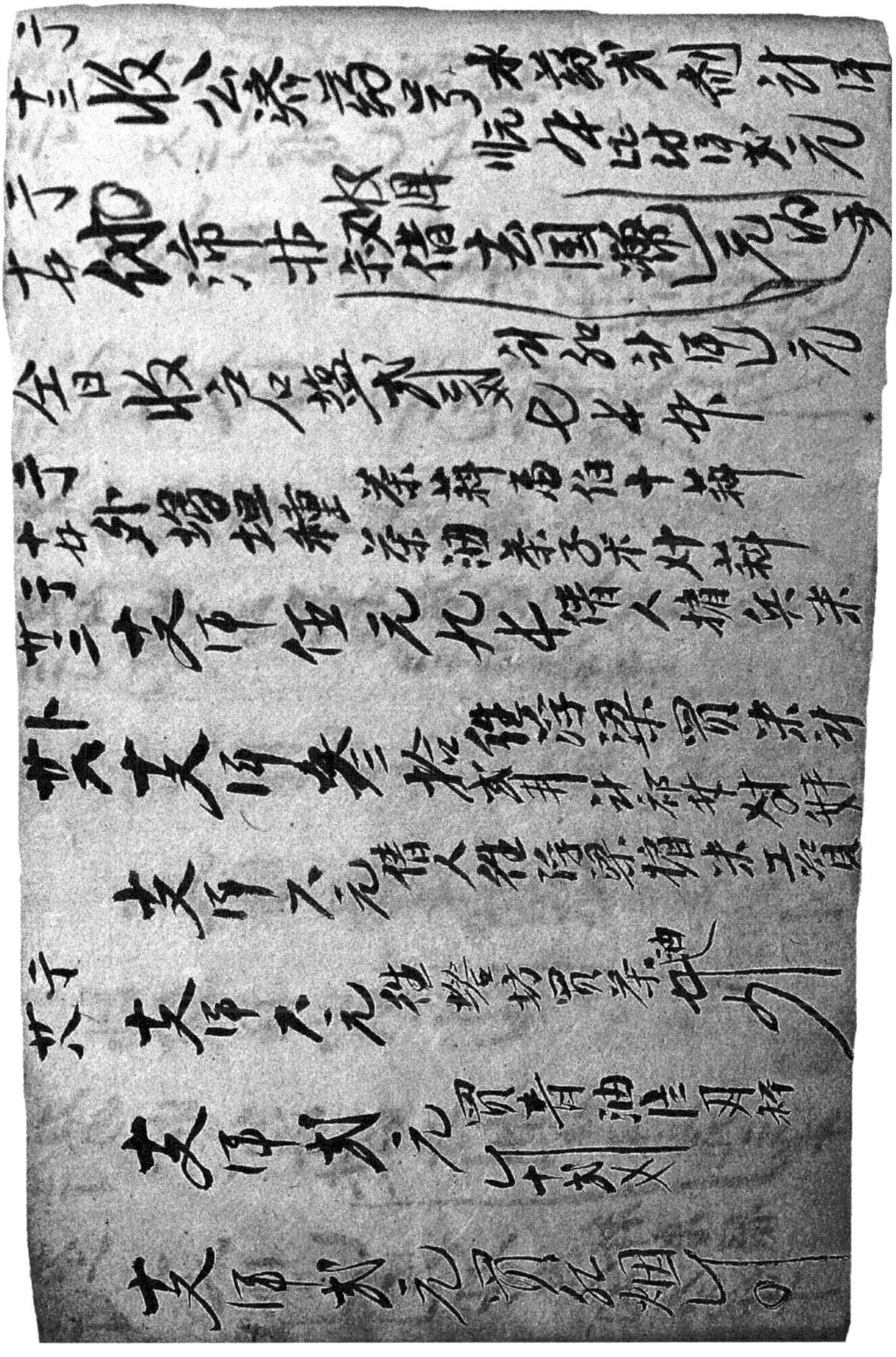

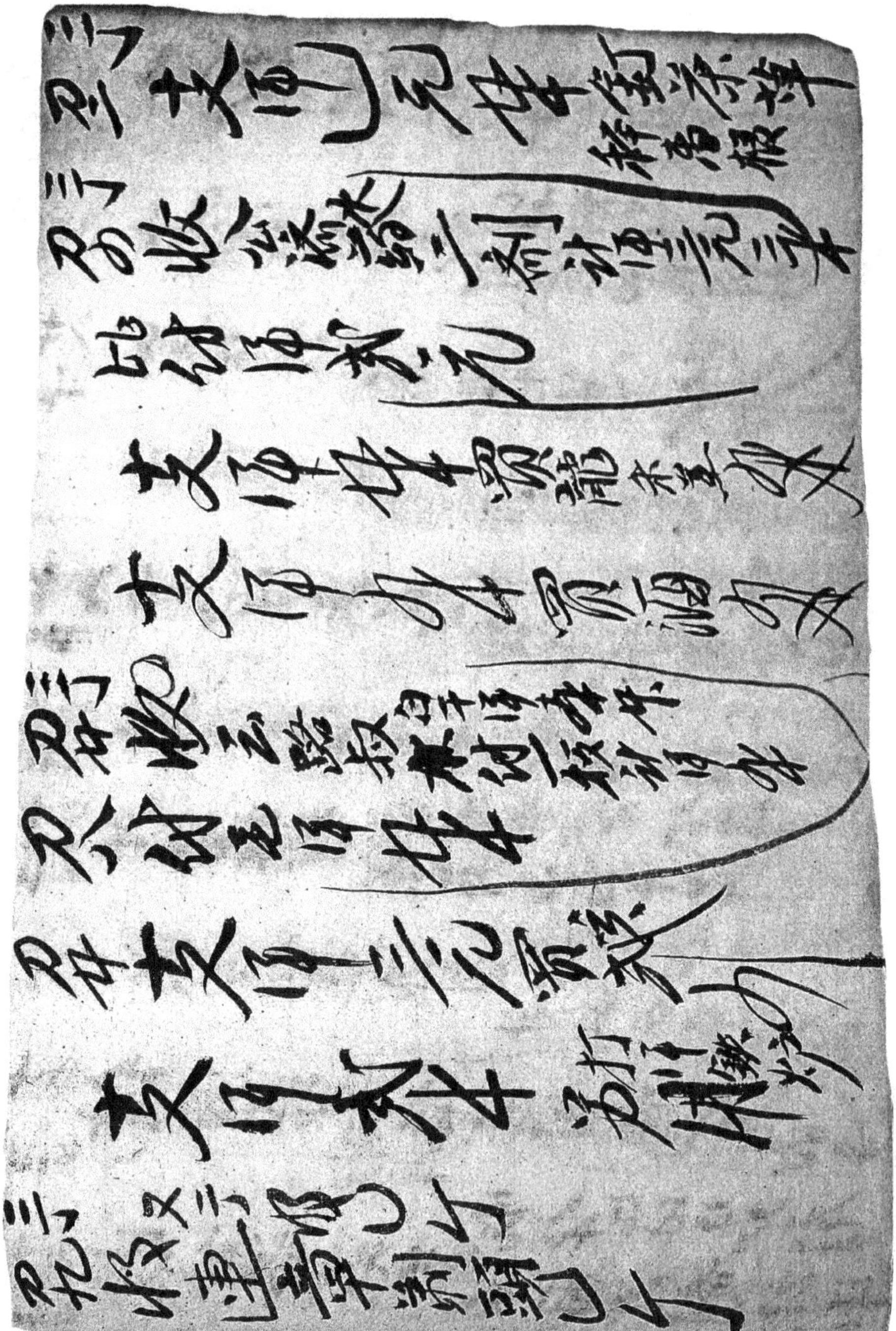

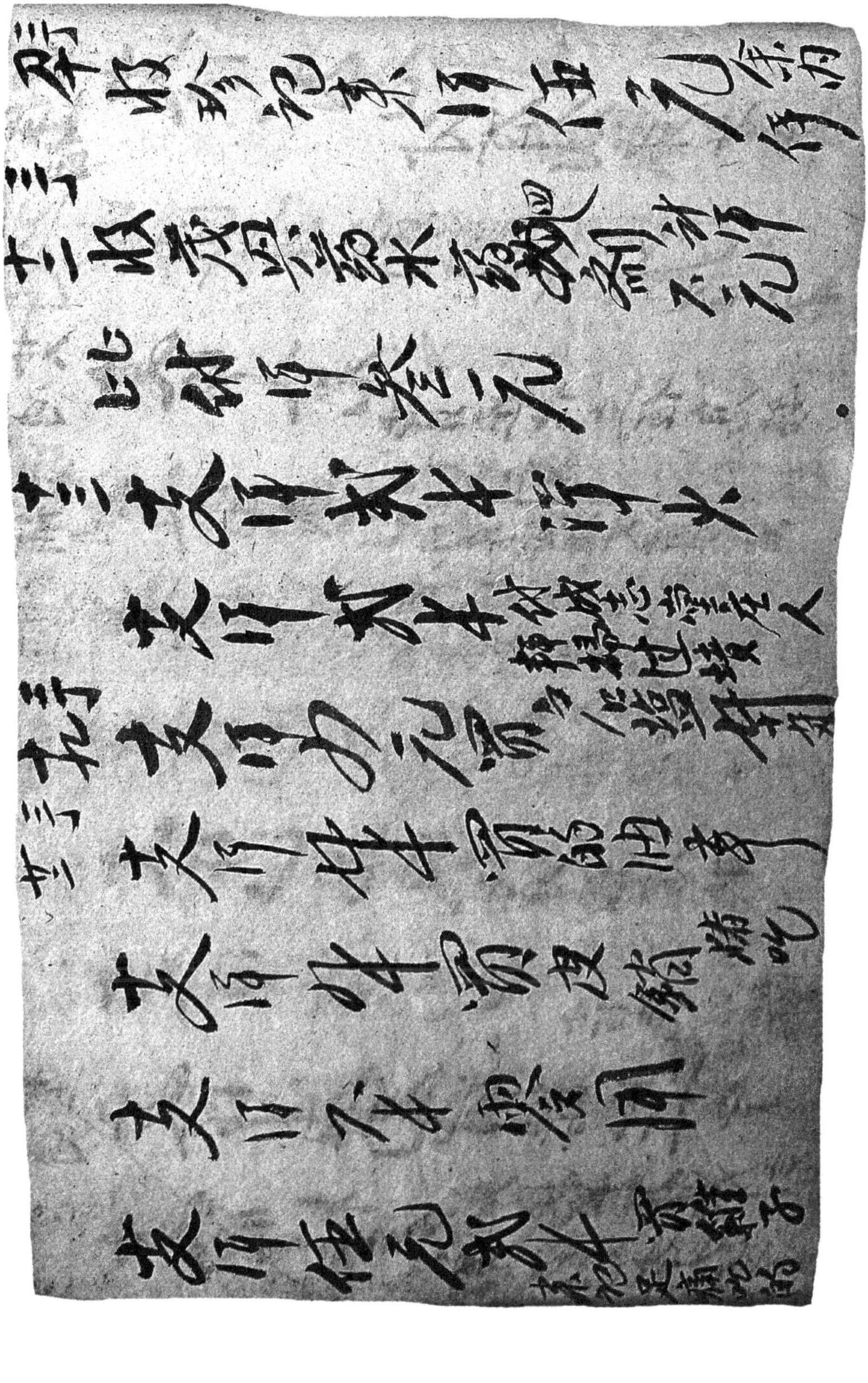

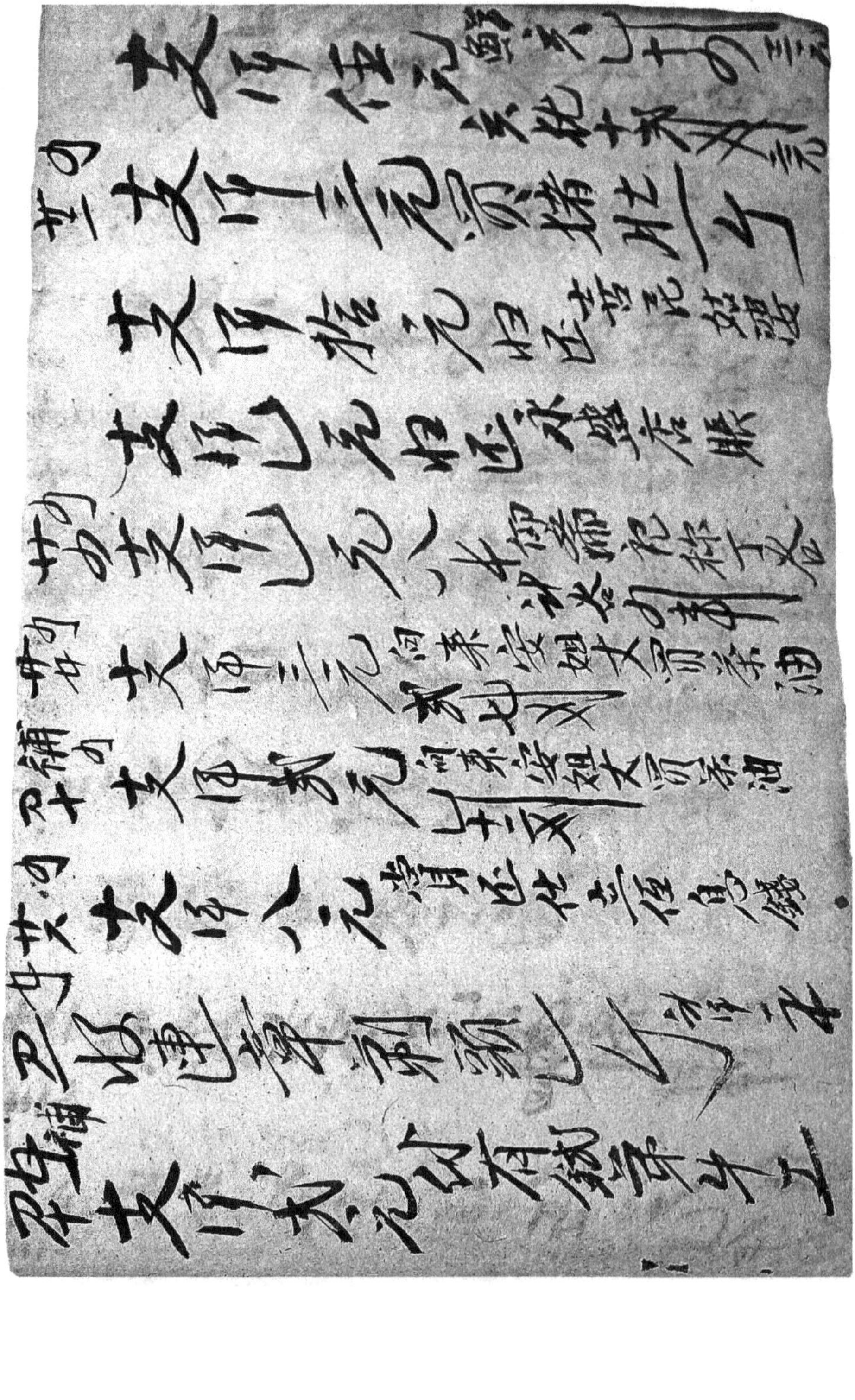
支洋伍元
支洋三元买猪肚一个
支洋拾元归还吉昆姑婆
支洋□元归还永盛店账
支洋□元八角 御□记称丁谷
支洋三元 向东安姐丈买菜油
支洋贰元 向东安姐丈买菜油
支洋八元 赏贝还仕立佰息钱
收连章剃头
支洋贰元 付有铖第牛工

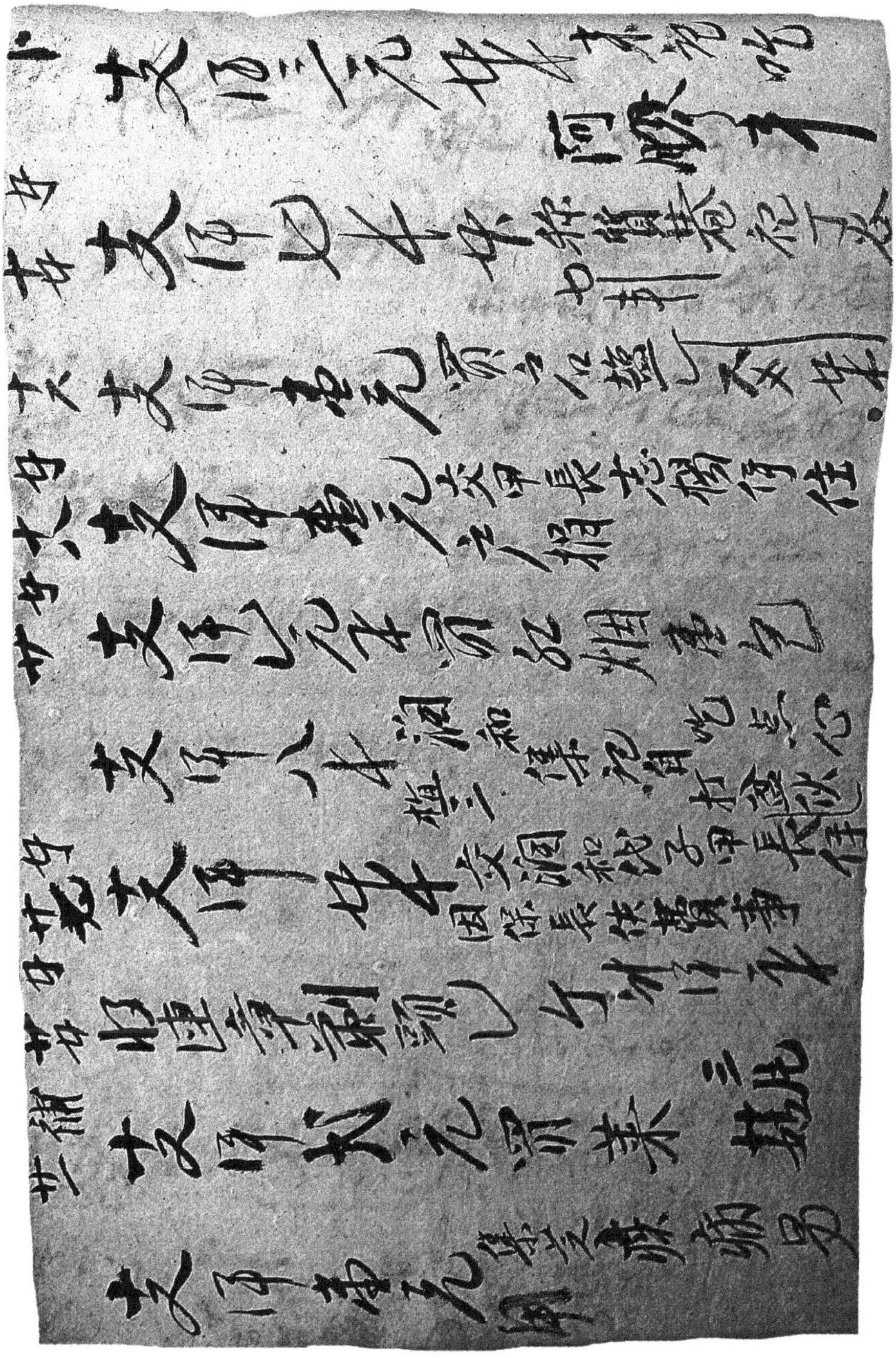

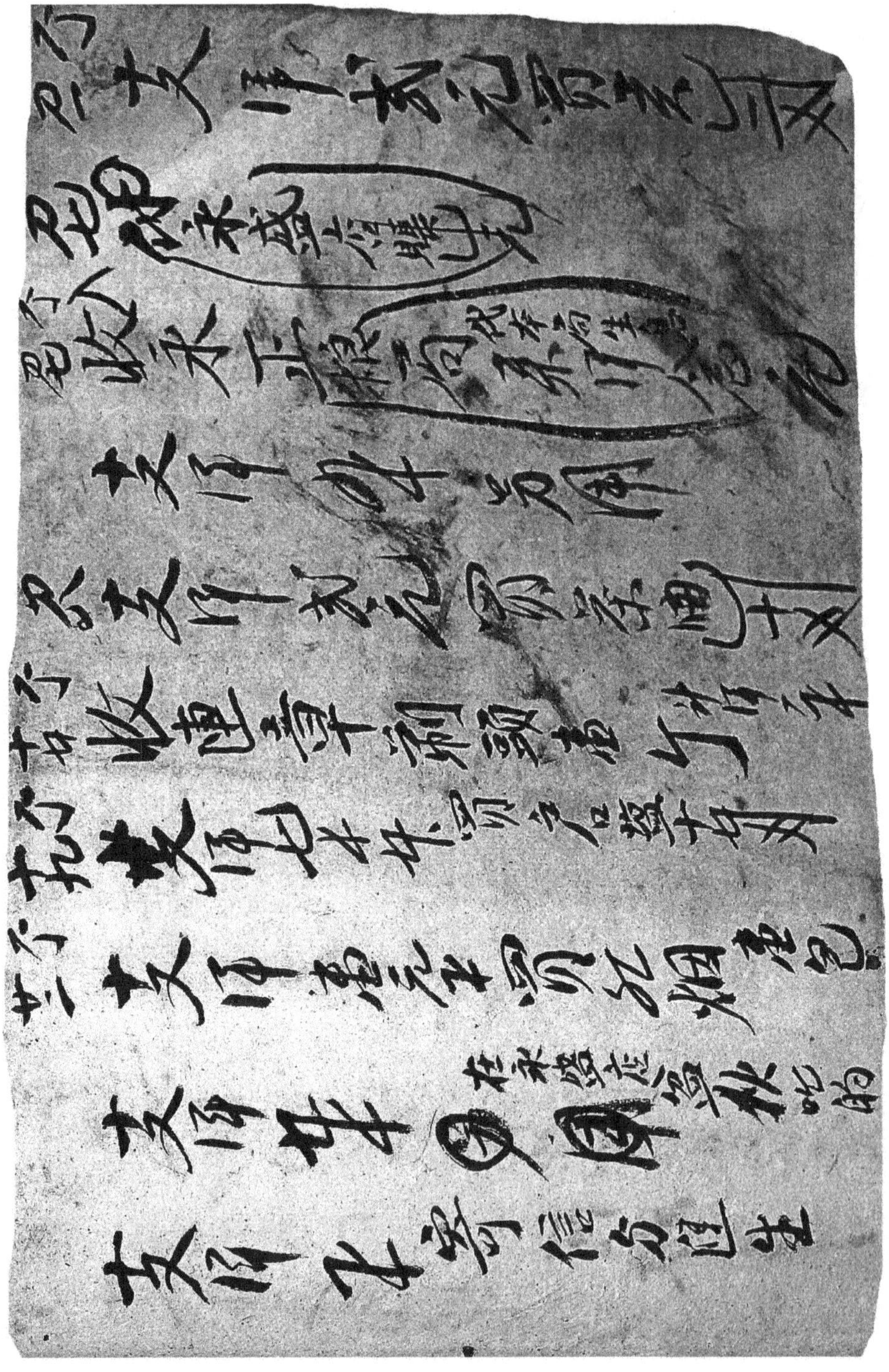

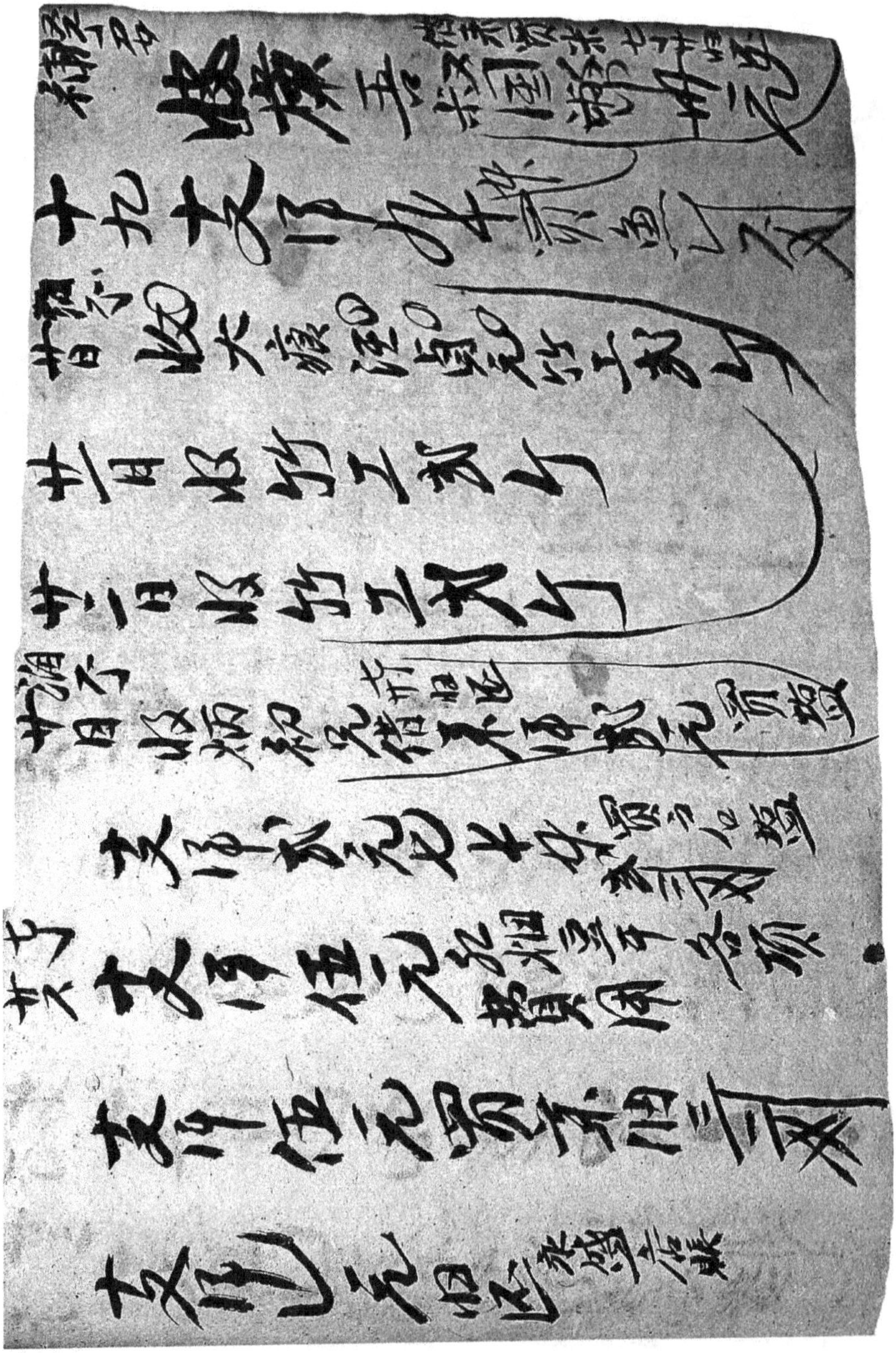

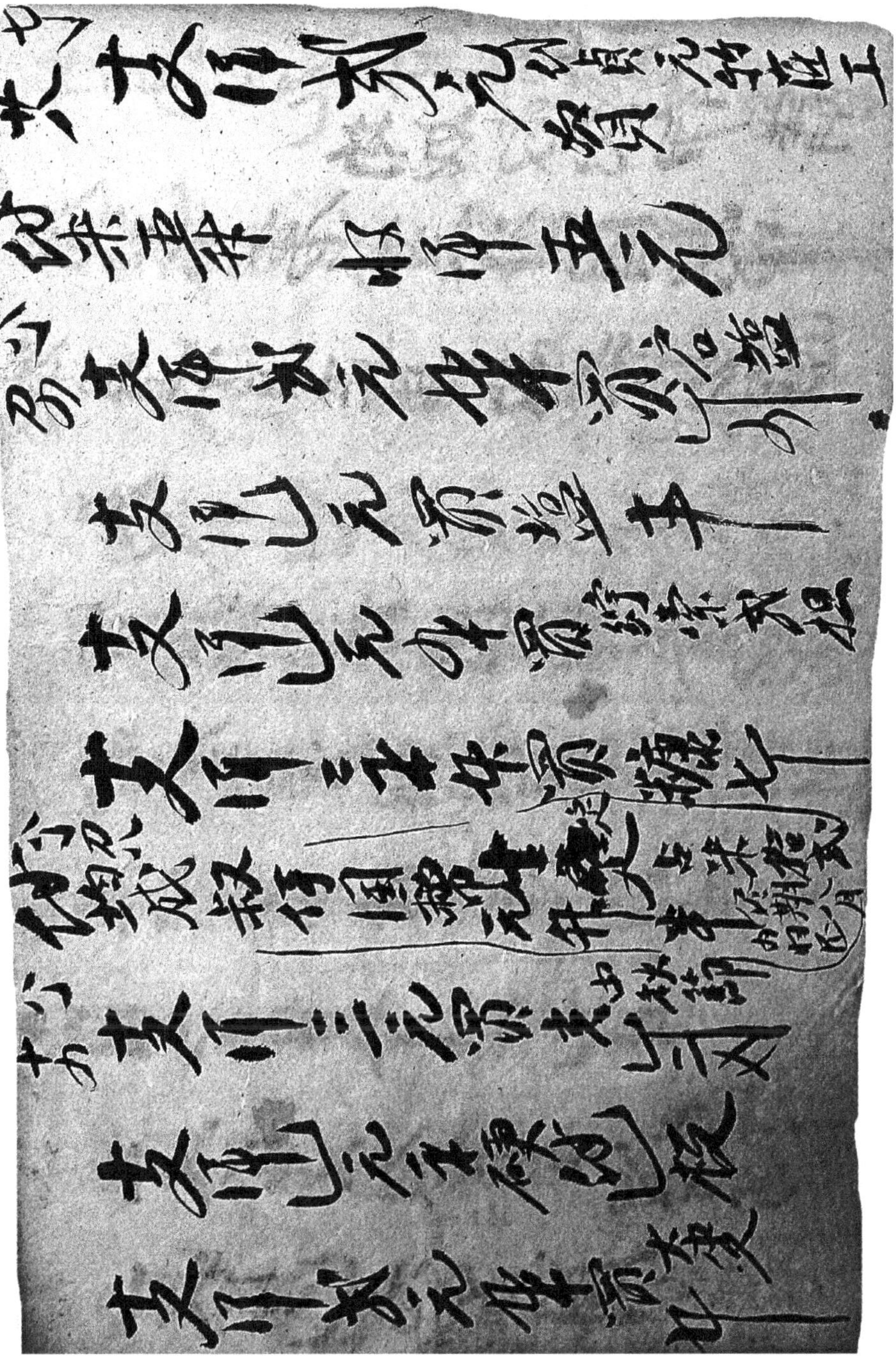

支几元另用
支伊大元七毛贸占洋 卅
民国三十年八月十九日
述宗弟将土箪打壞余
的廣東烟銅壺支照現
時扣價計国幣念元々
元
本月本日正昌叔母出價
廣东壶支计国幣
均成叔代伊講
廿の元价為記

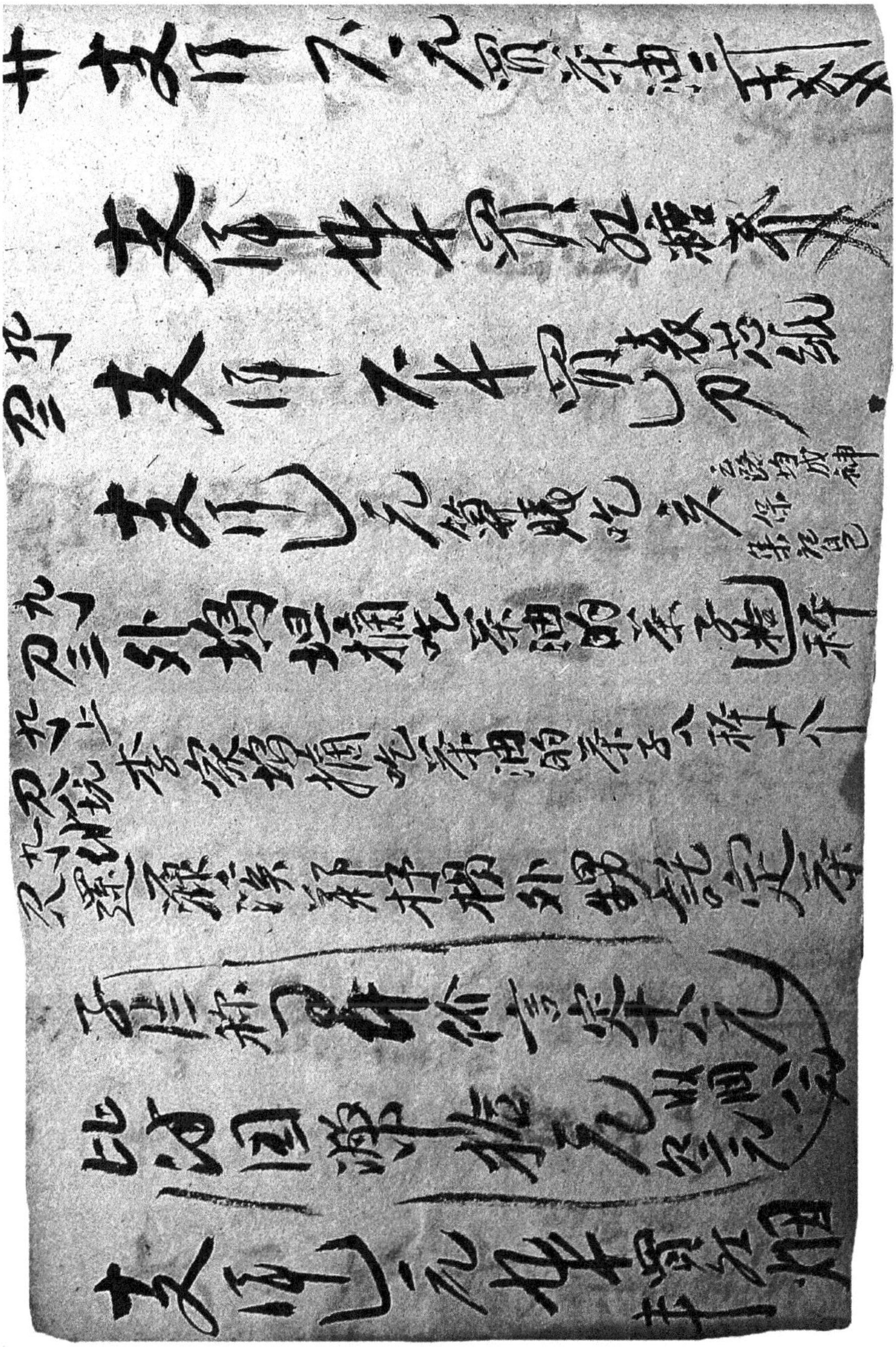

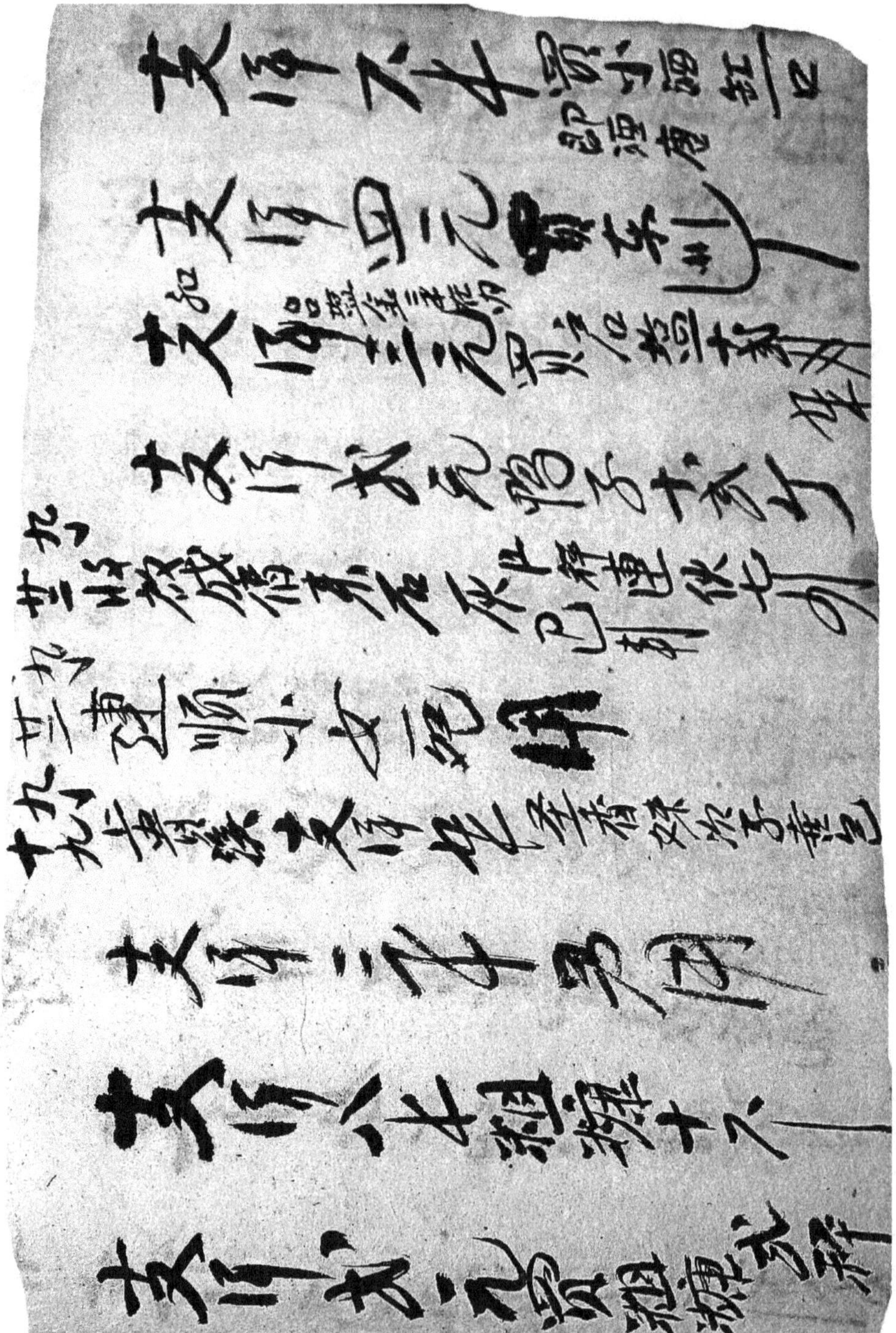

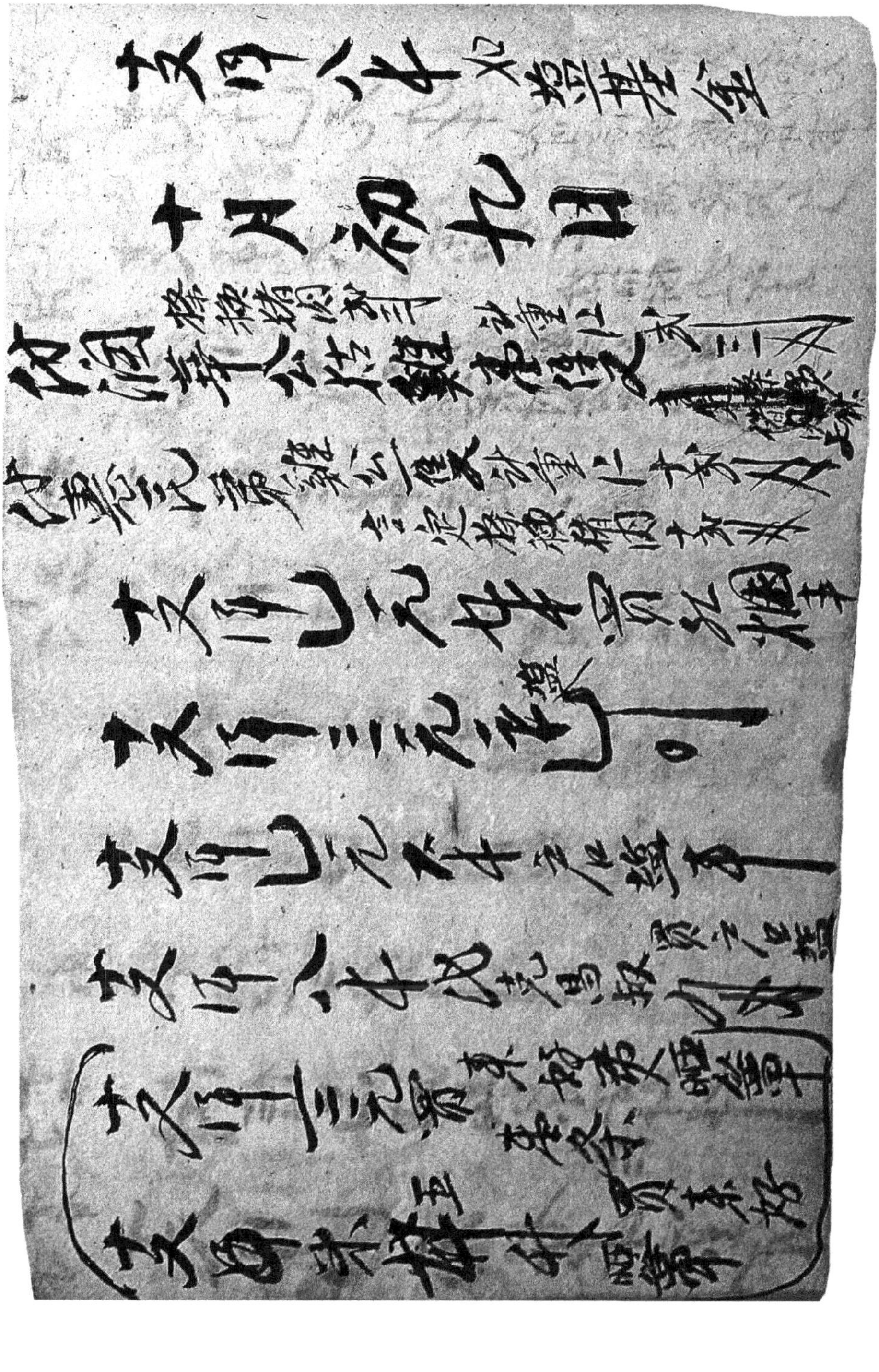

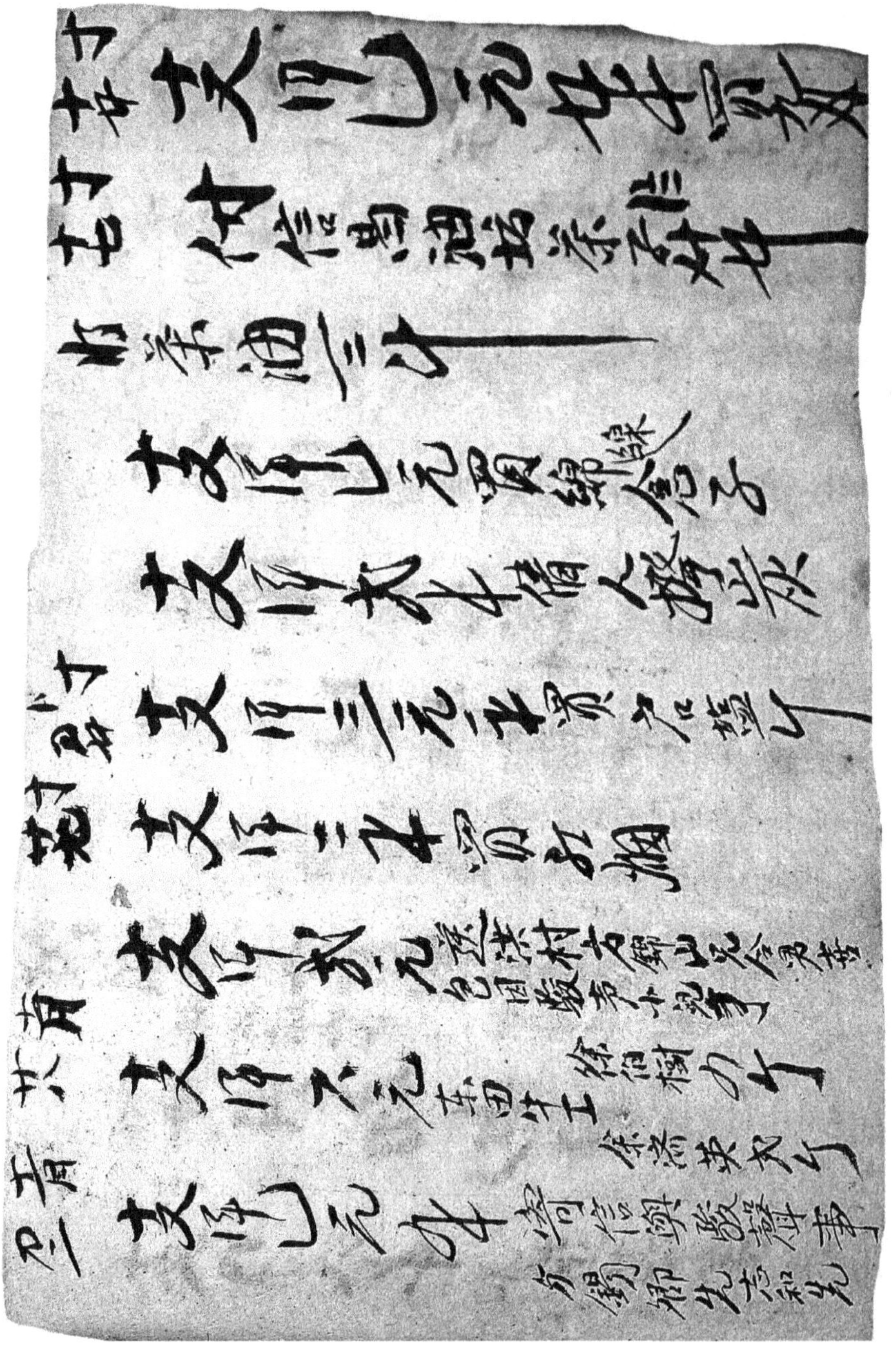

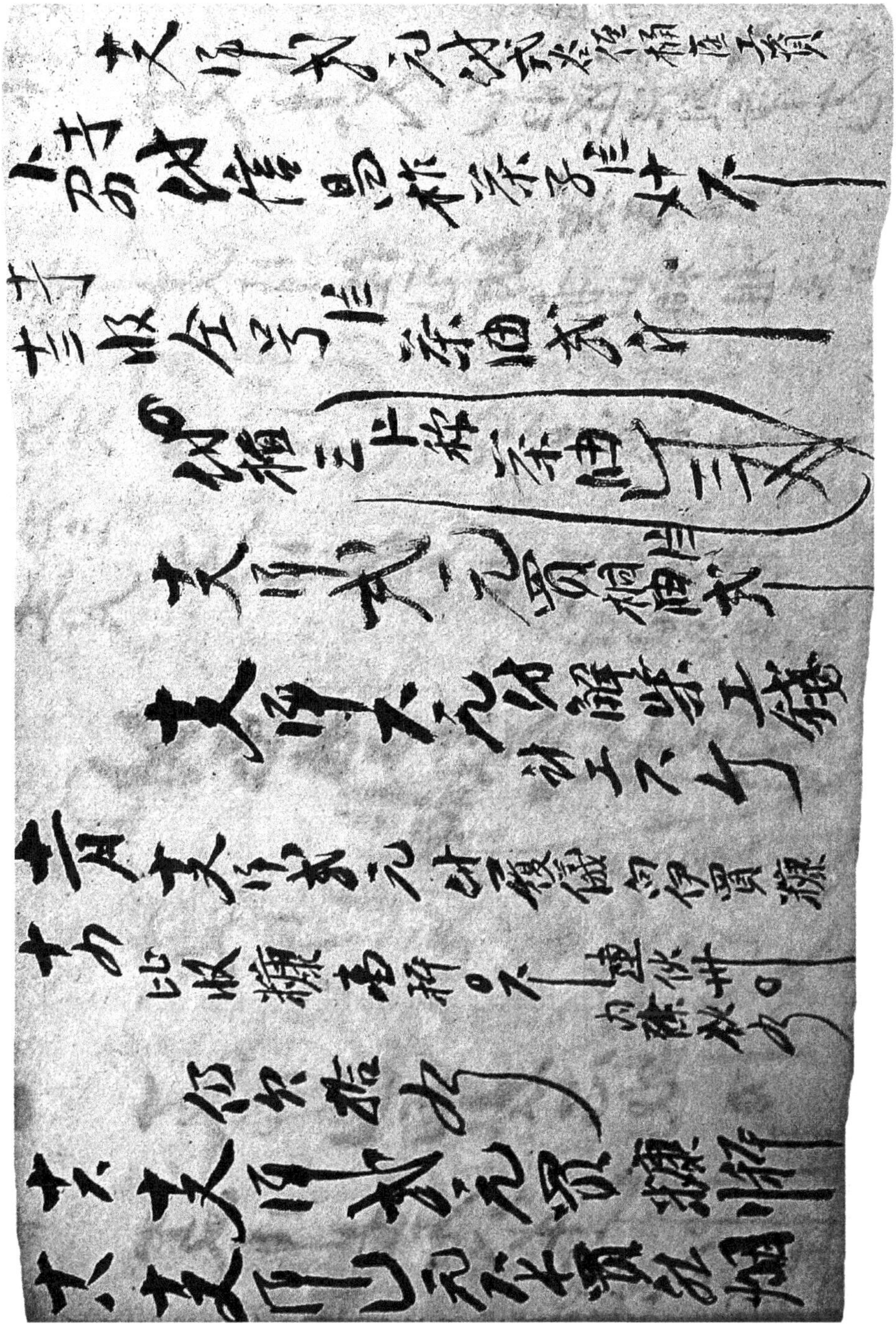

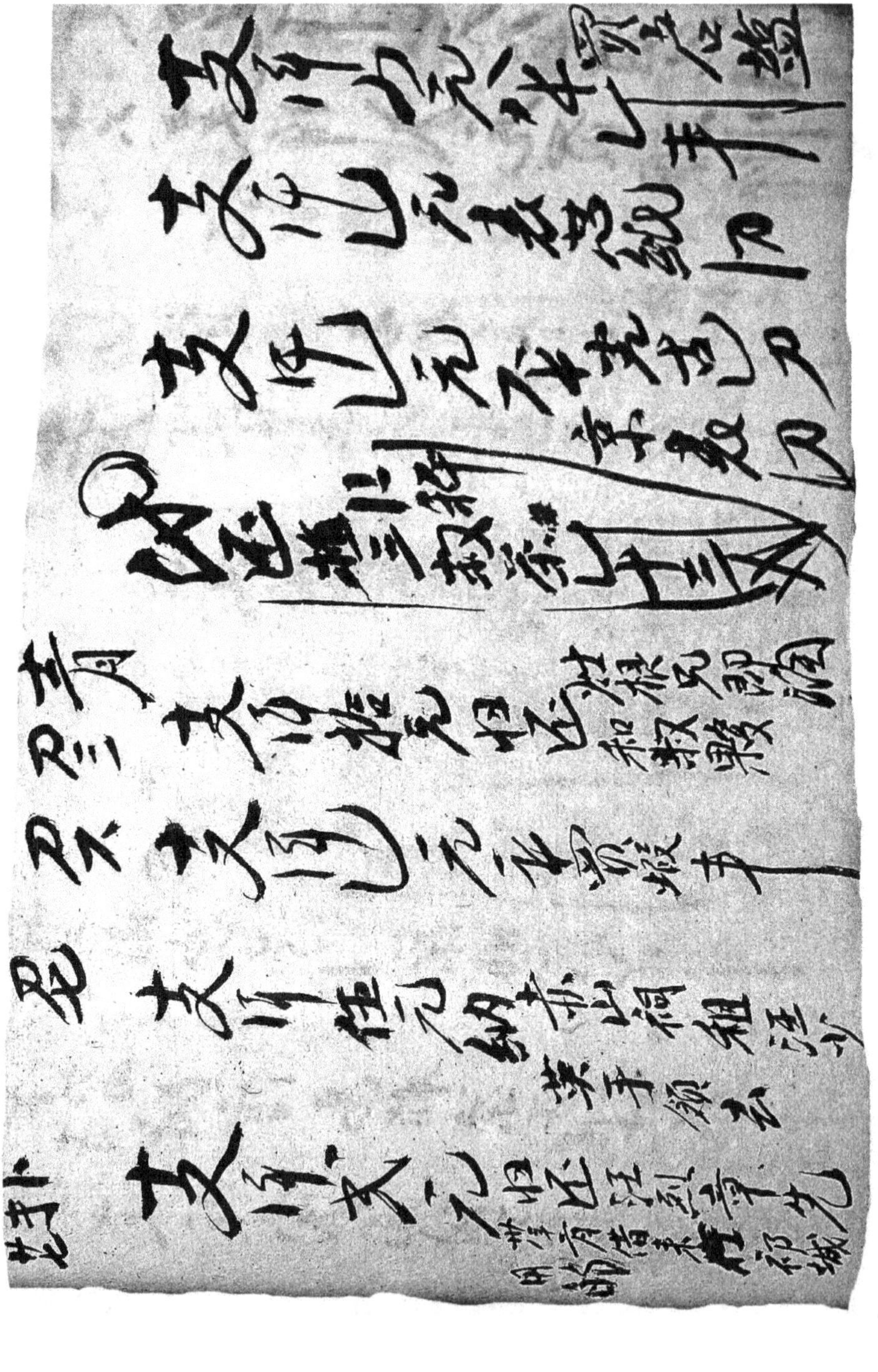

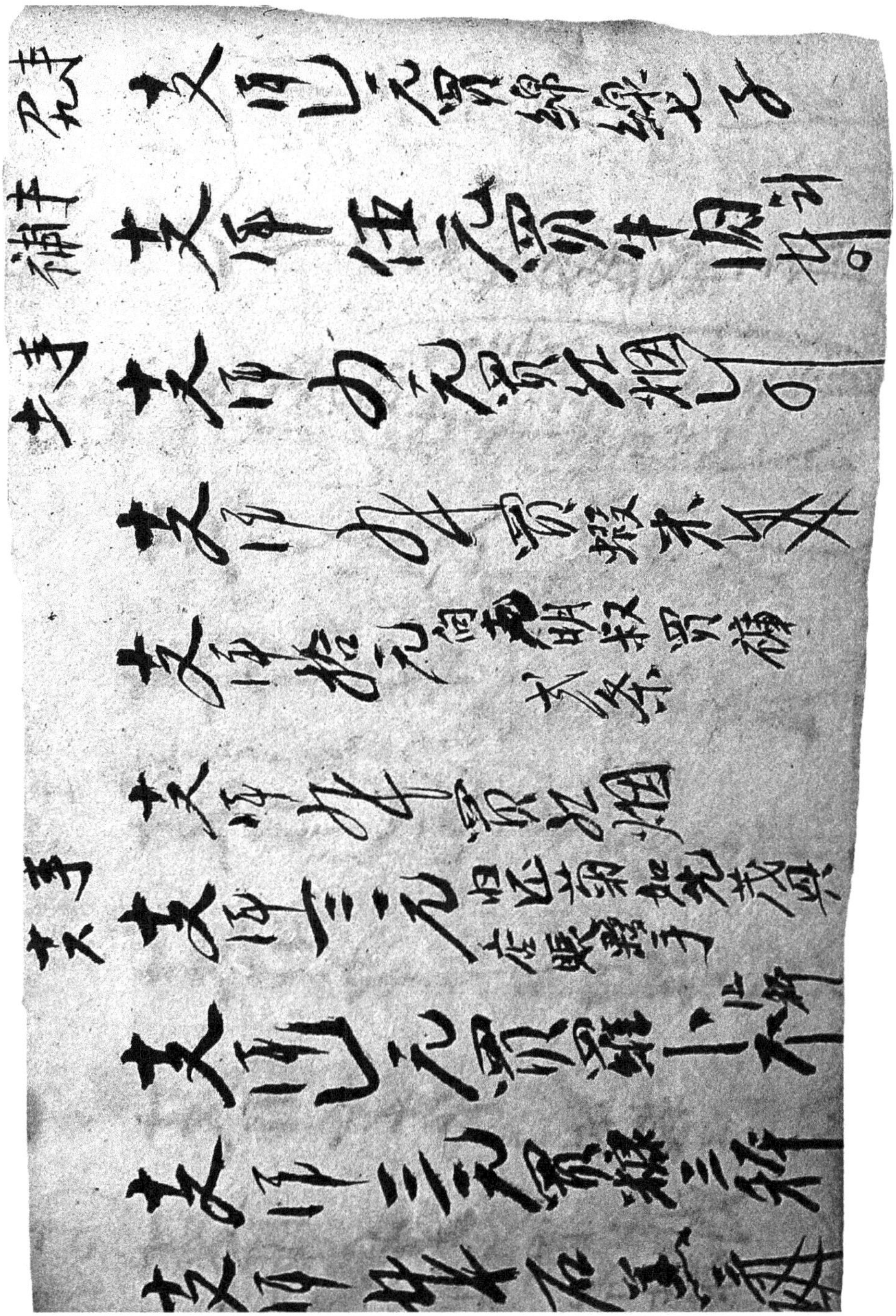

九 手

支洋弍元 买学[illegible] 双

支洋七分 洋 籃 双

支洋四分 洋標 籃 双

支洋〡元〡分 弍角工資

支洋肆分 李司芦工資

支洋弍元上秤 桐油弍〡

收慕曾茶洋七分 共钱二元 又三〢

廿 手

支洋三分 收双盛妇工資

支洋〡分 买虾〡双

（民国二十八年）王记集芝茶草、干茶总账

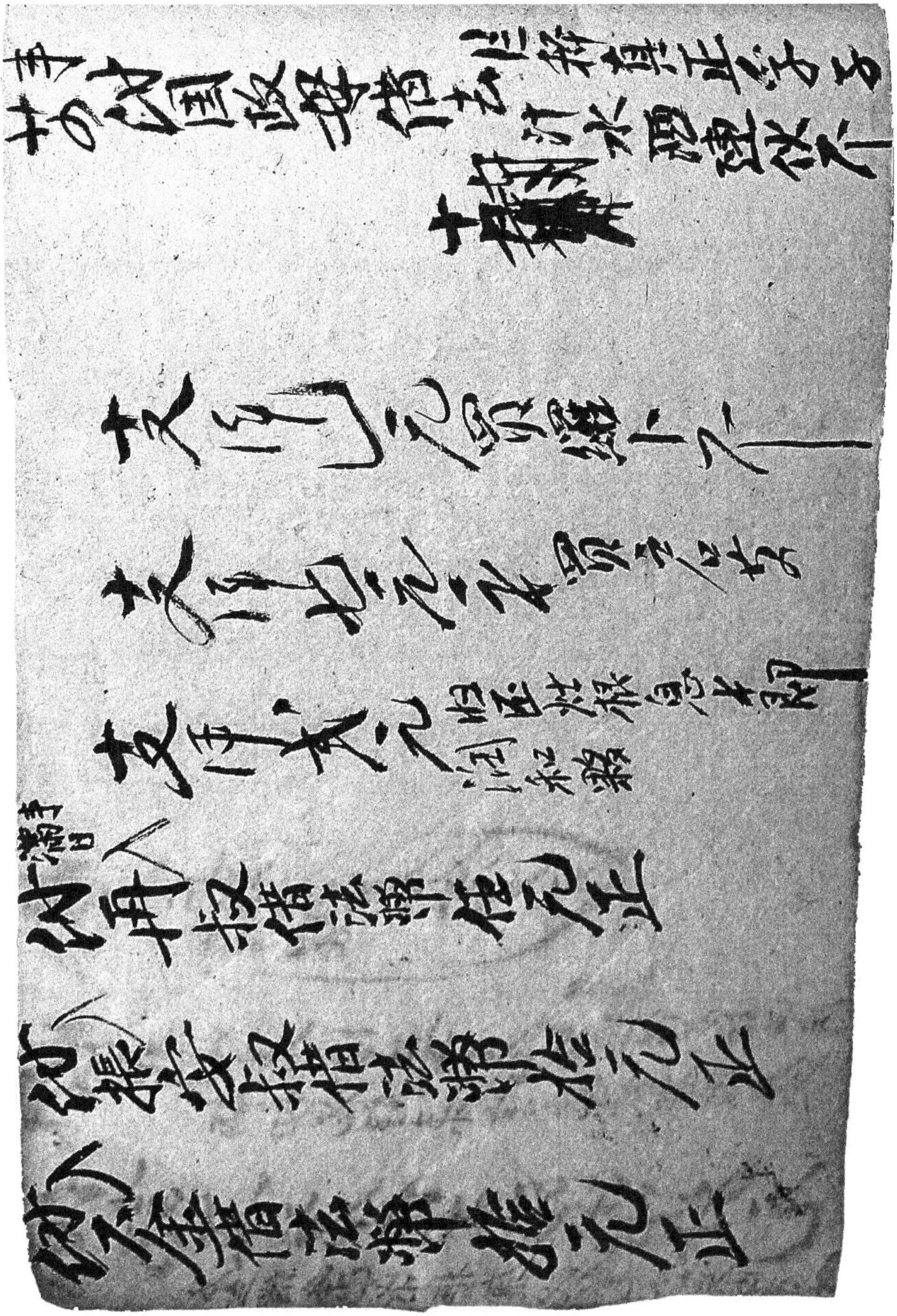

仰記平弟借去法幣卅元　另立借条已歸根康代筆內卅元即又由本

收義田來洋二千元　炳初兄仟來言定放在我處　現在借与記平用　生息

收永正糧局來念天元　卅六年归还

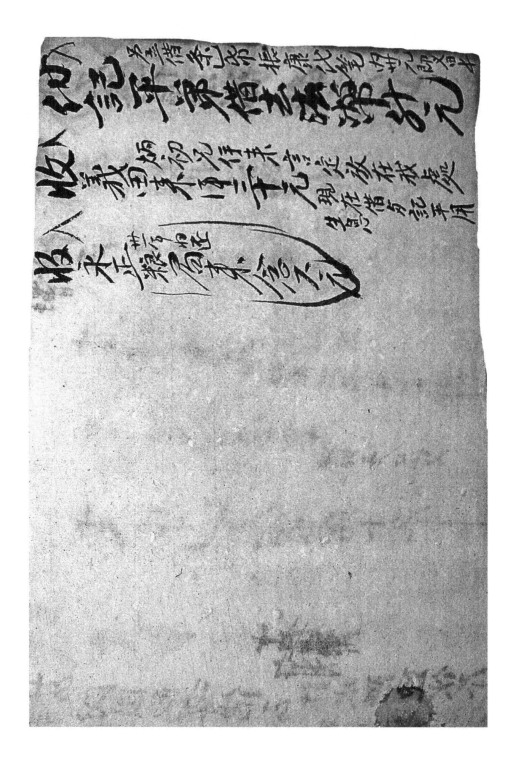

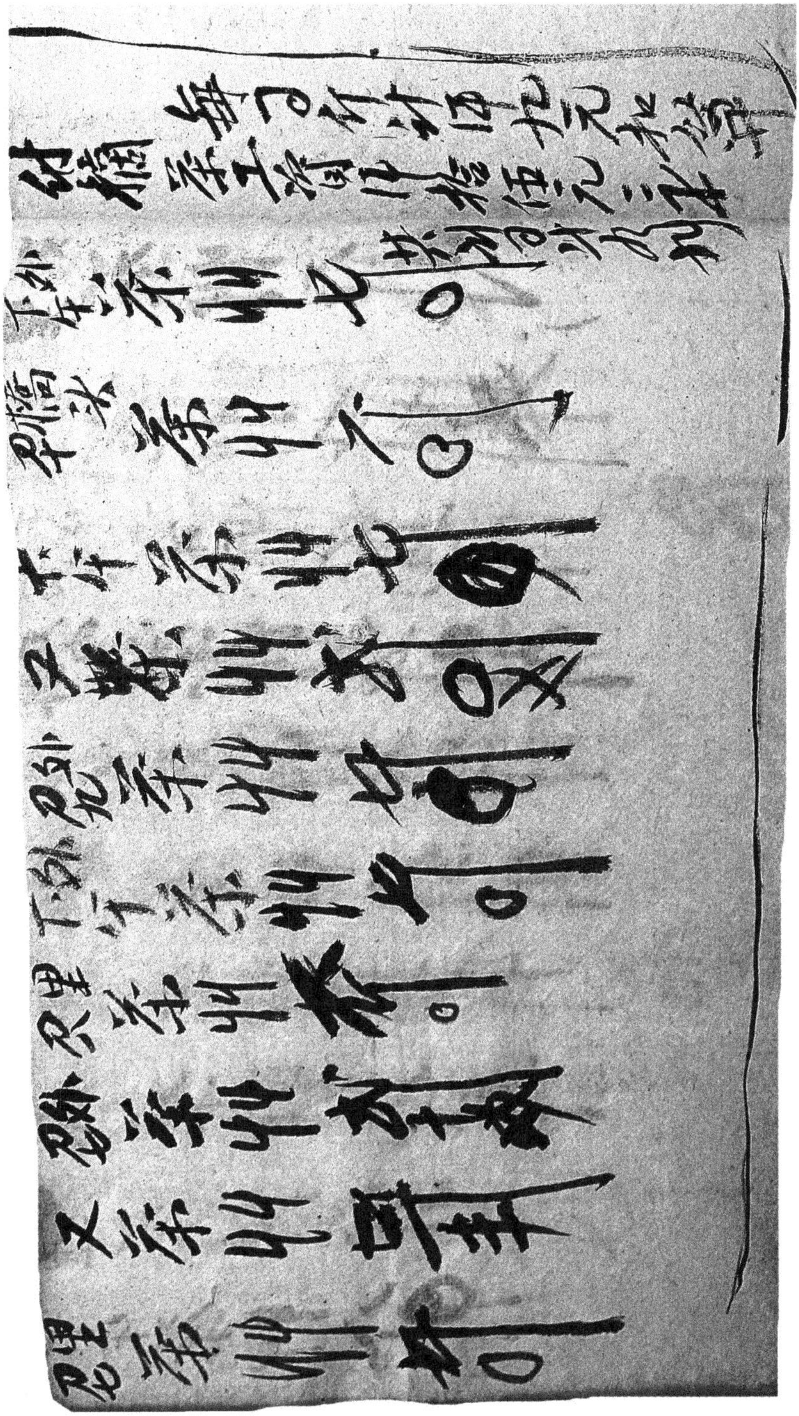

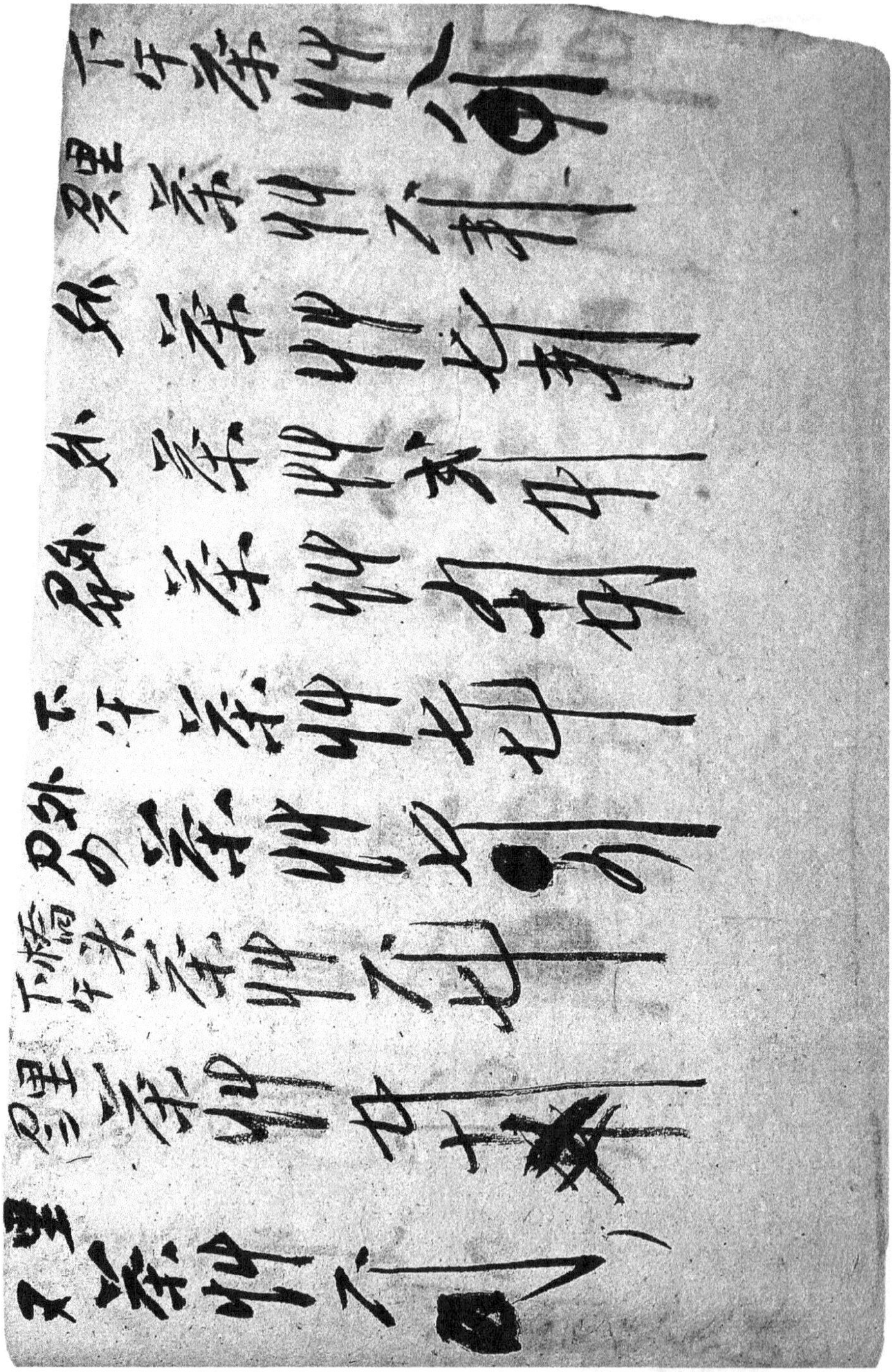

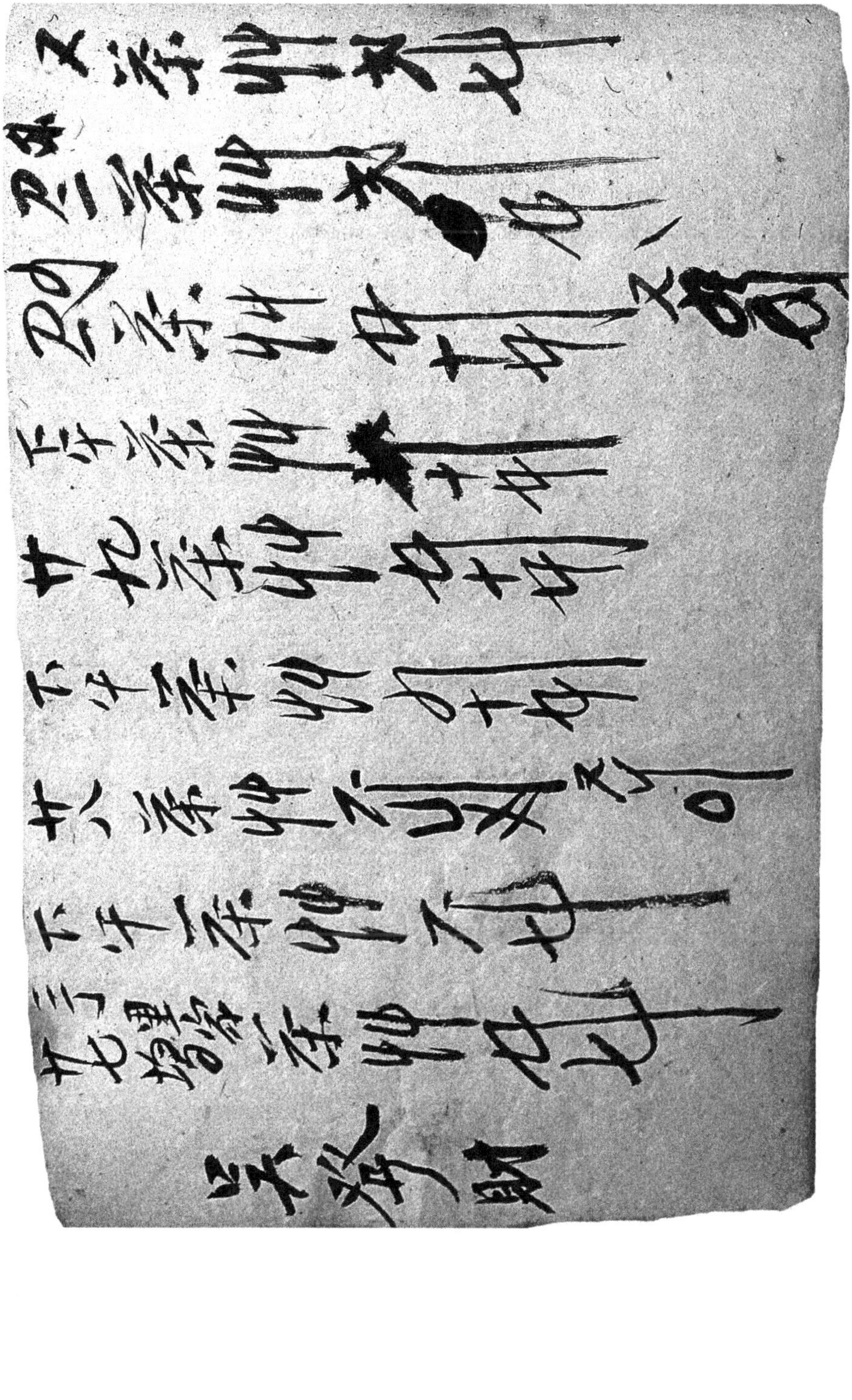

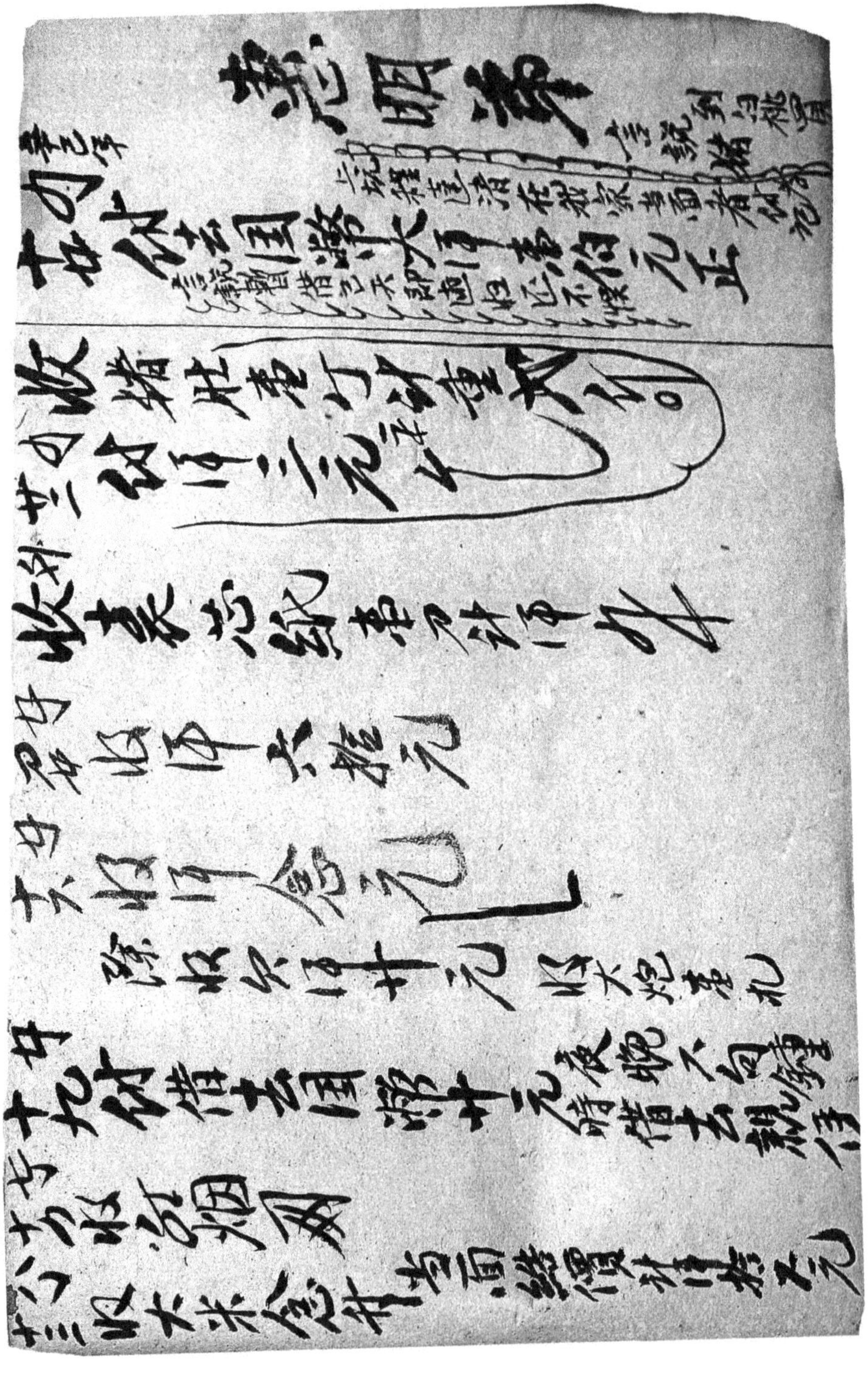

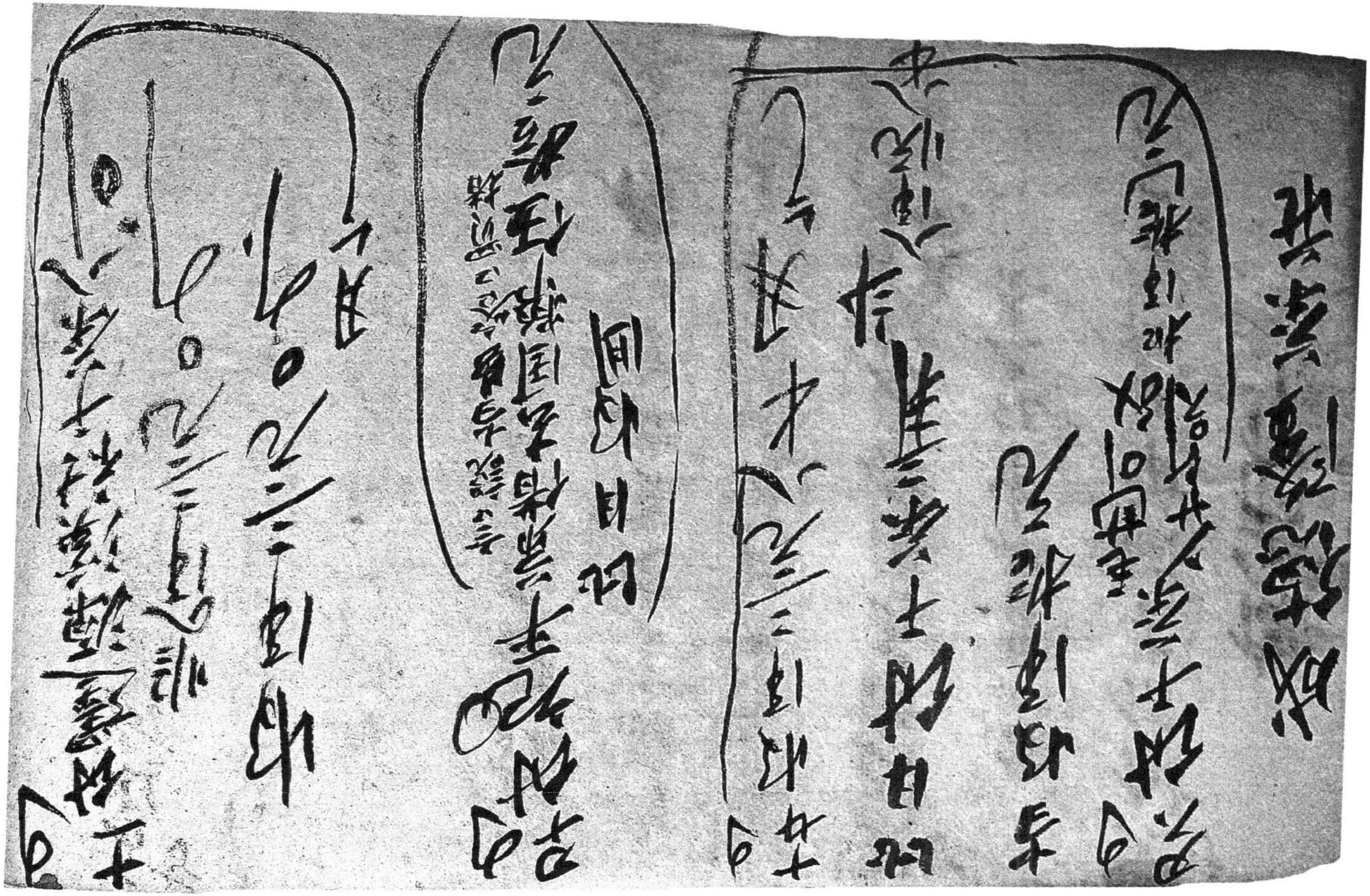

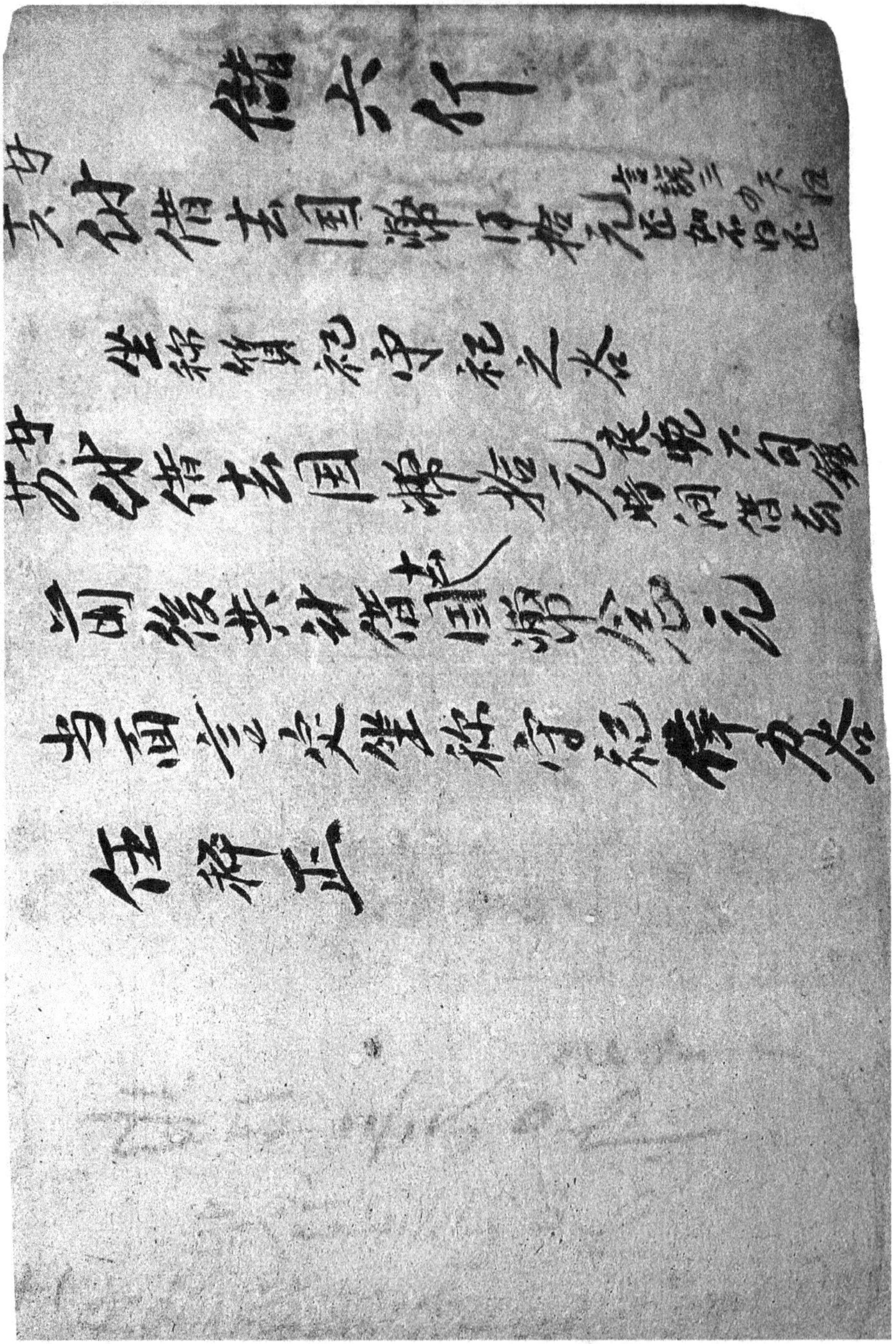

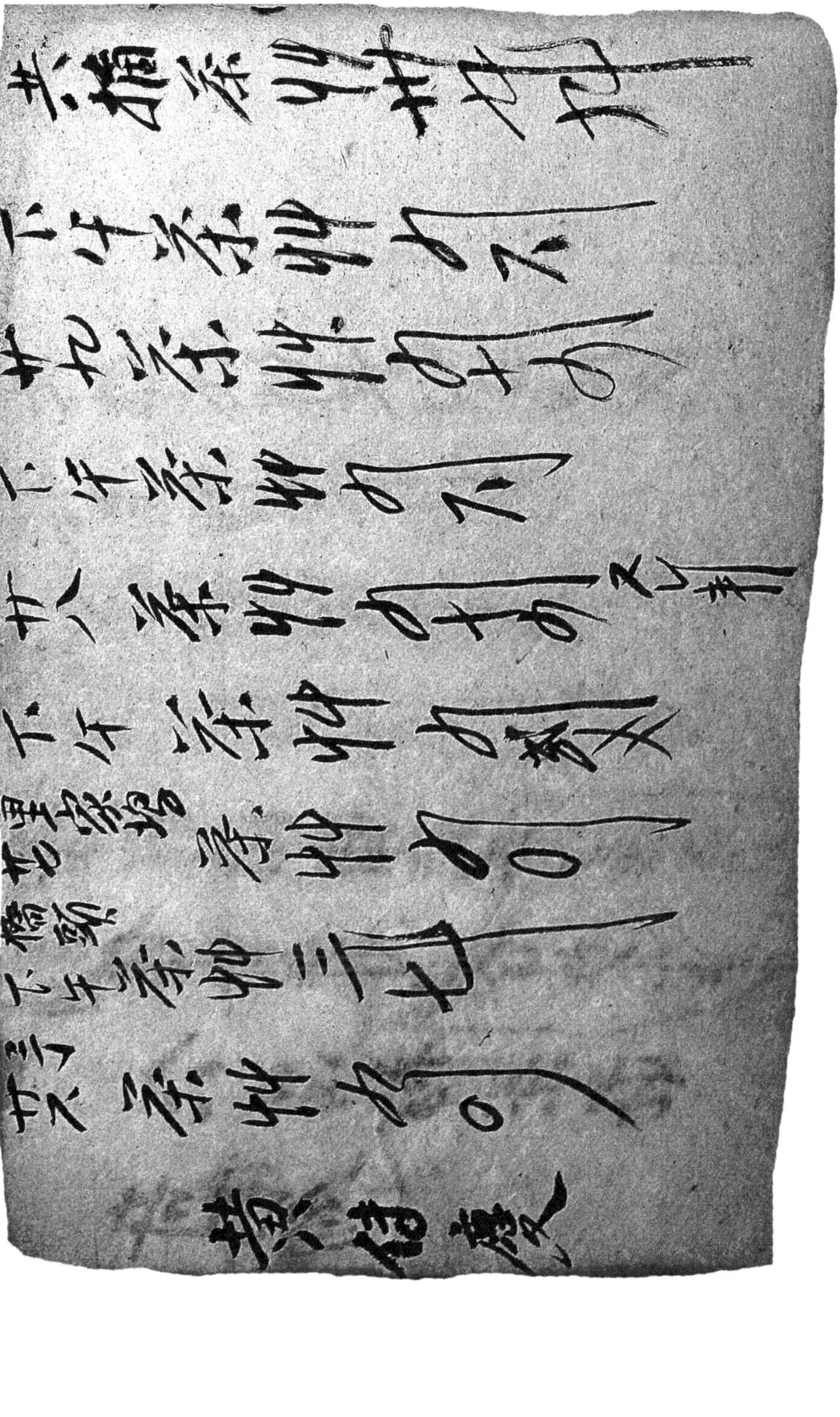

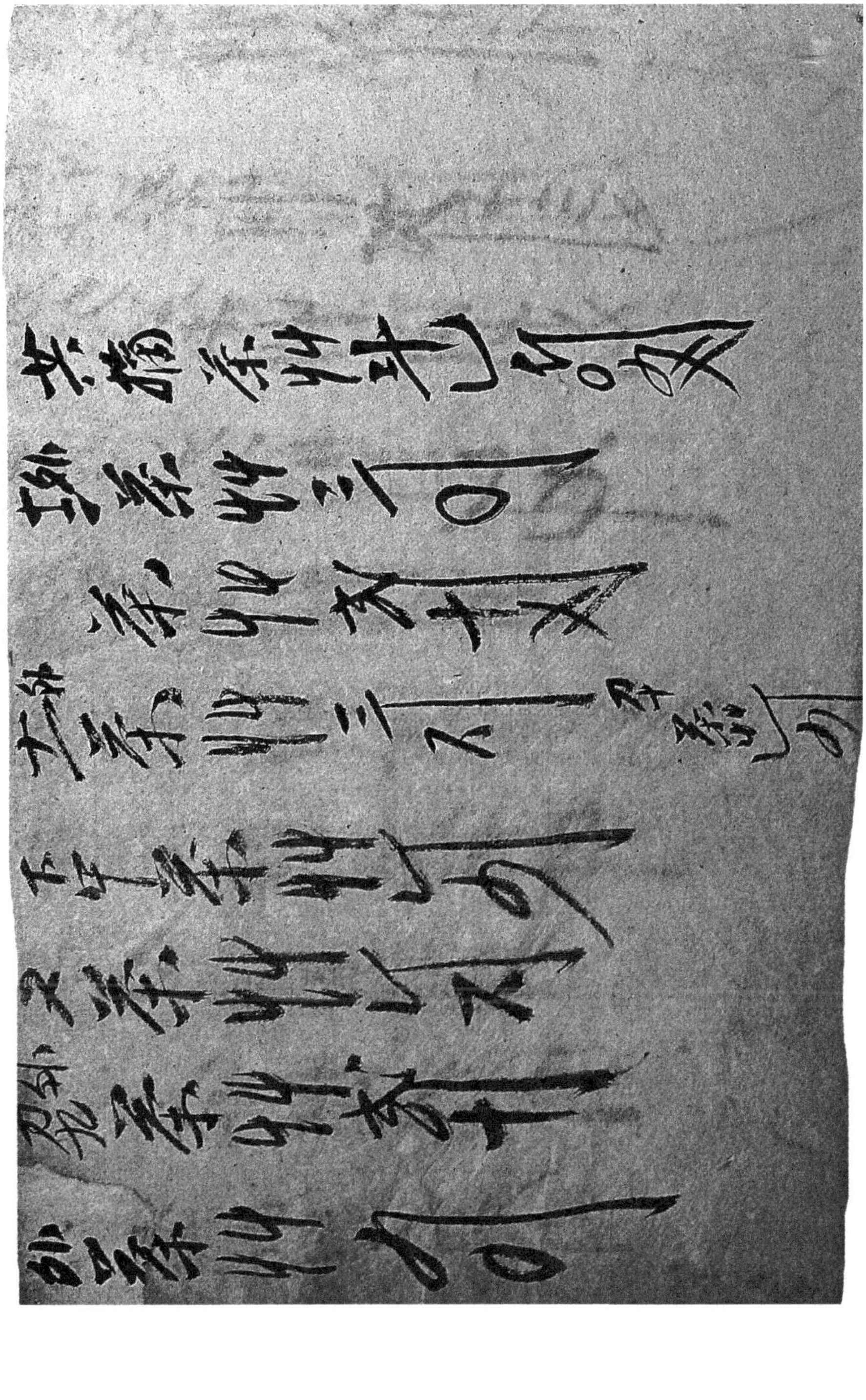

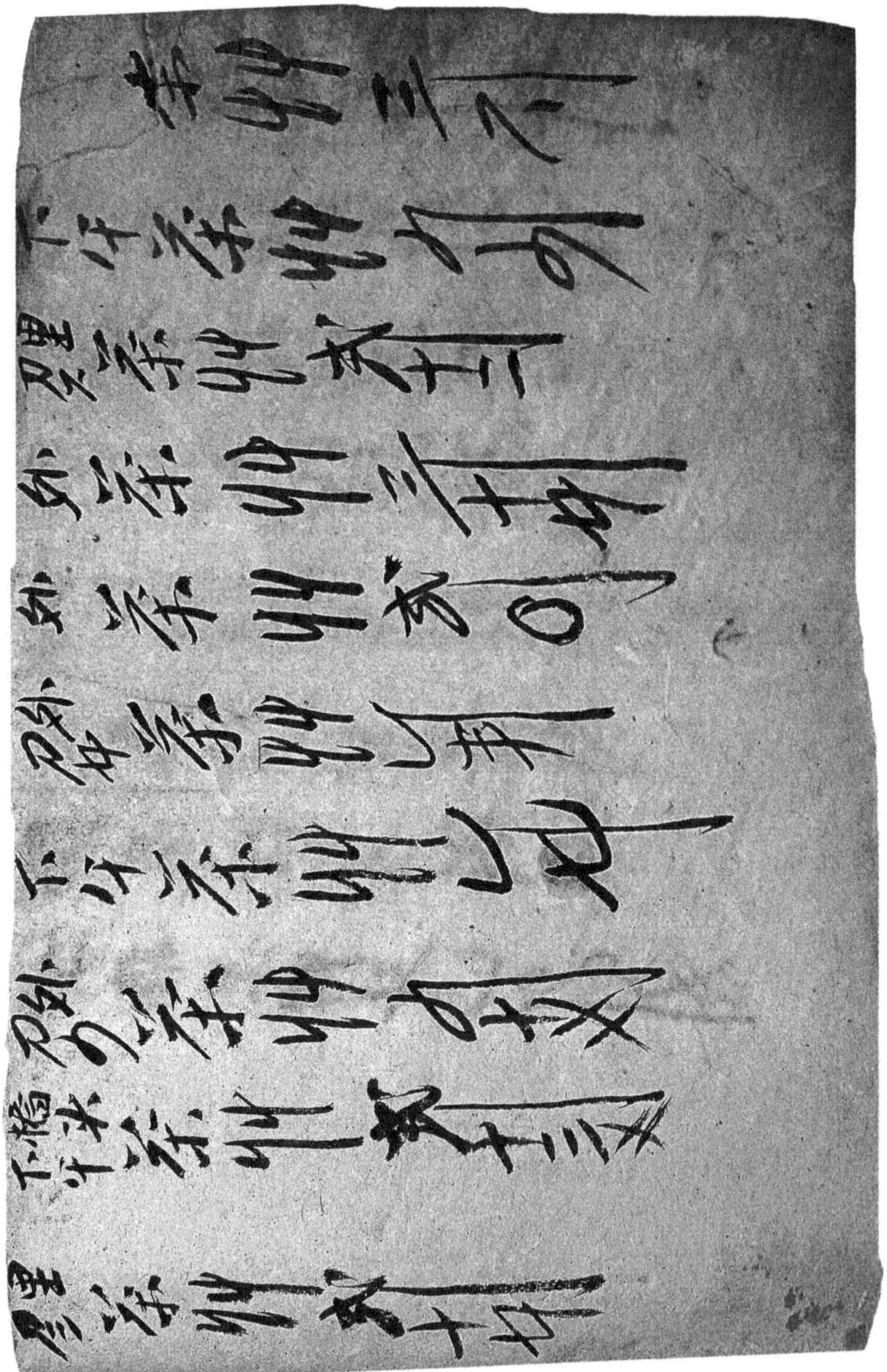

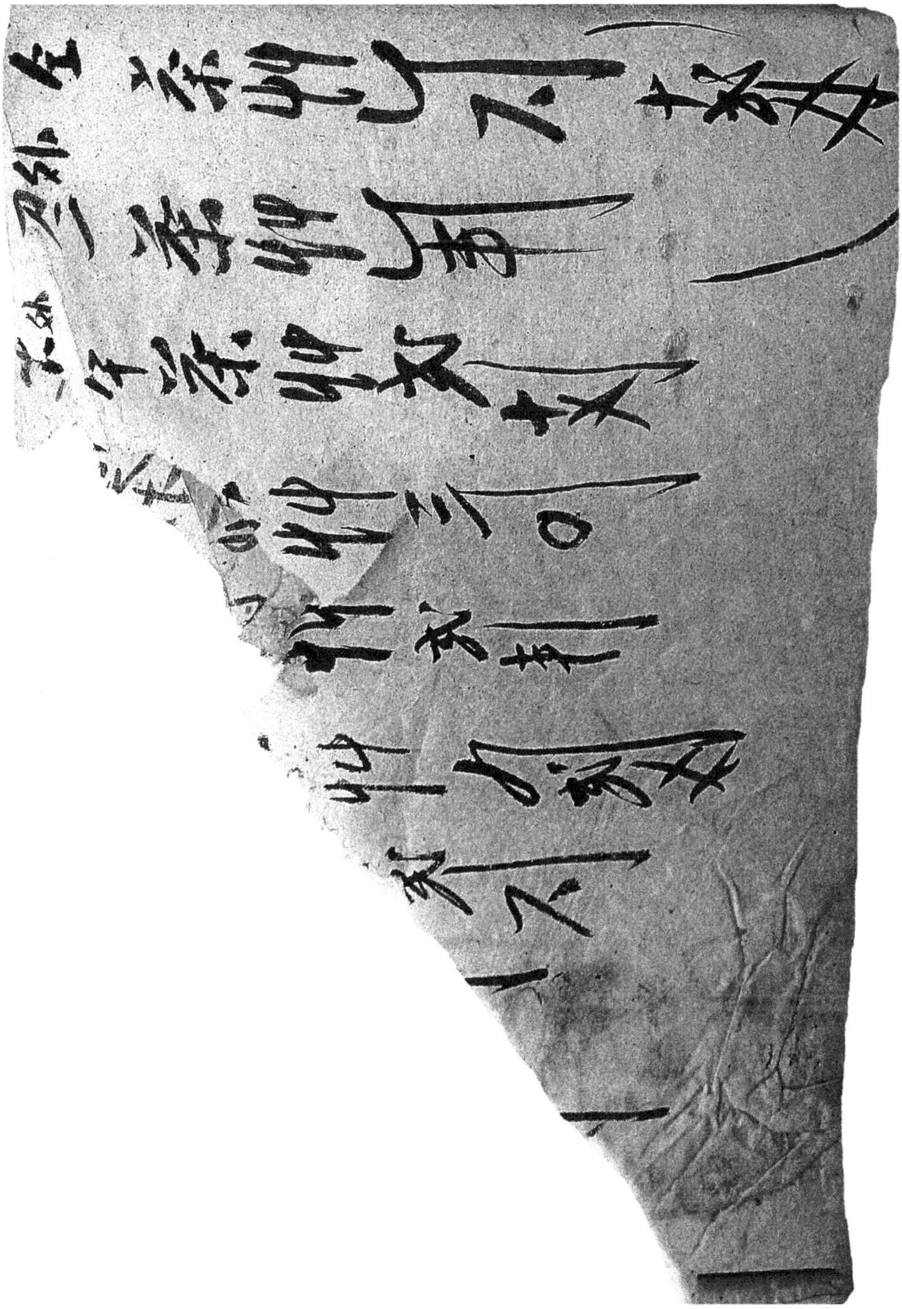

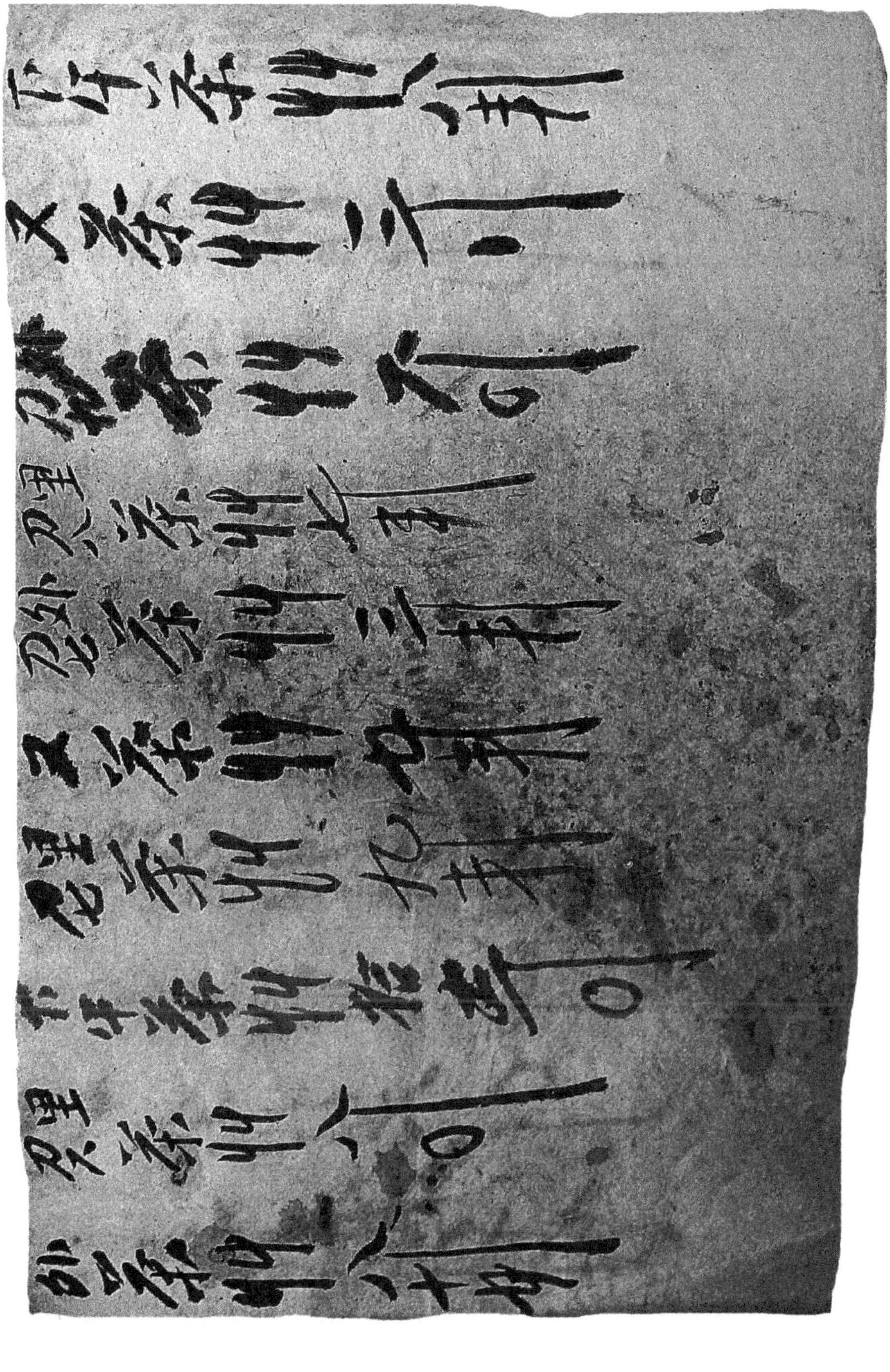

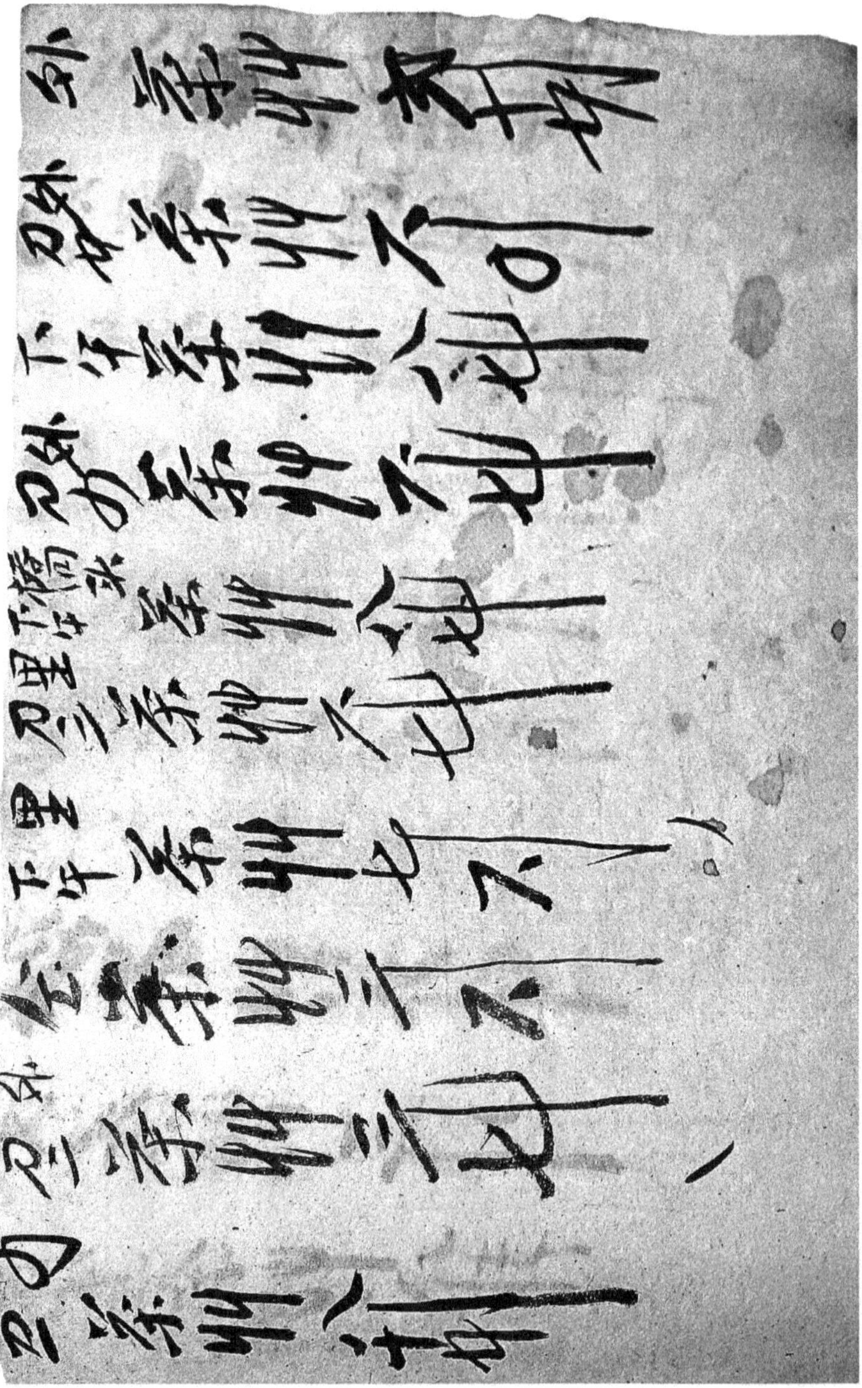

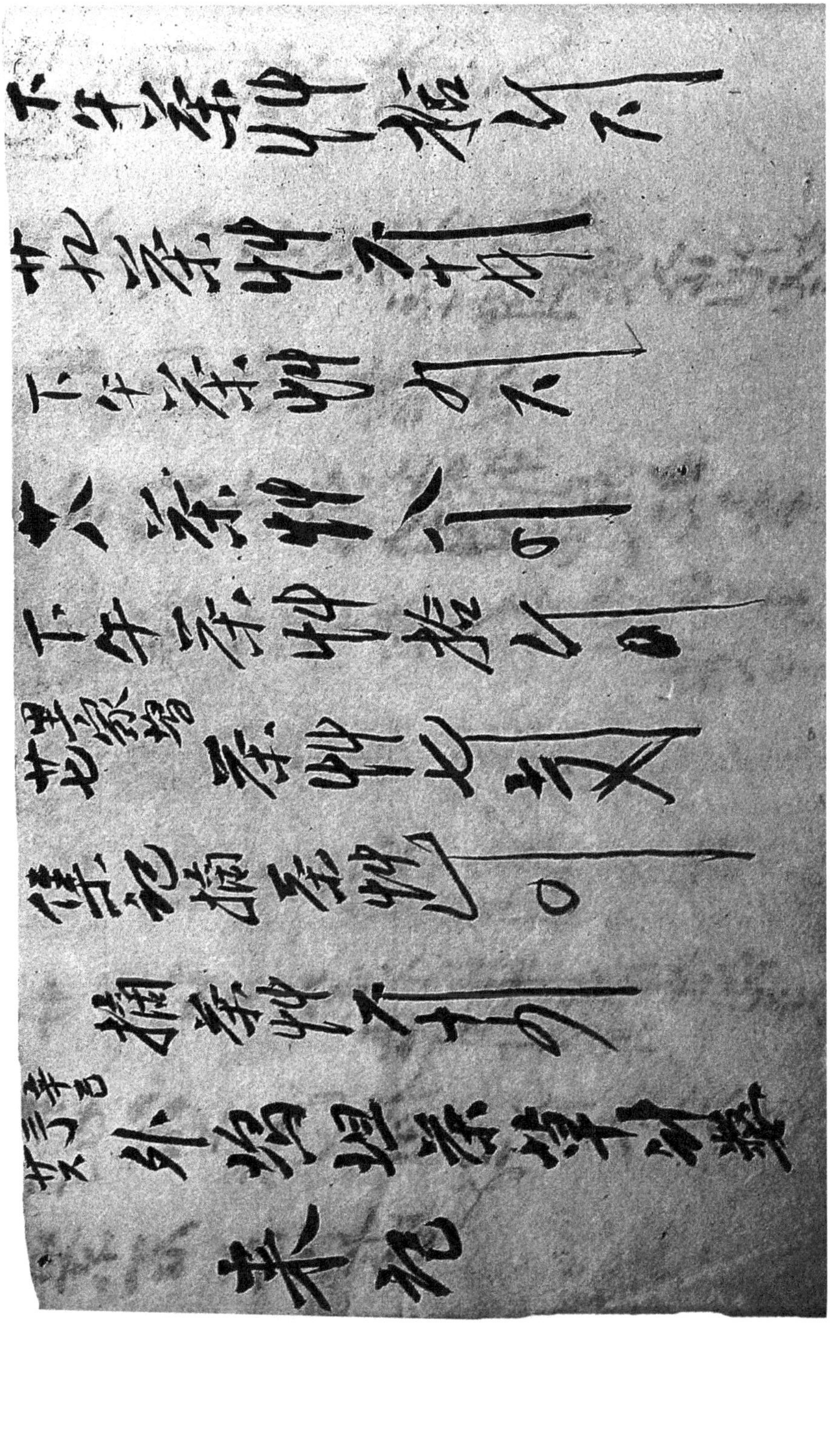

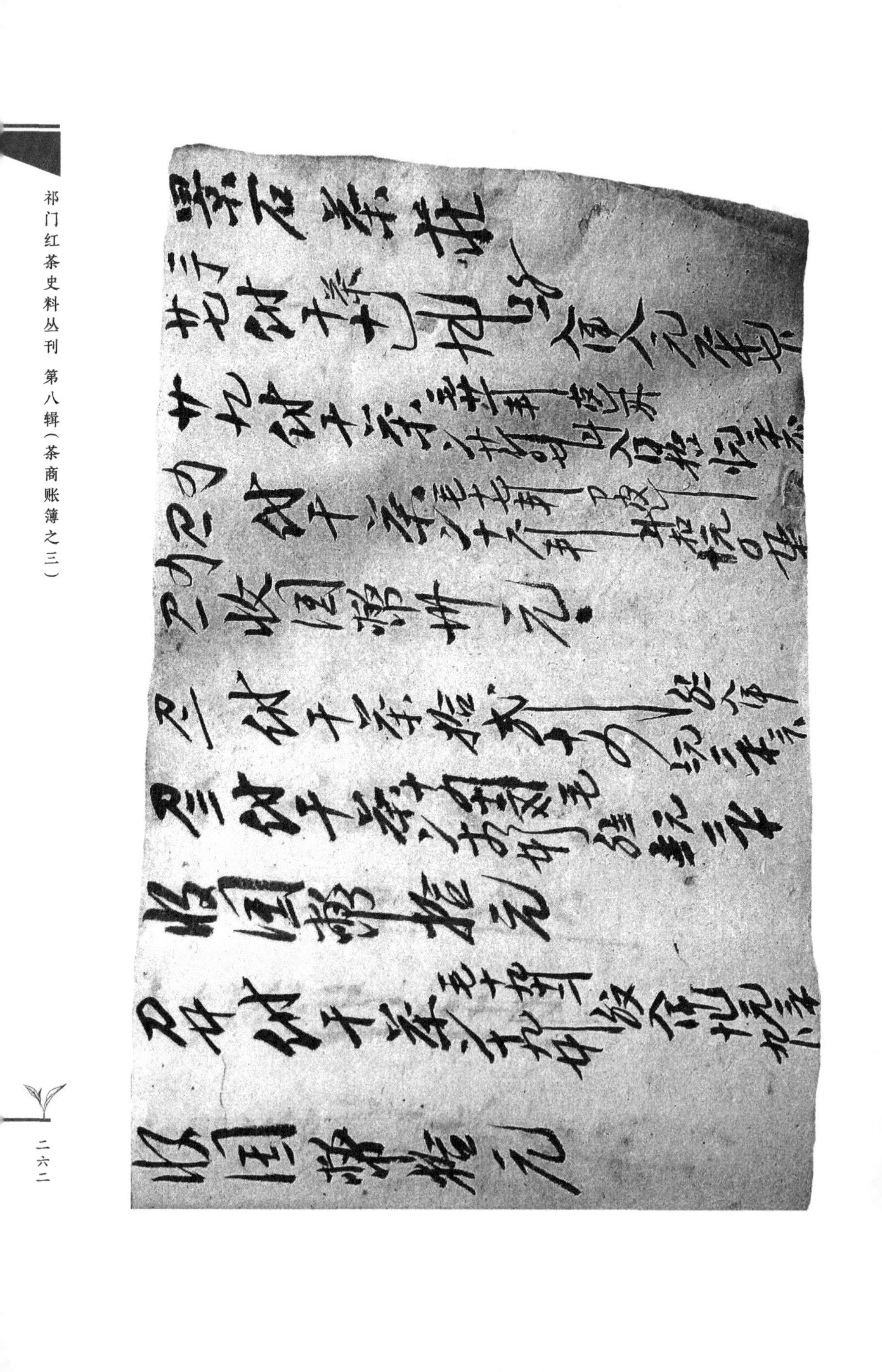

[illegible]

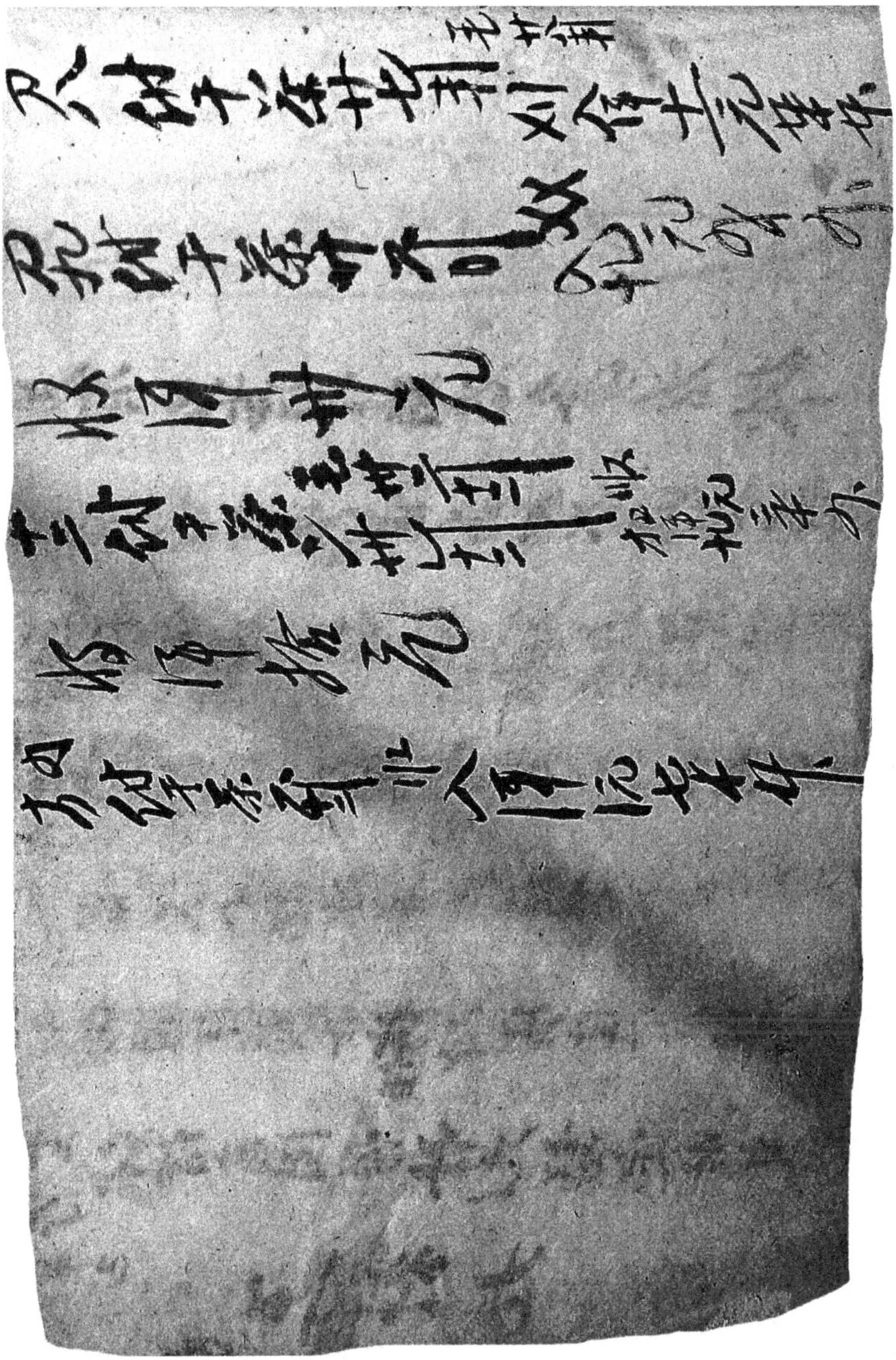

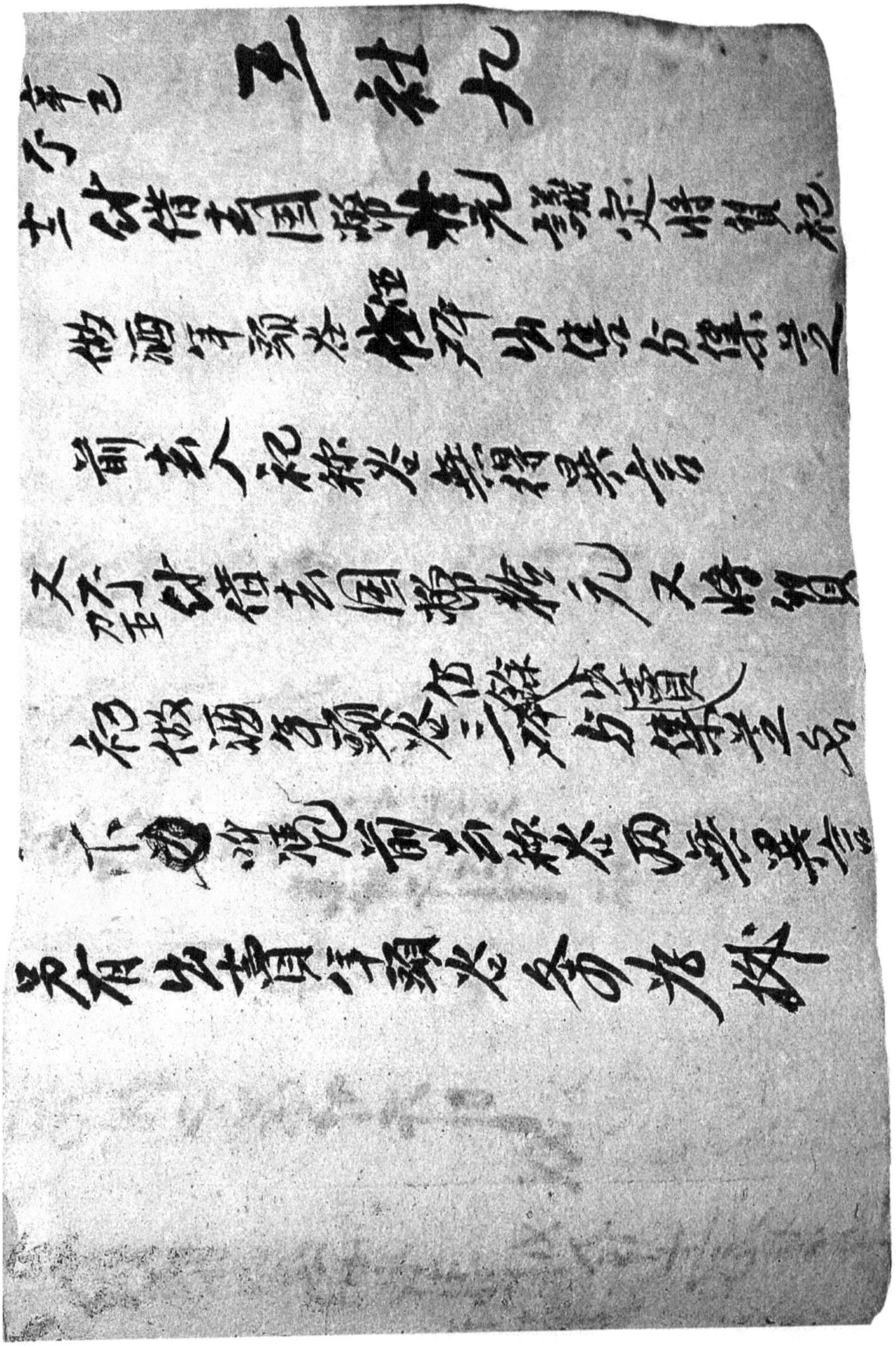

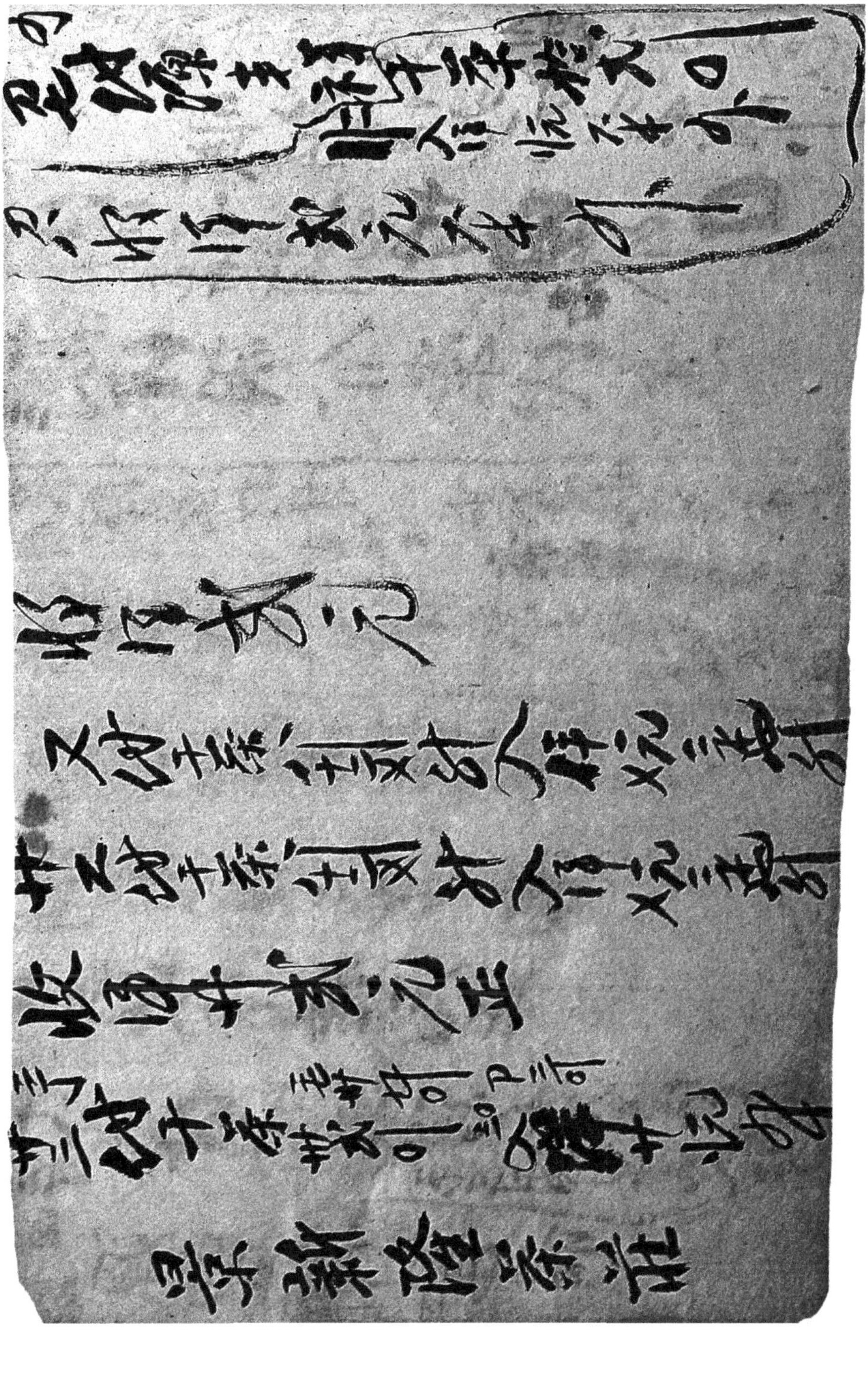

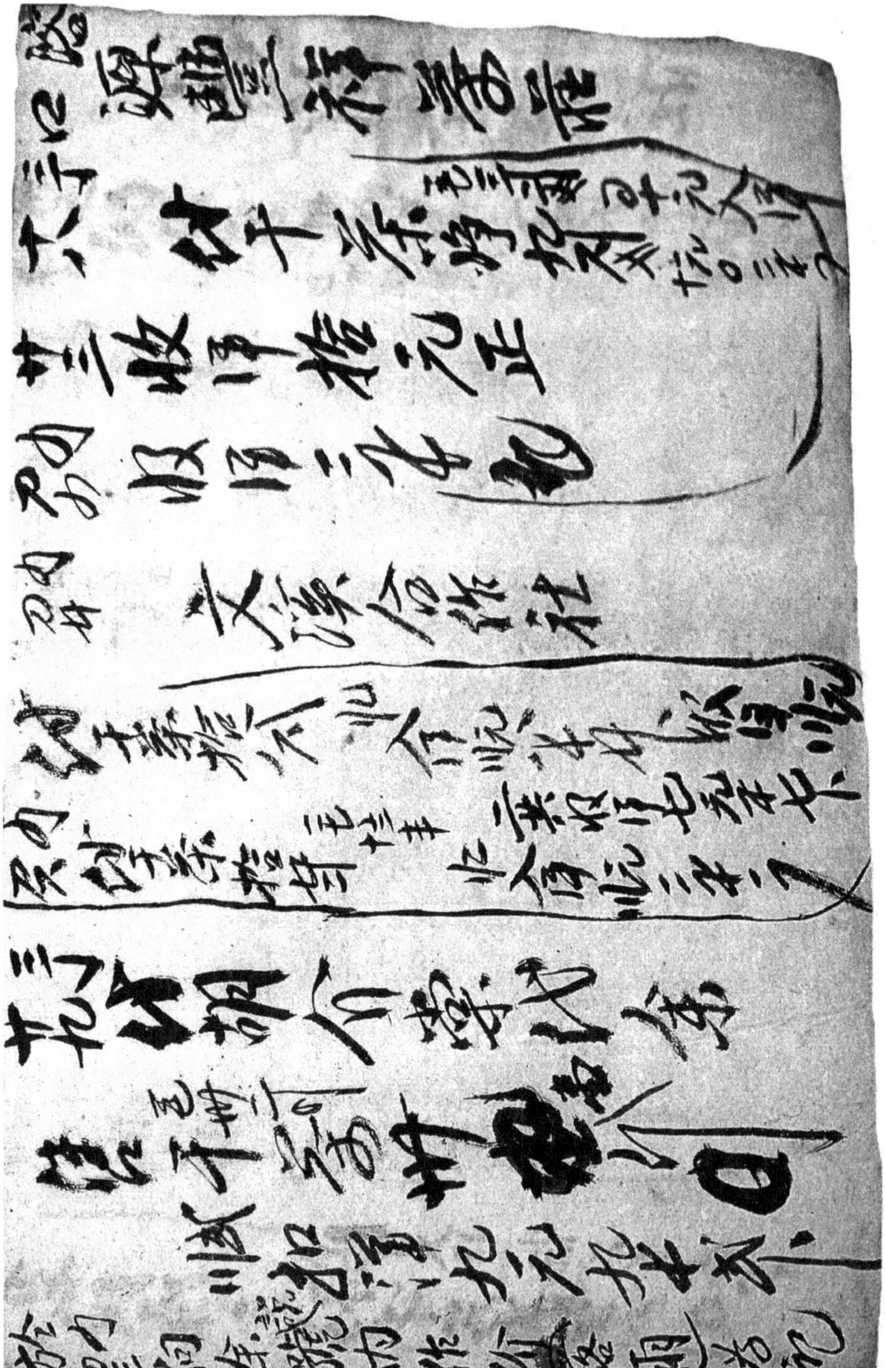

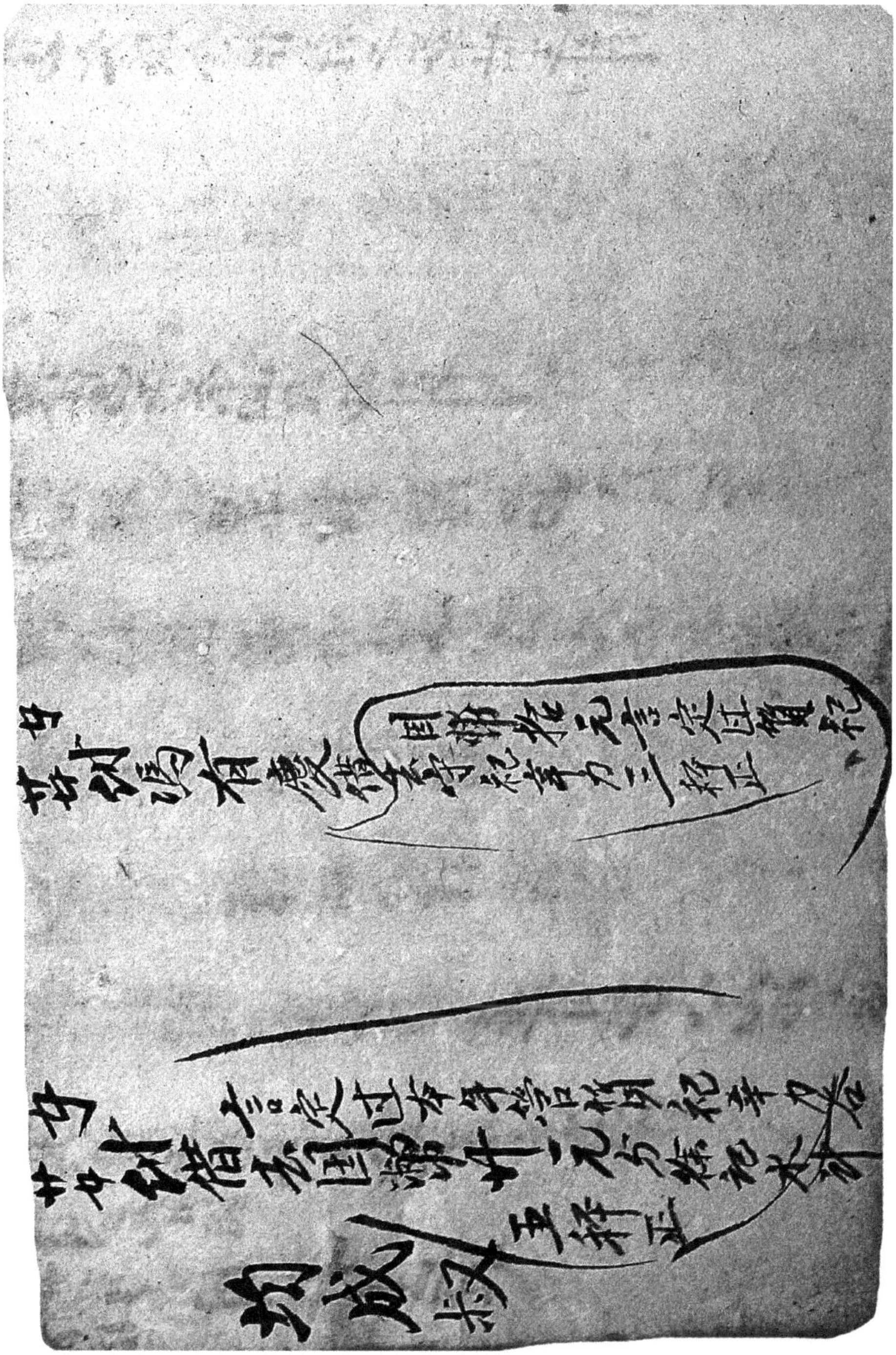

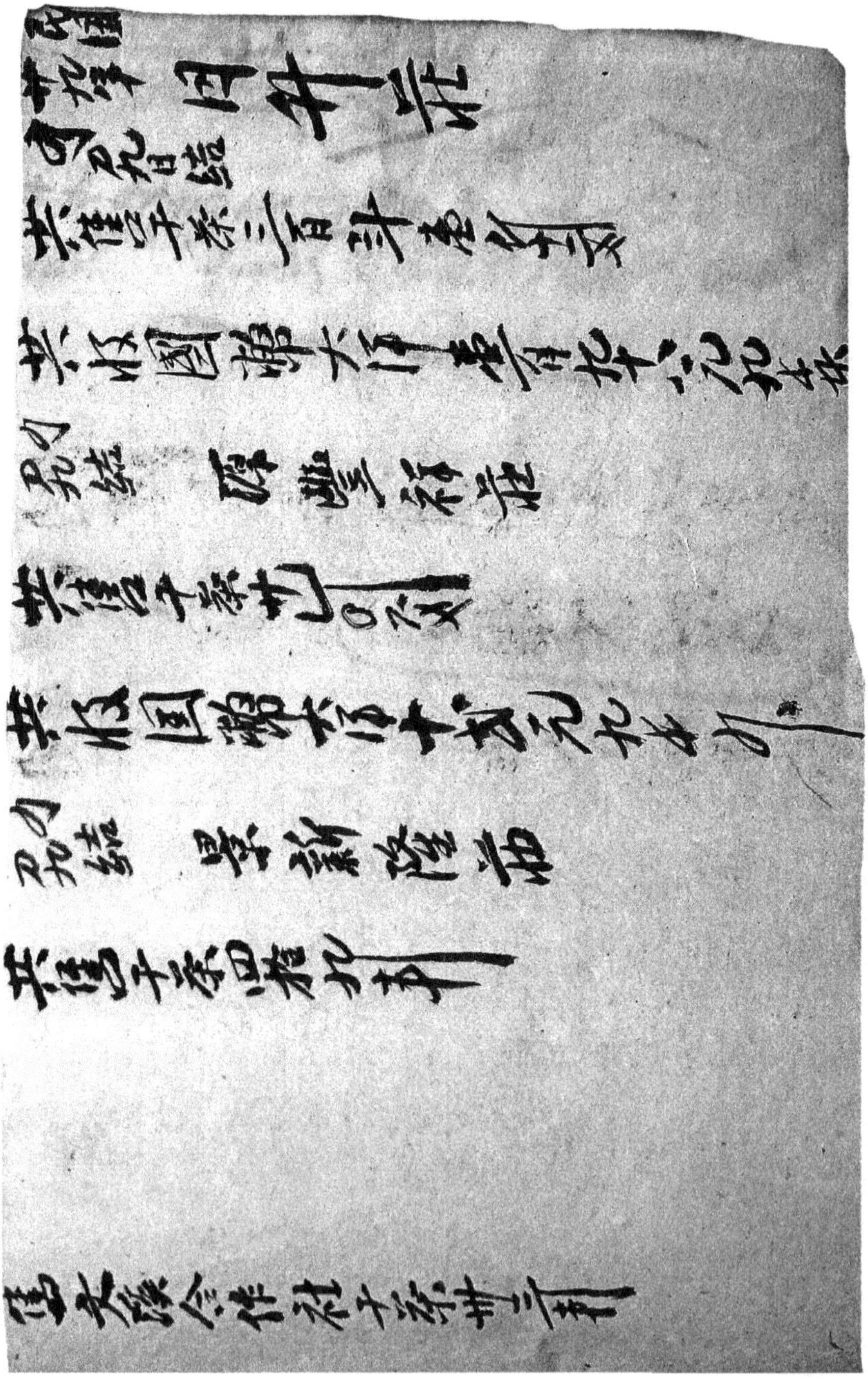

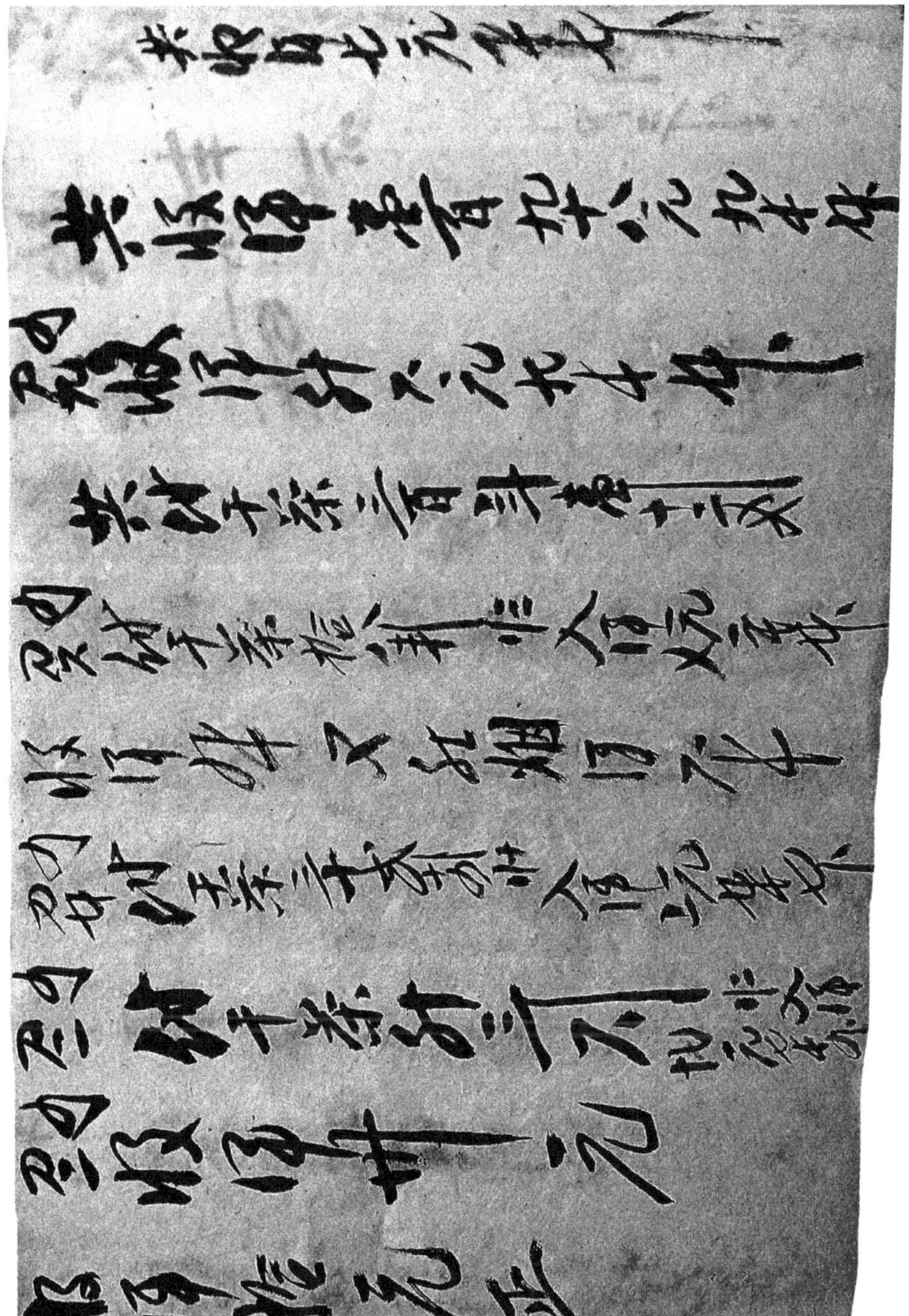

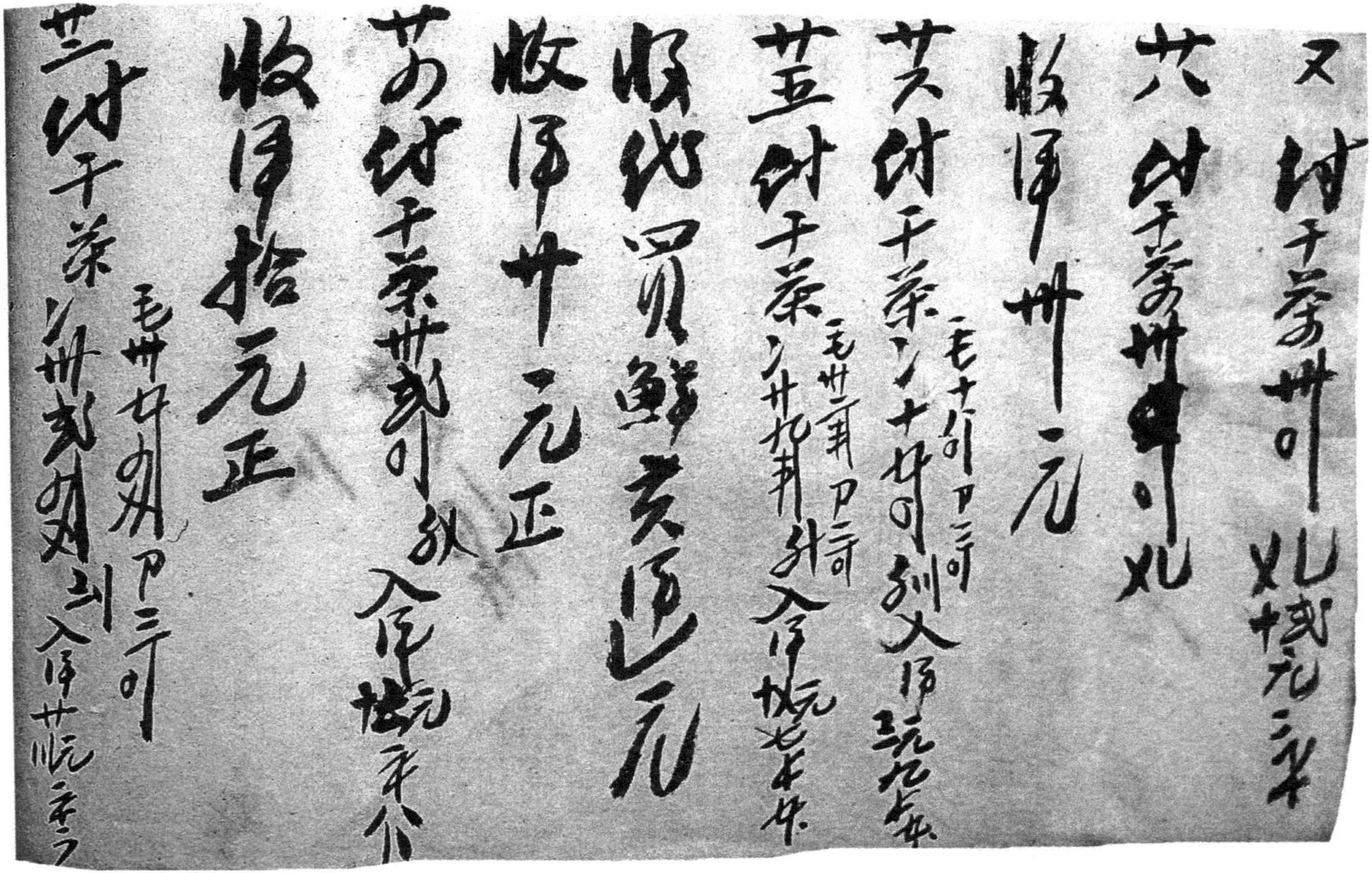

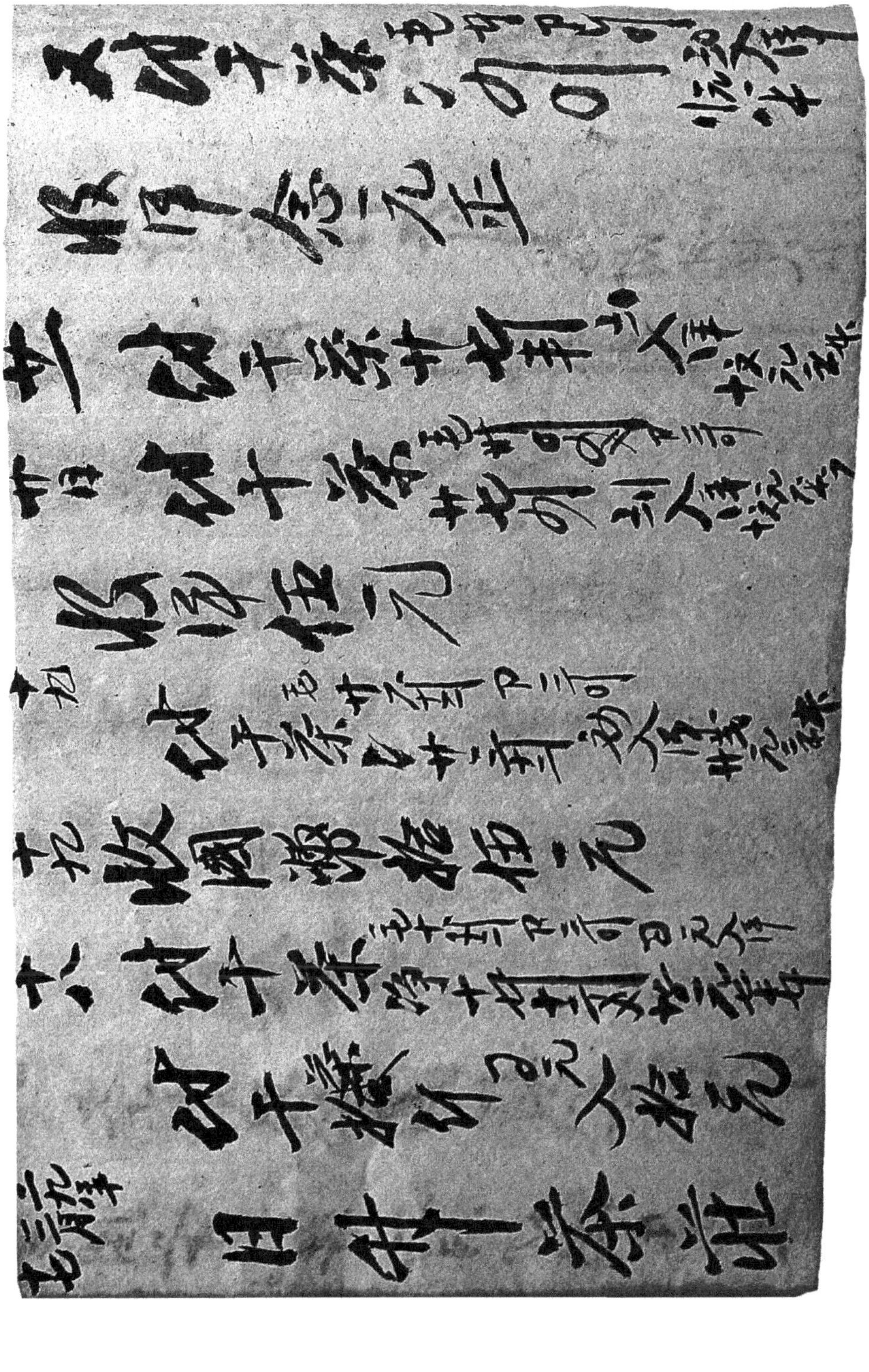

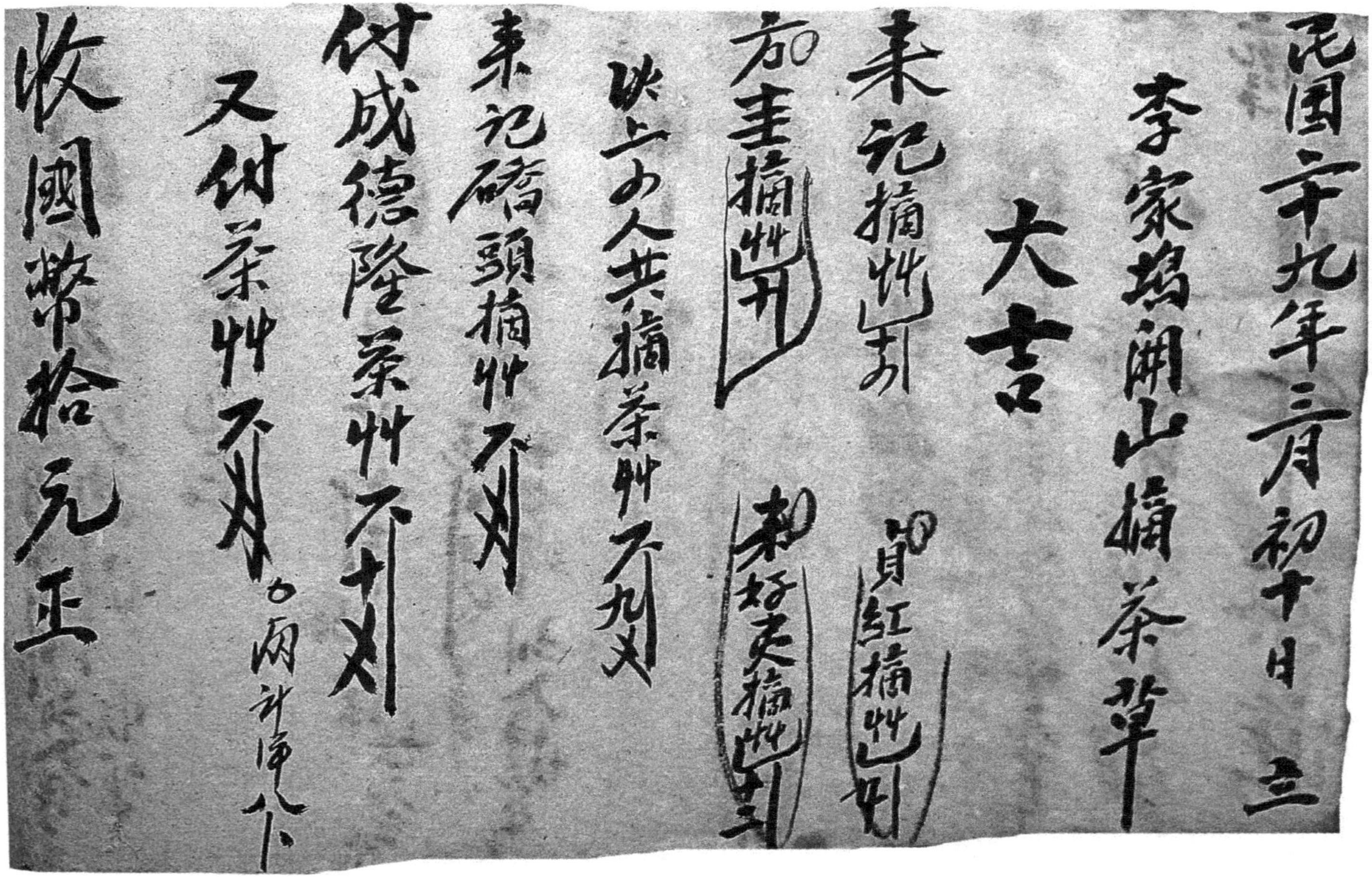

民国廿九年三月初十日 立

李家坞开山摘茶草

大吉

来记摘卅[illegible]

加圭摘卅[illegible]

贝红摘卅[illegible]

加好丈摘卅[illegible]

以上七人共摘茶卅不九丈

来记磅头摘卅不丈

付成德隆茶卅不十丈

又付茶卅不丈 内计洋八[illegible]

收国币拾元正

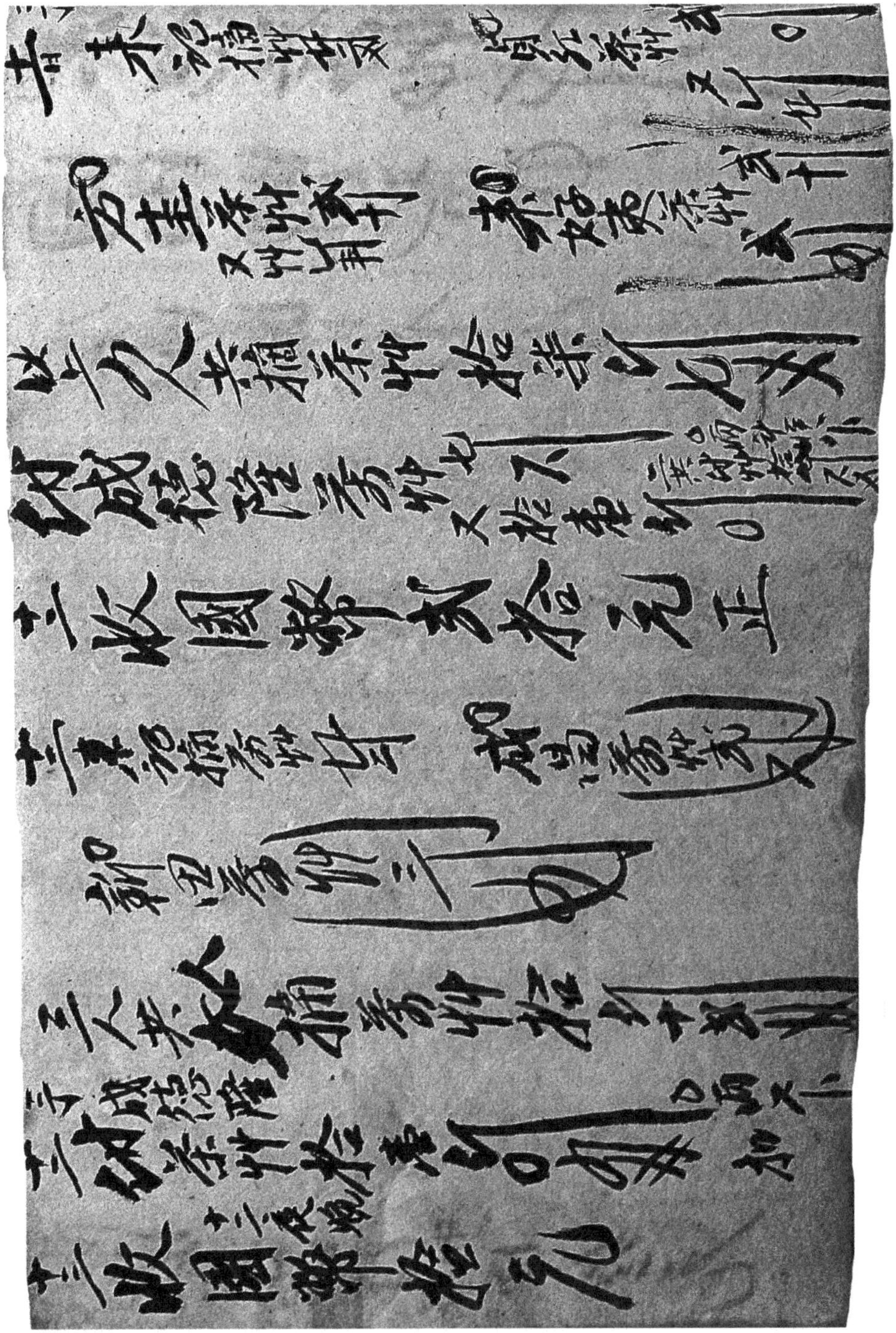

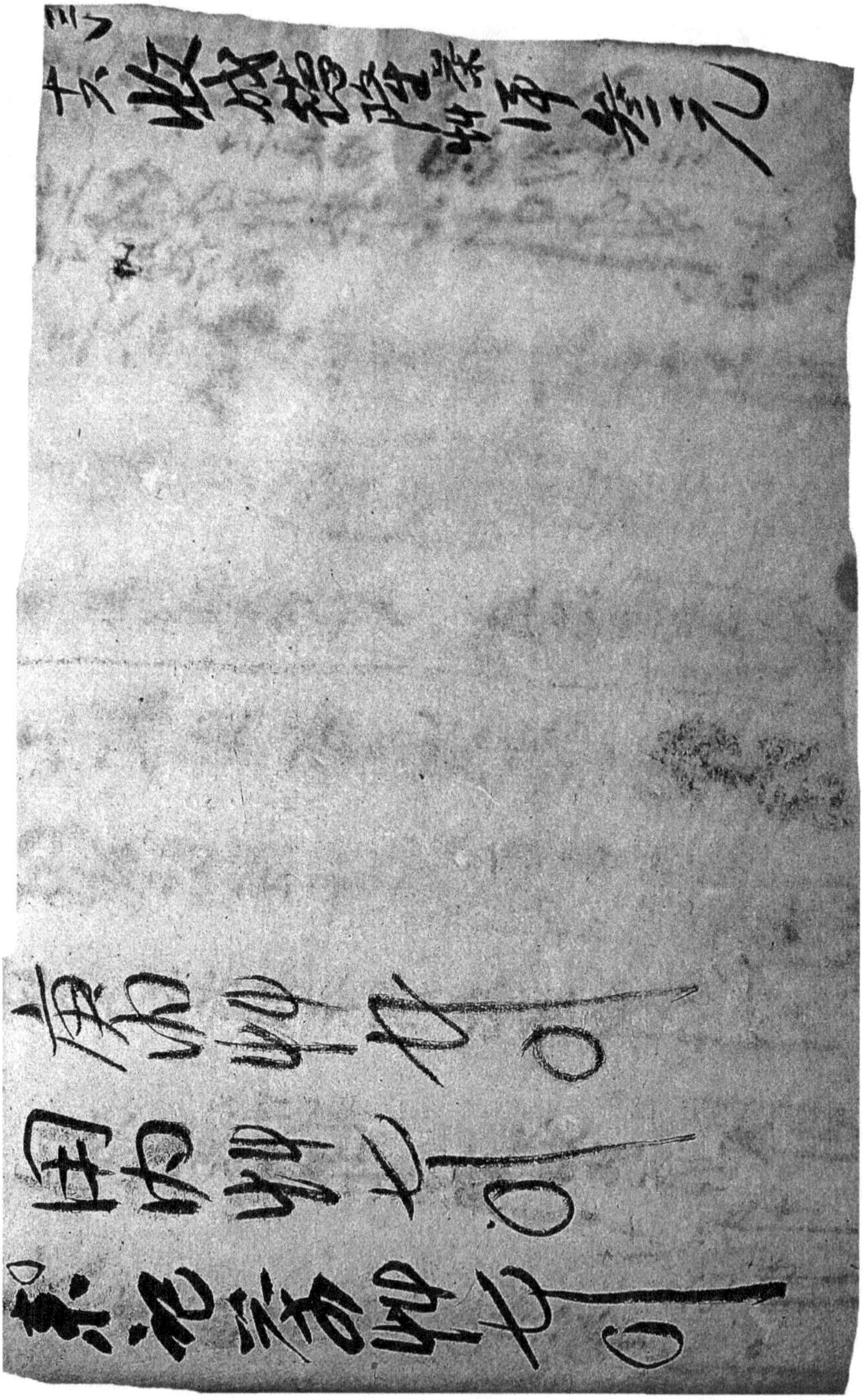

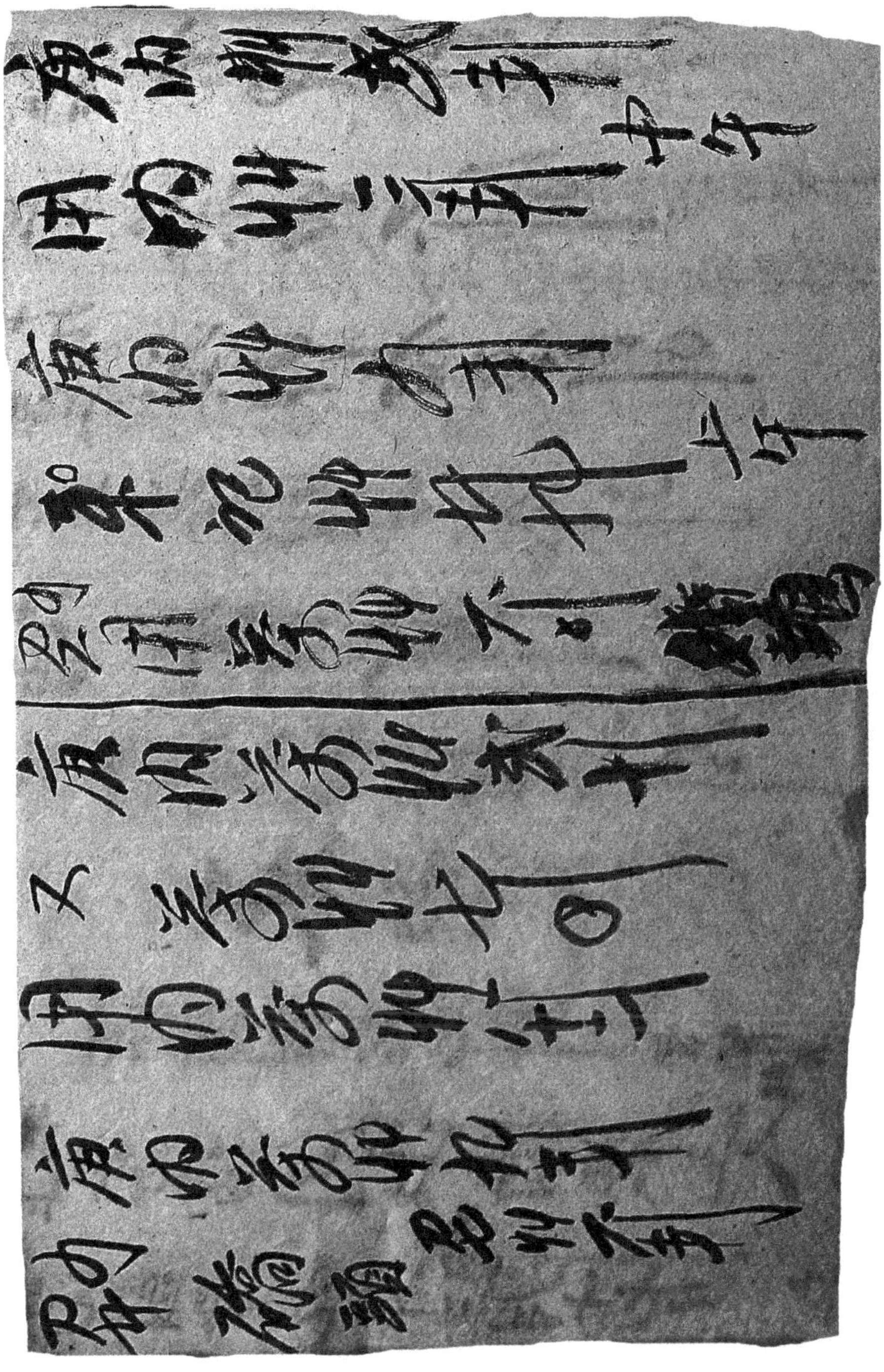

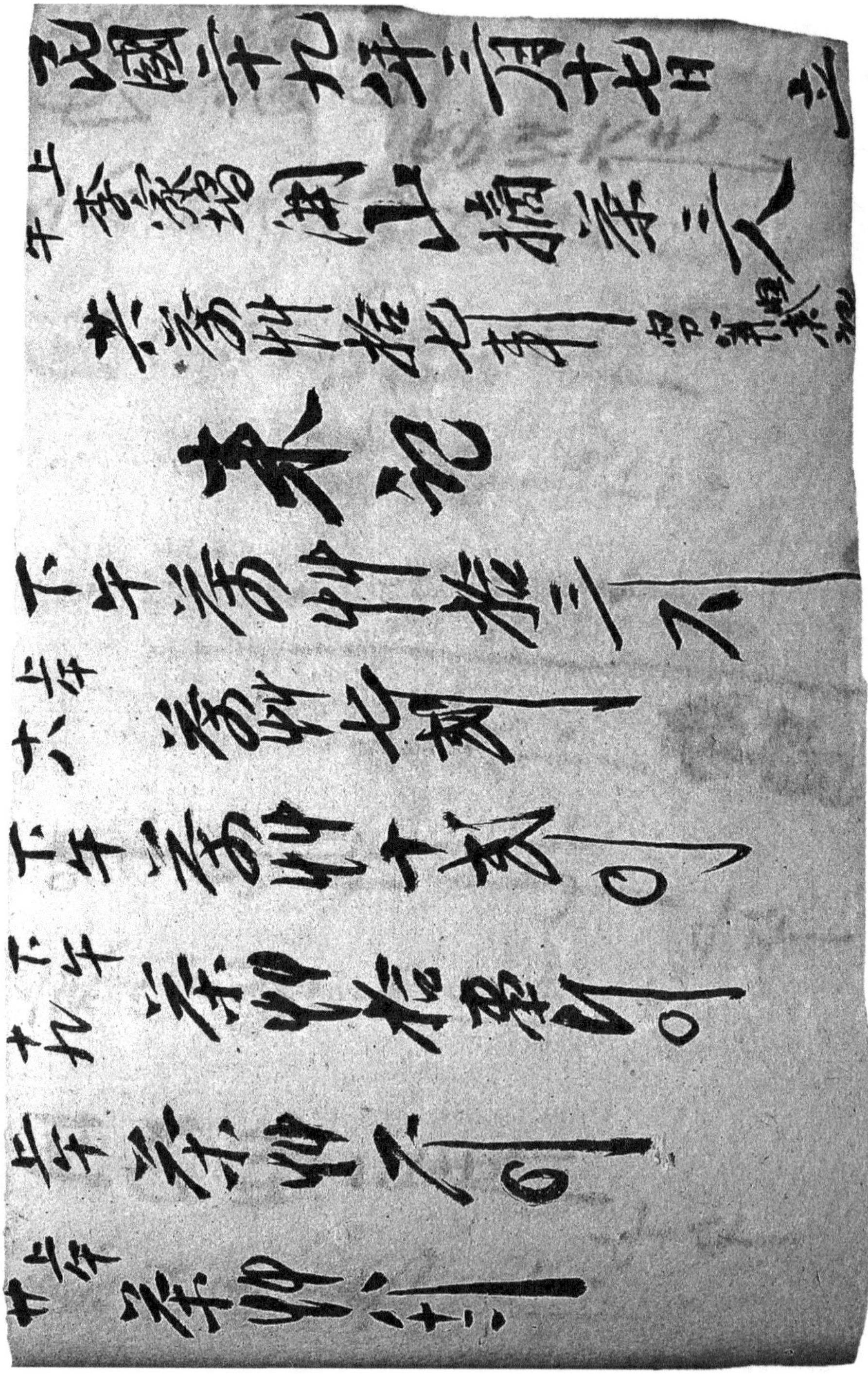

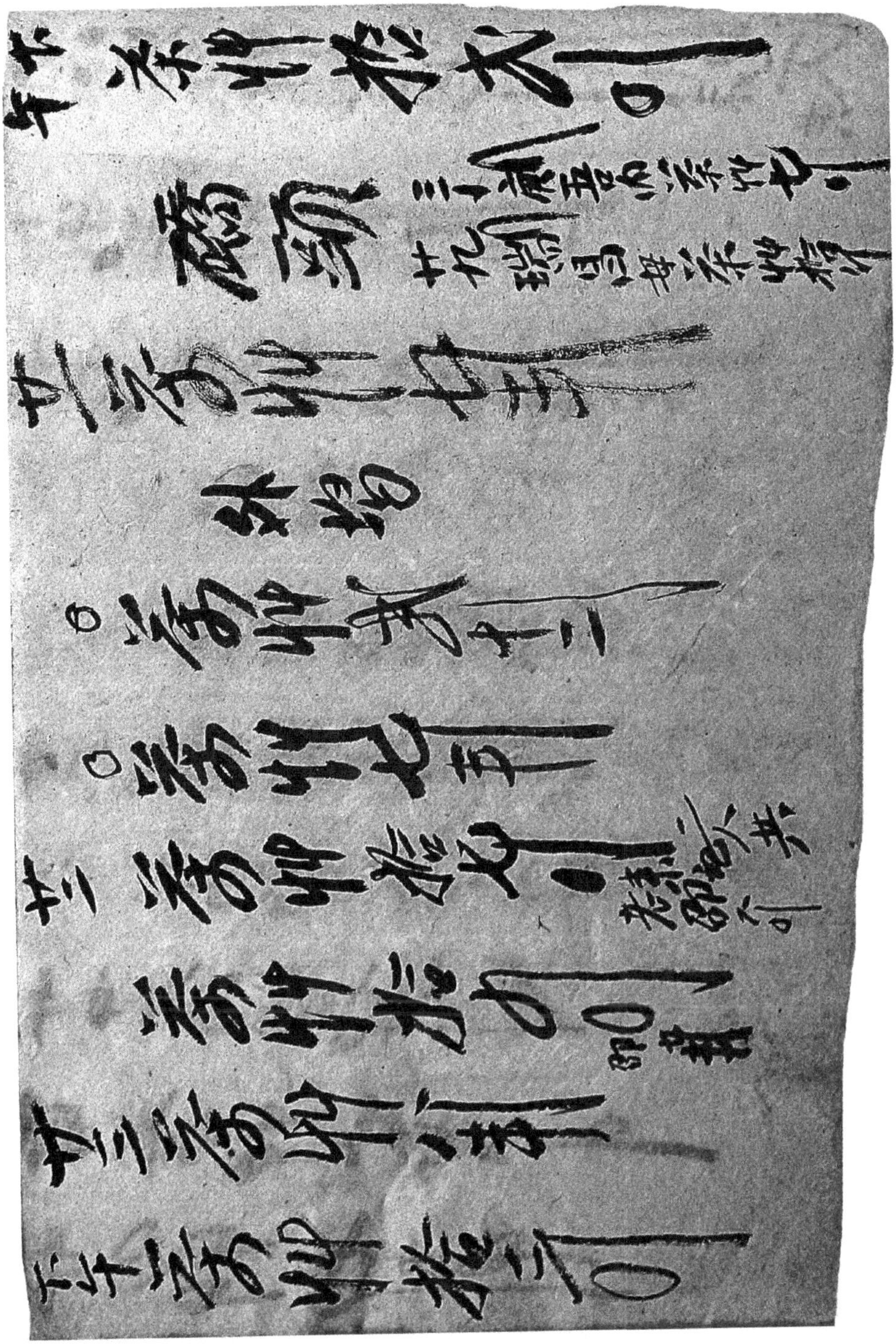

廿四卅七斤〡

廿五茶卅十弍〡〇

廿五茶卅七十〤

下午茶卅拾三〡〇

廿六茶卅七斤〡

下午茶卅拾弍〡〇

外增

廿七茶卅八〡十二

下午茶卅拾斤十二

廿八茶卅拾七〇〡

来
郎
共人〇

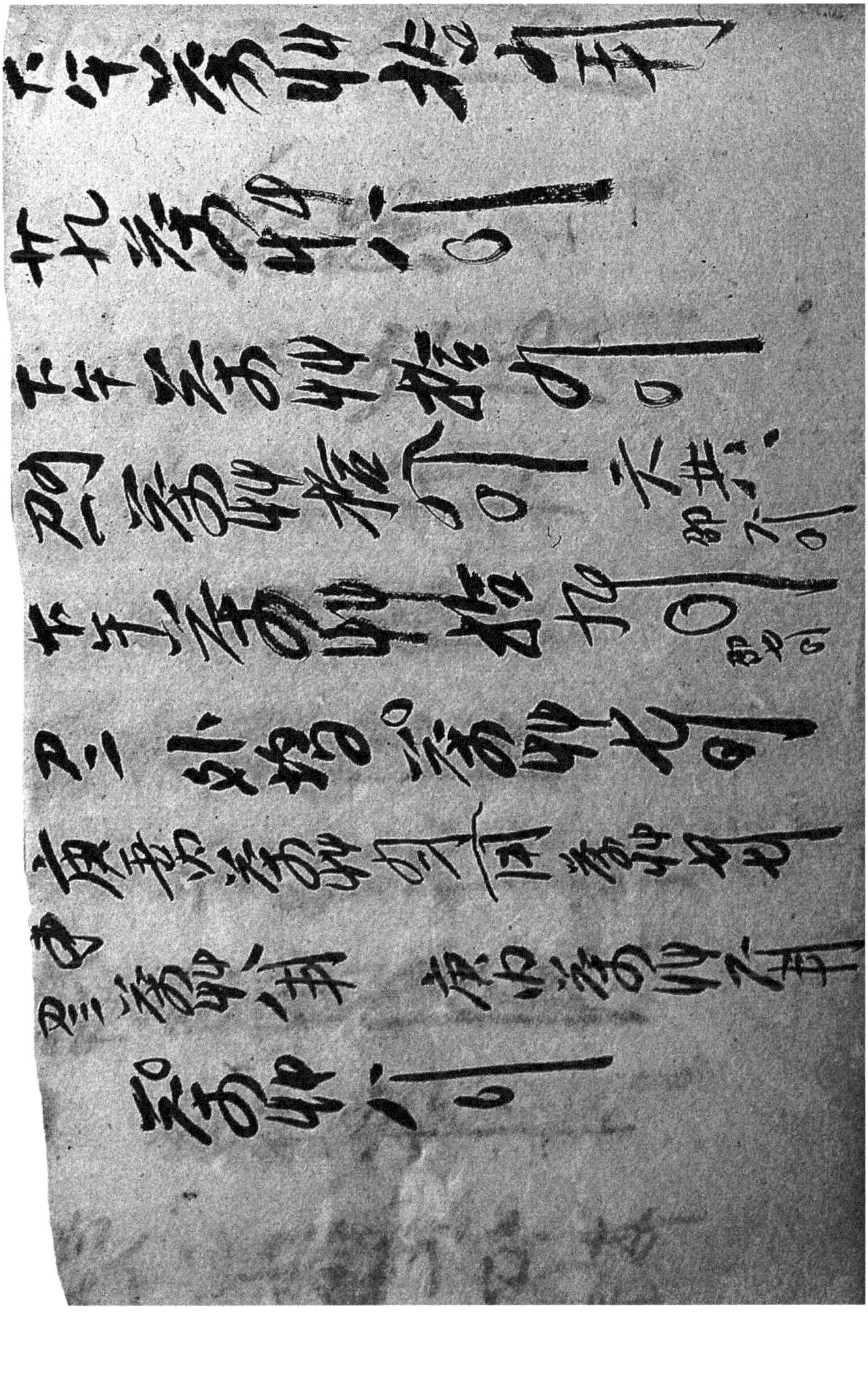

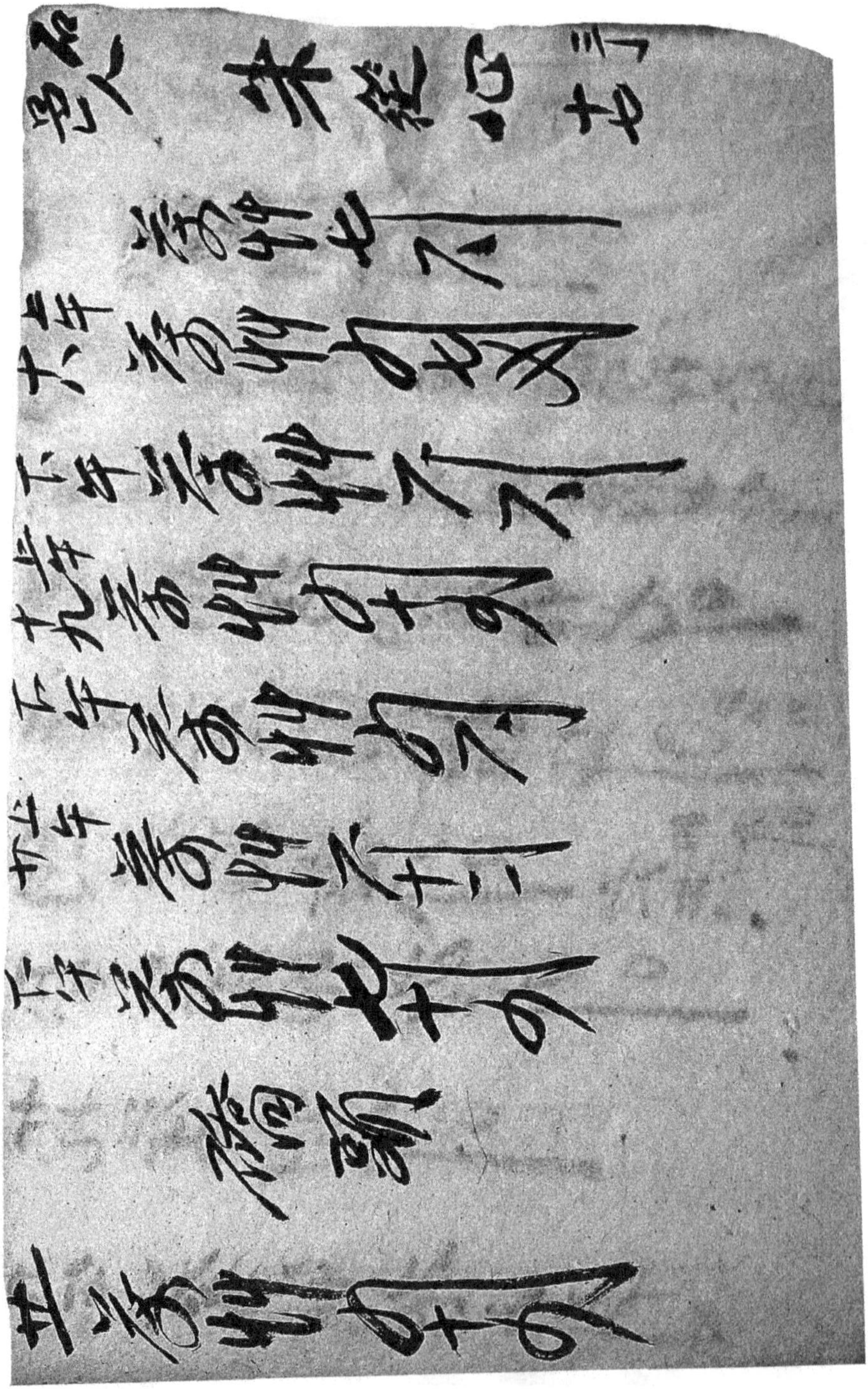

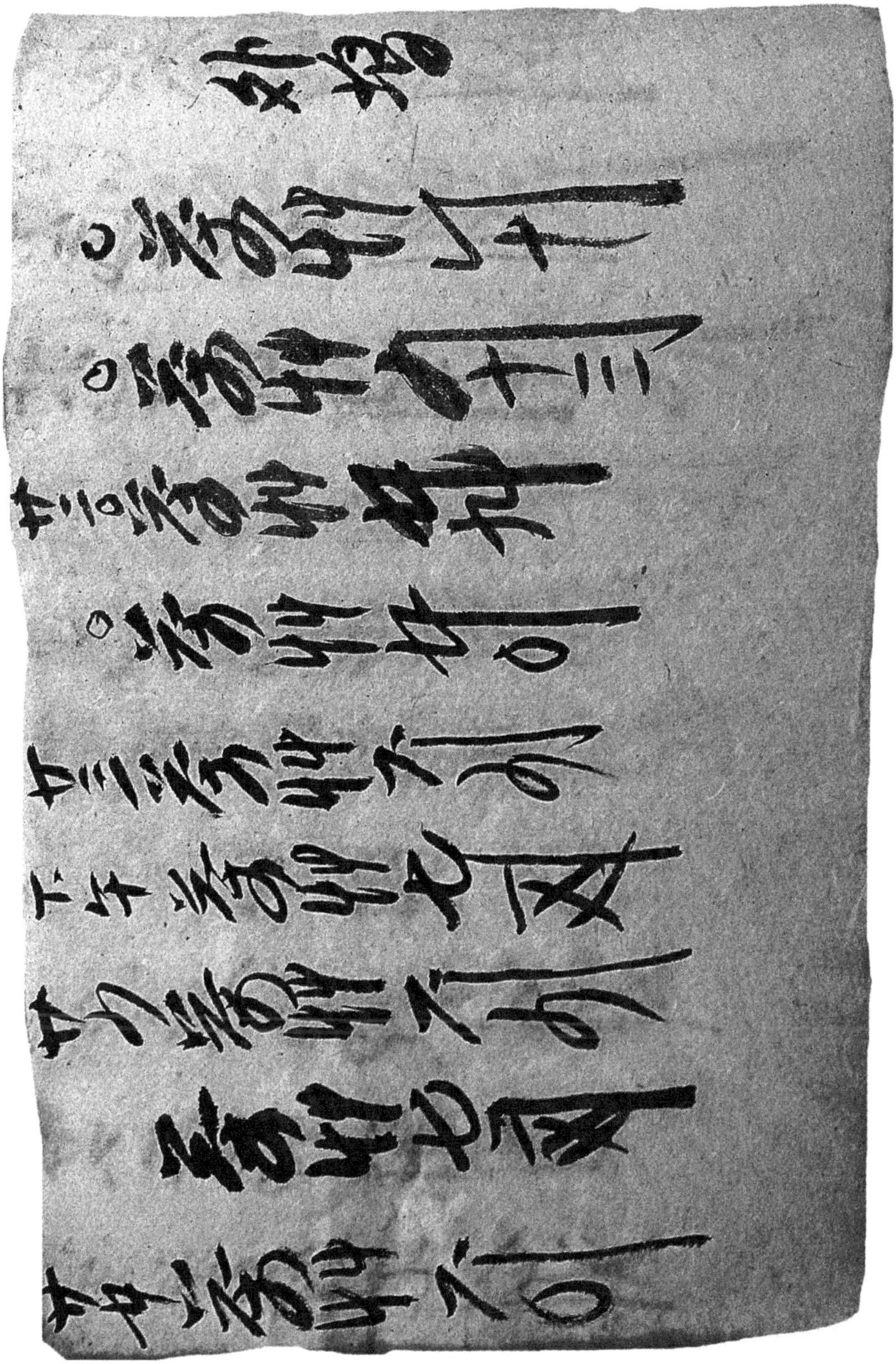

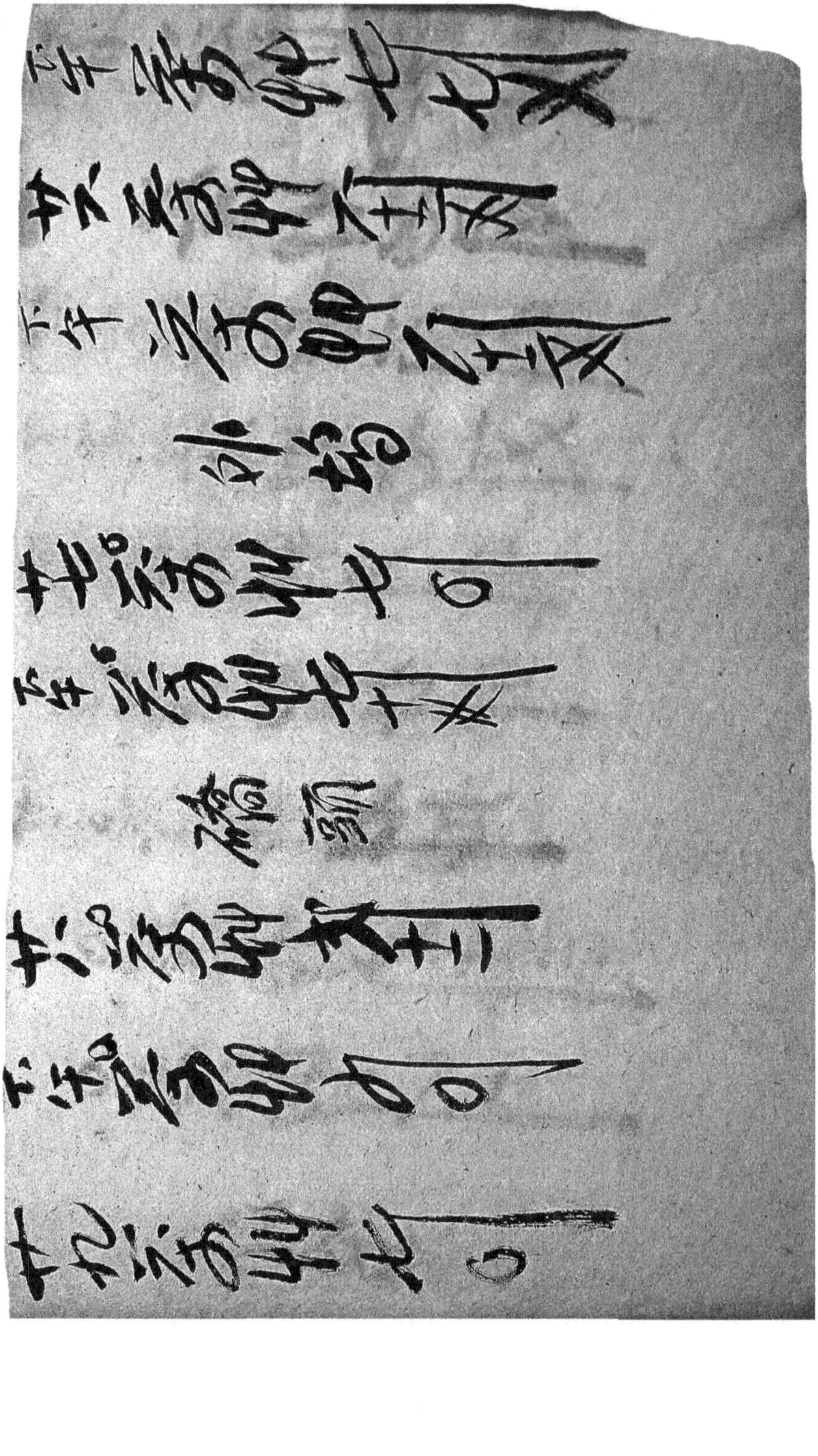
下午茶叶七
廿六茶叶
下午茶叶
外塘
廿七茶叶七
下午茶叶七
磡头
廿八茶叶
下午茶叶
廿九茶叶七

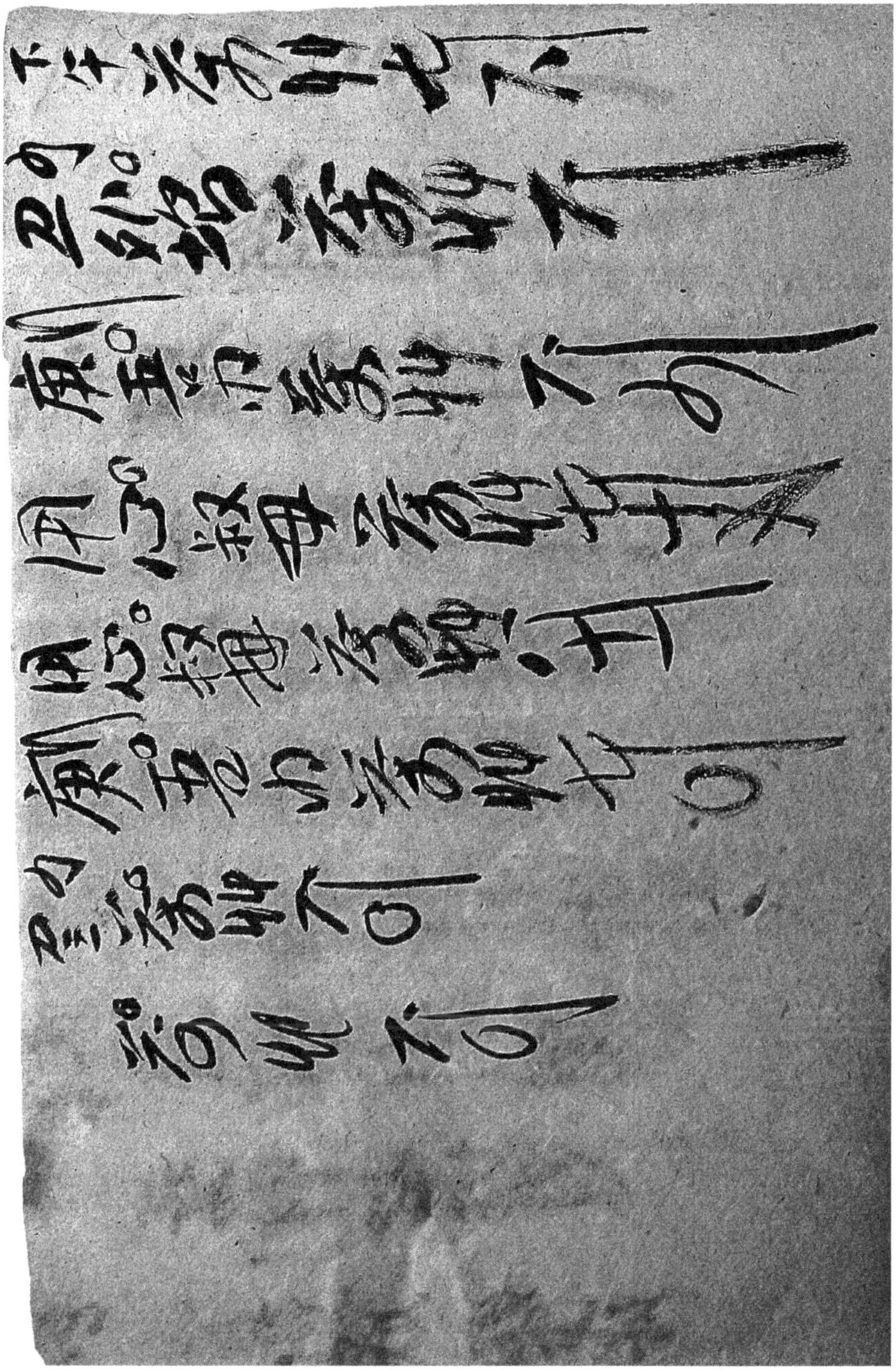

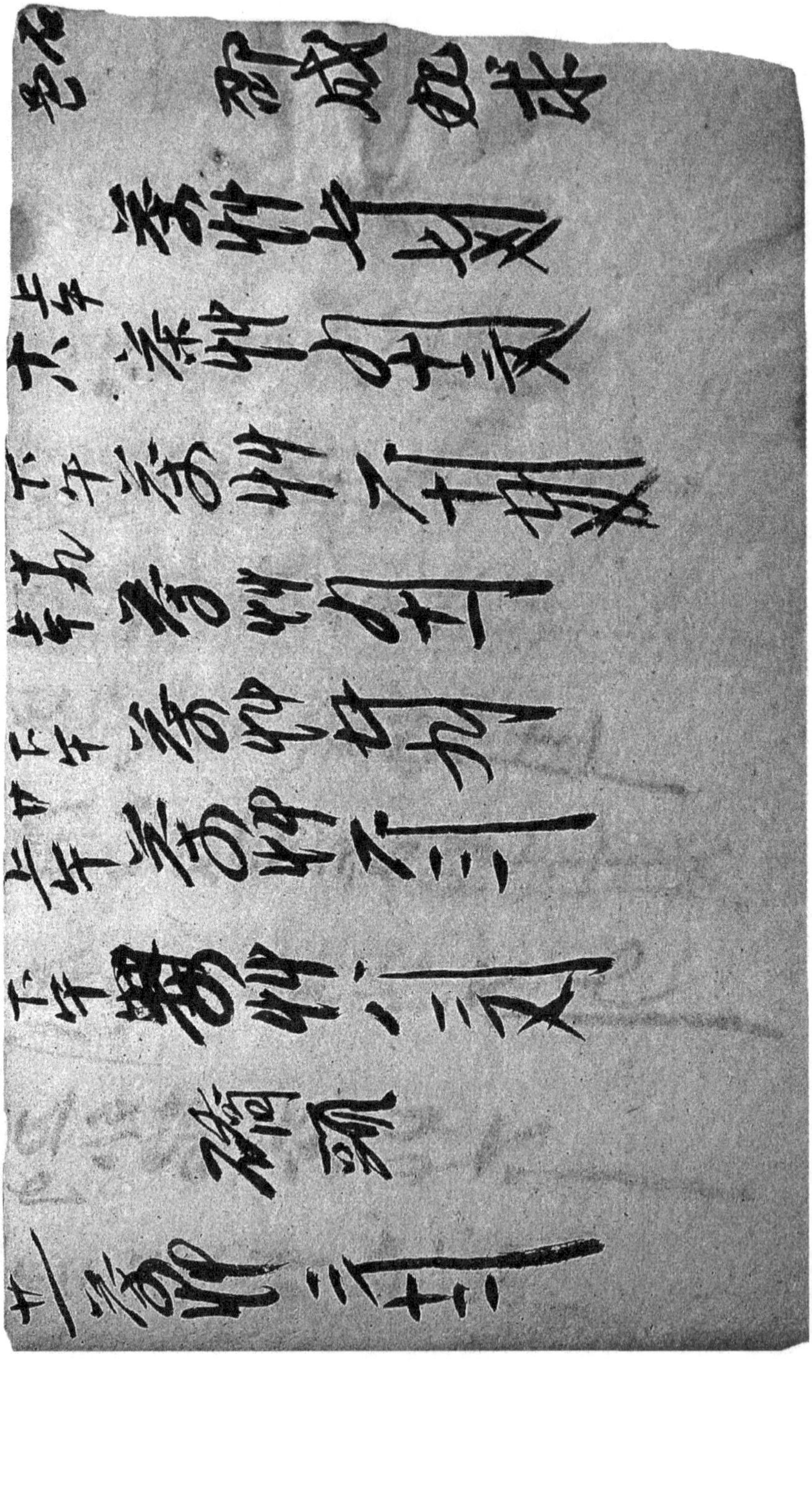

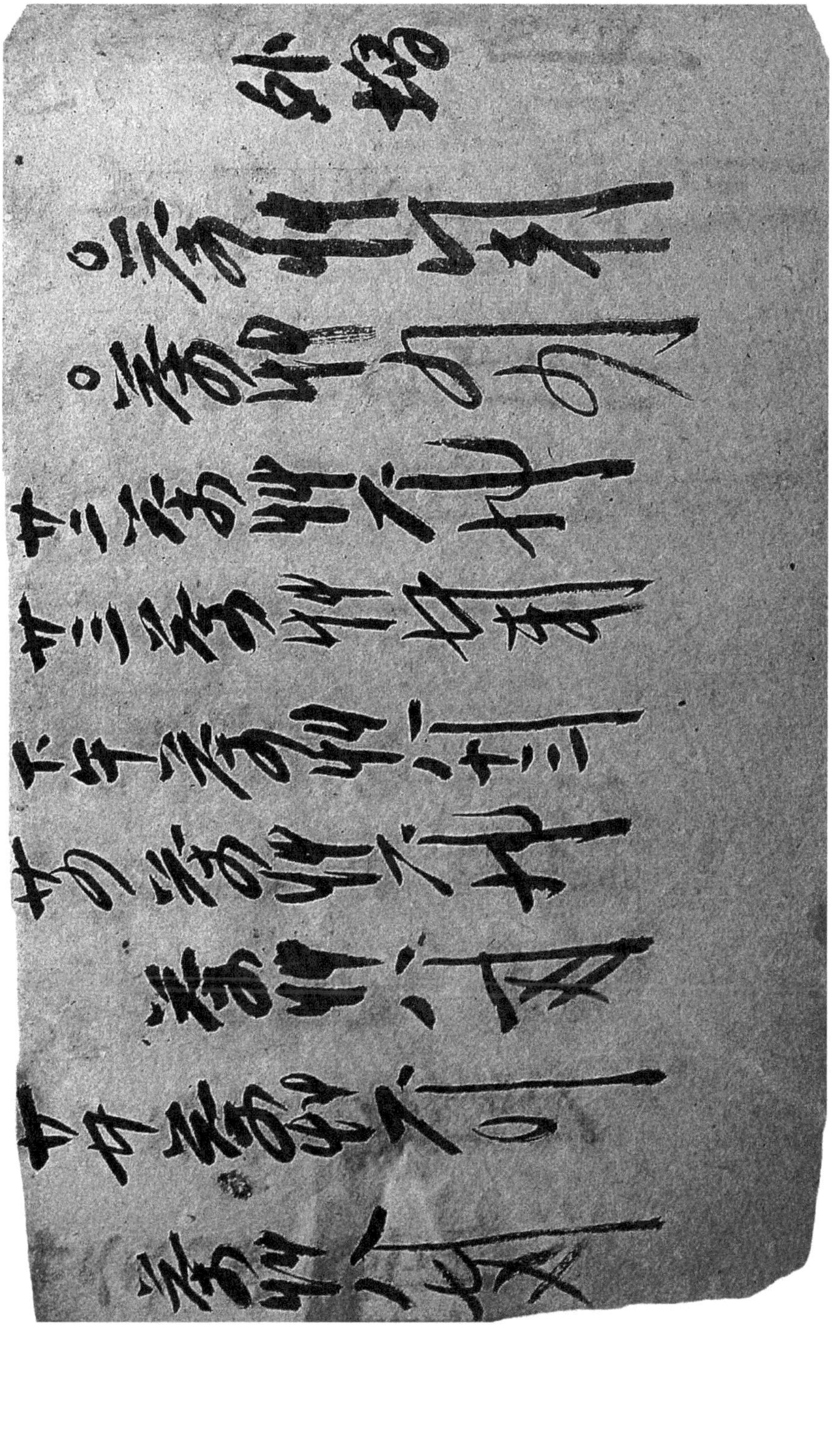

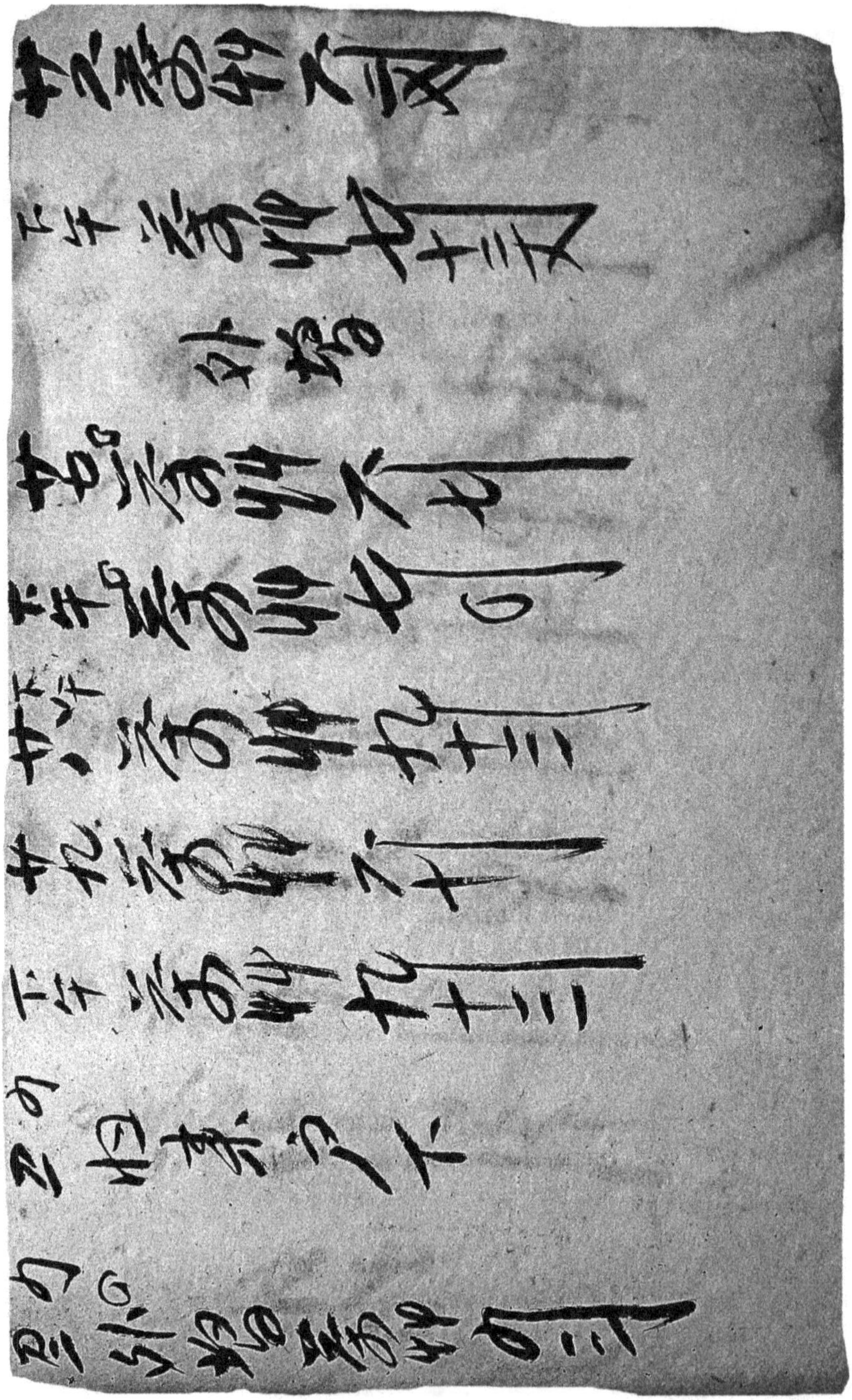

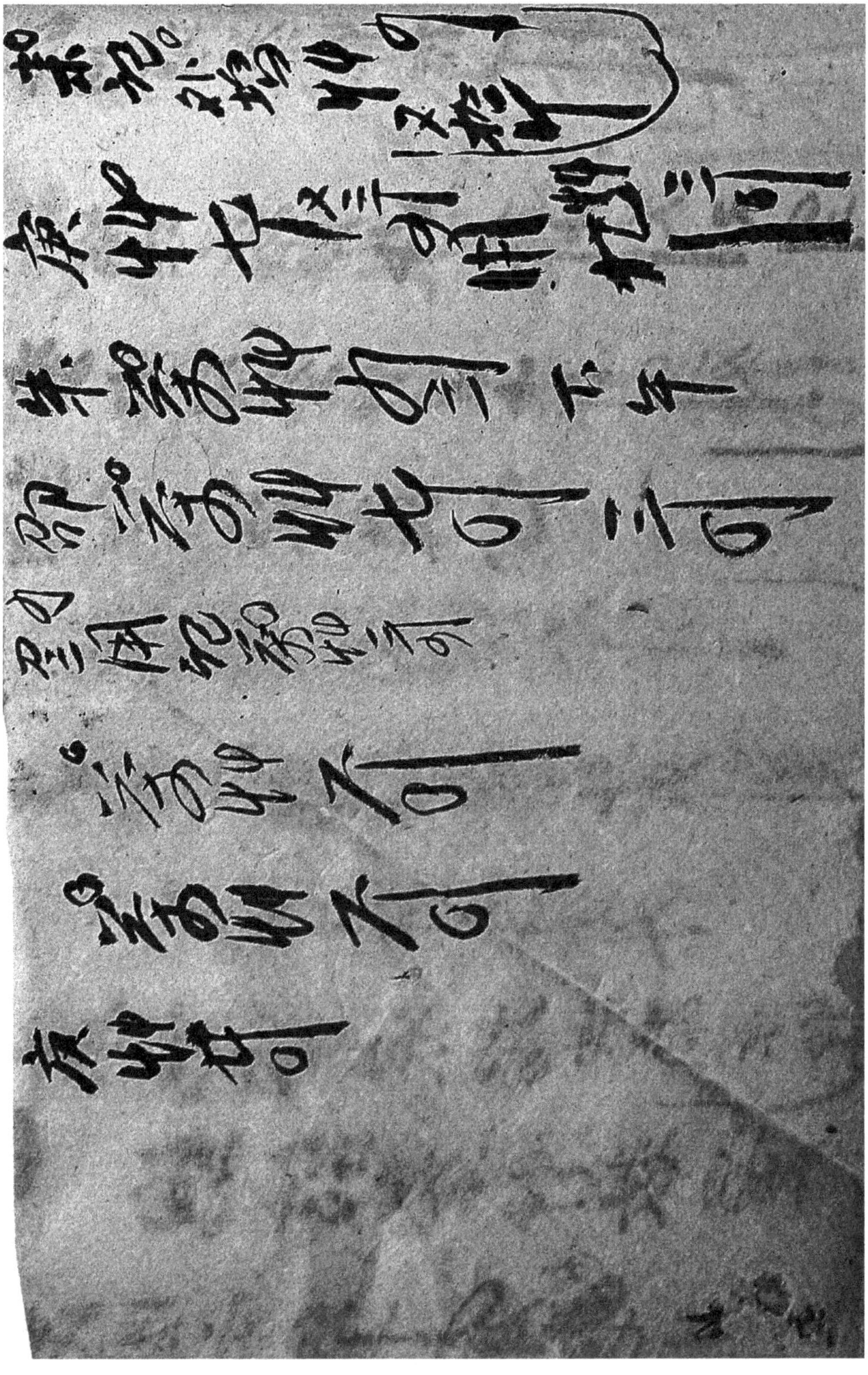

民国二十九年四月初七日 立

總結茶草數量

末記李家塢共摘茶草

弍百斤〇十〇斤

末記外塢摘茶草 卅弍〇斤

磡頭茶草 不〇

石邑人 朱莊心

李家塢茶草 ㄋ十斤〇斤

外塢坦茶草 廿九十斤又四斤

磡頭茶草拾廿十

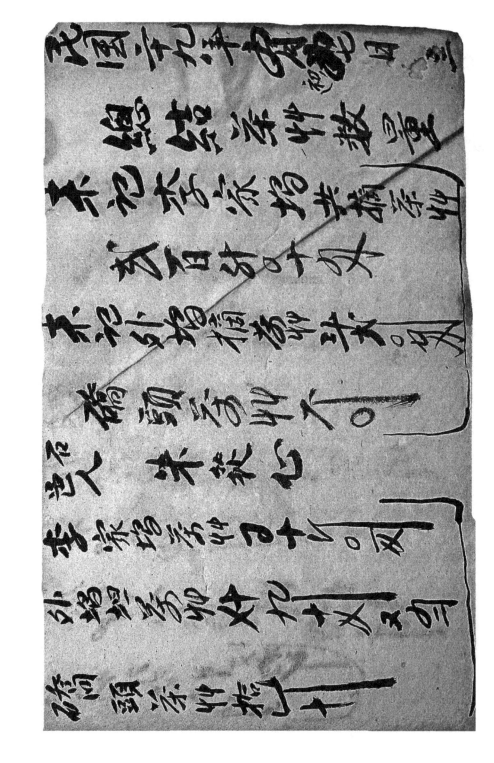

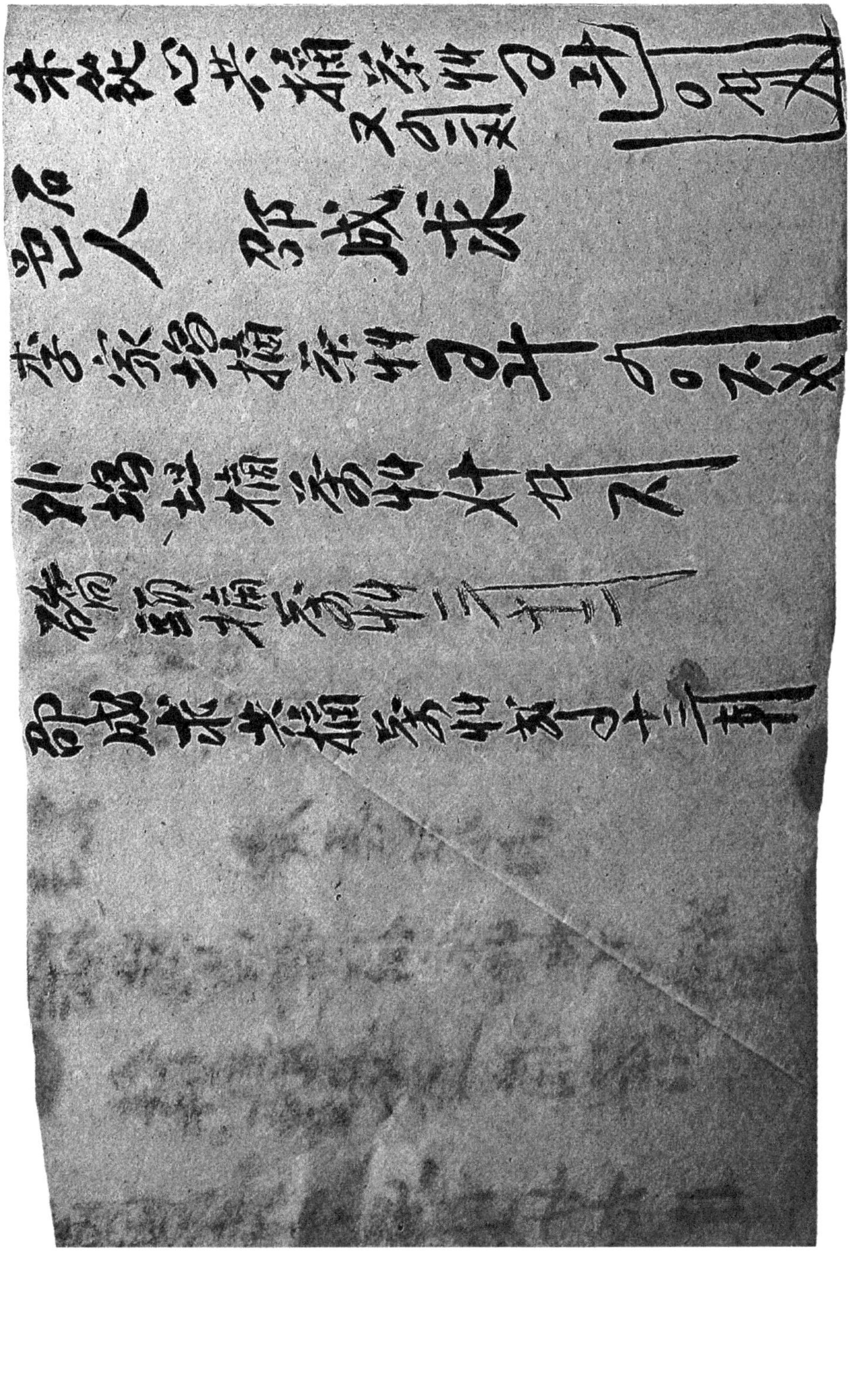
朱能心共摘茶草
石邑人 邵成求
李家塢摘茶草
外塢坦摘茶草
磡頭摘茶草
邵成求共摘茶草

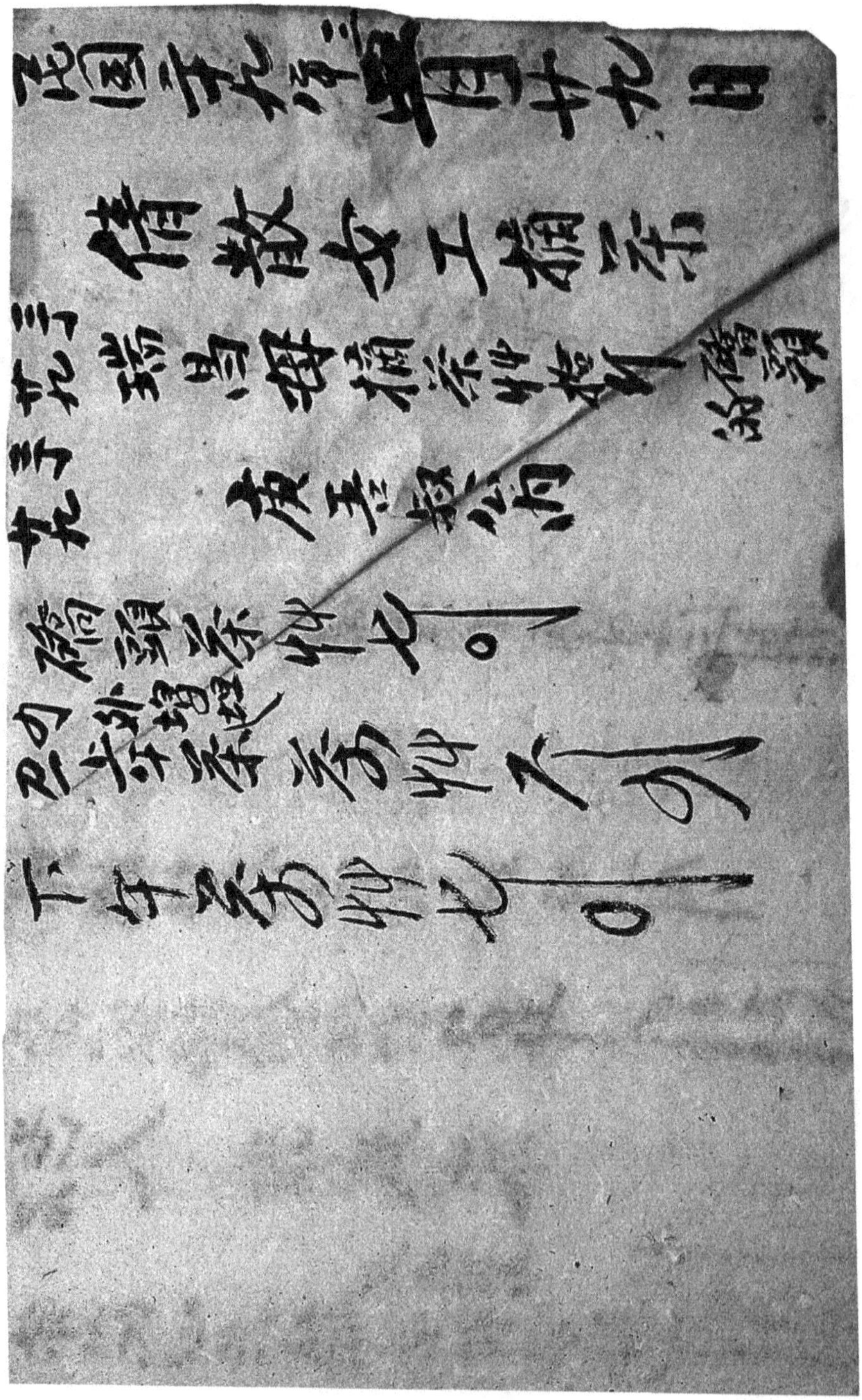

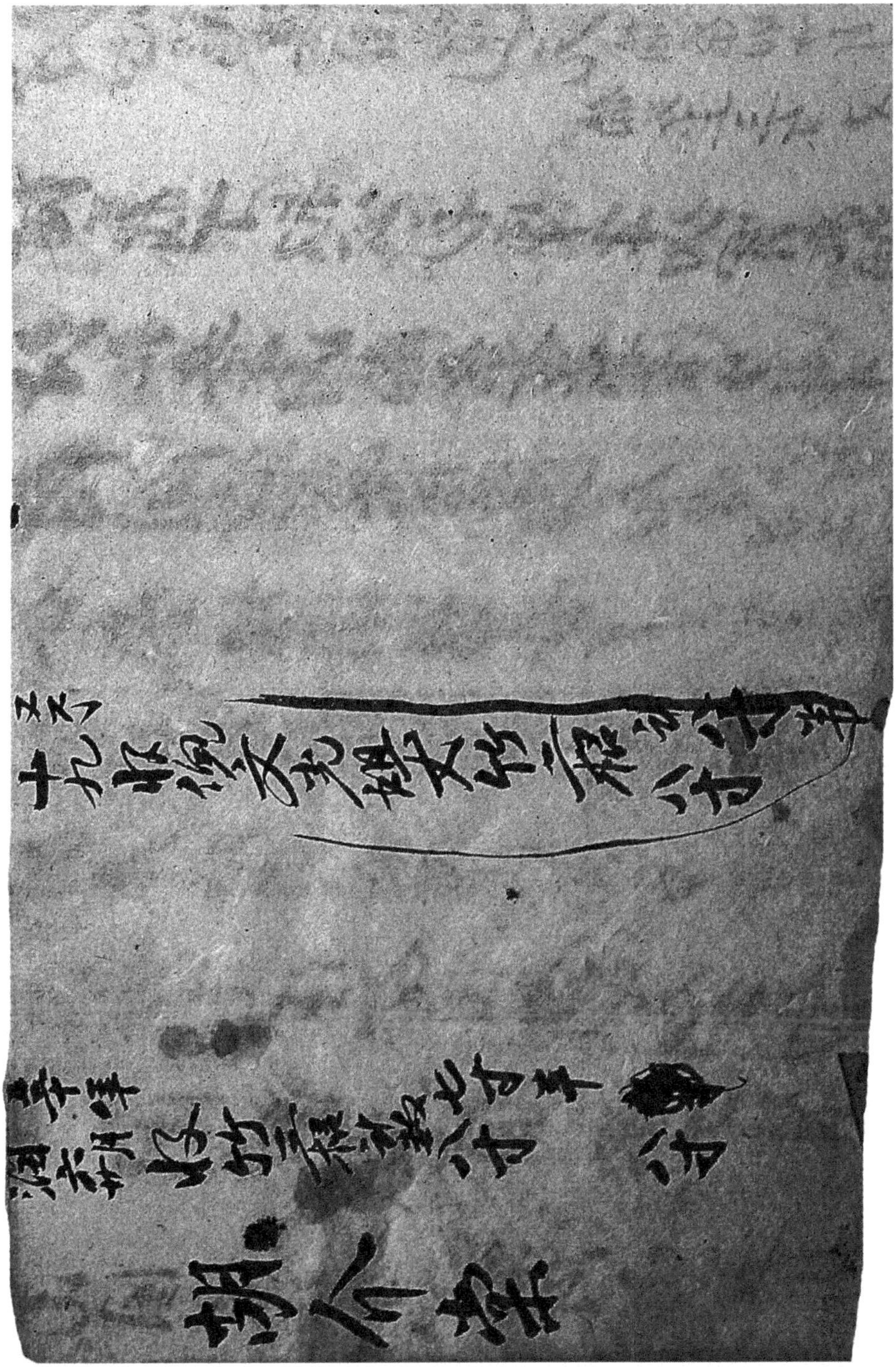

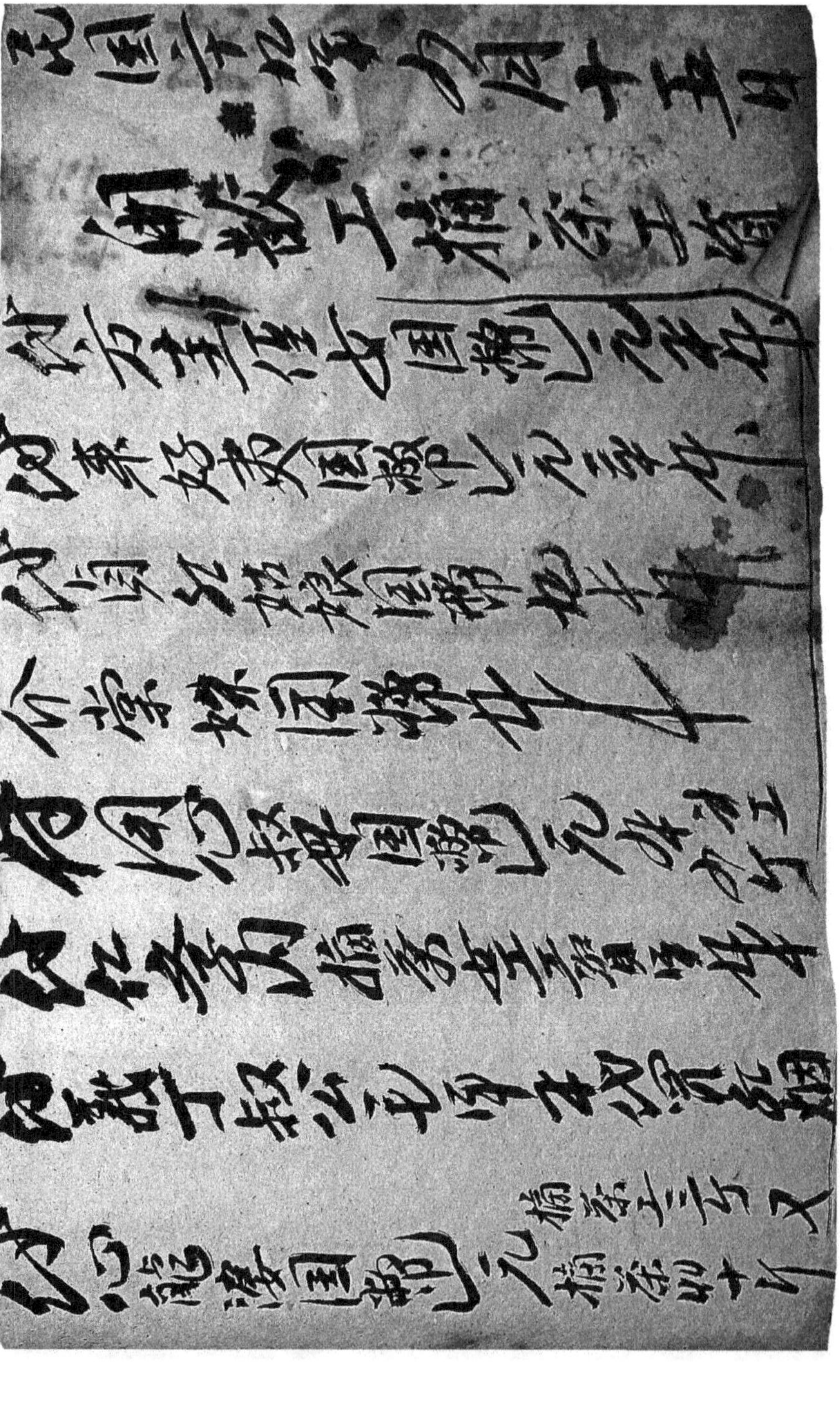

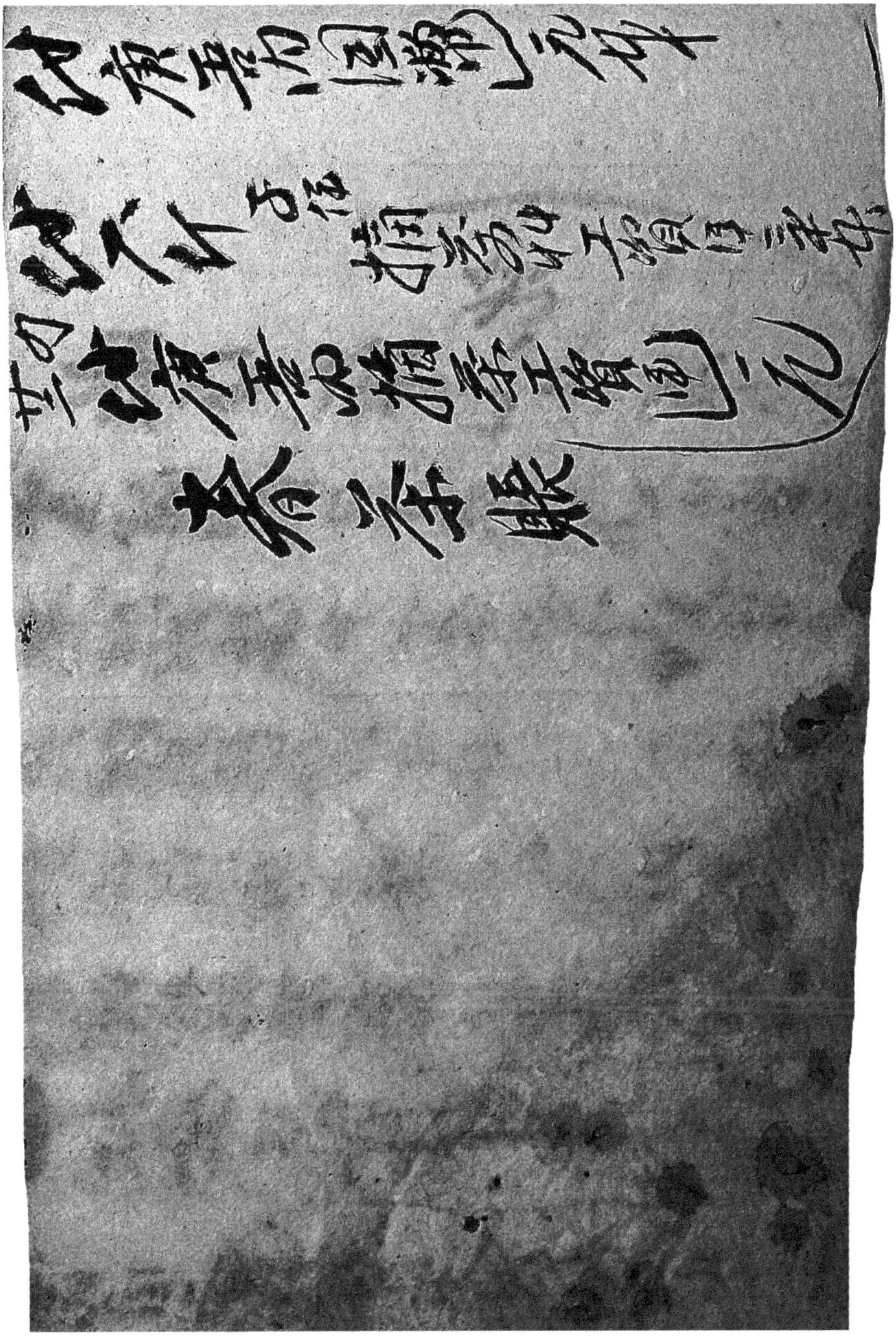
春茶賬

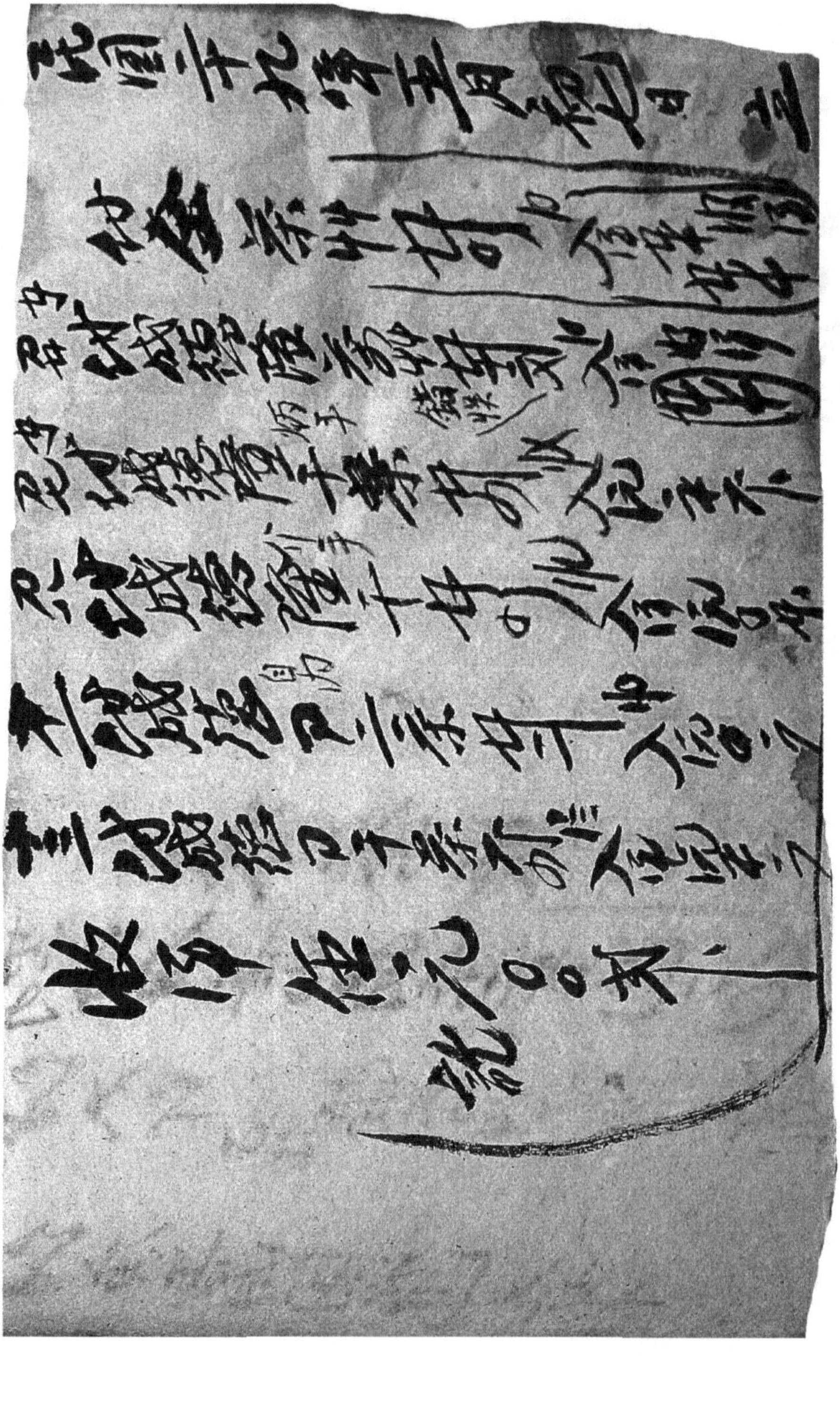

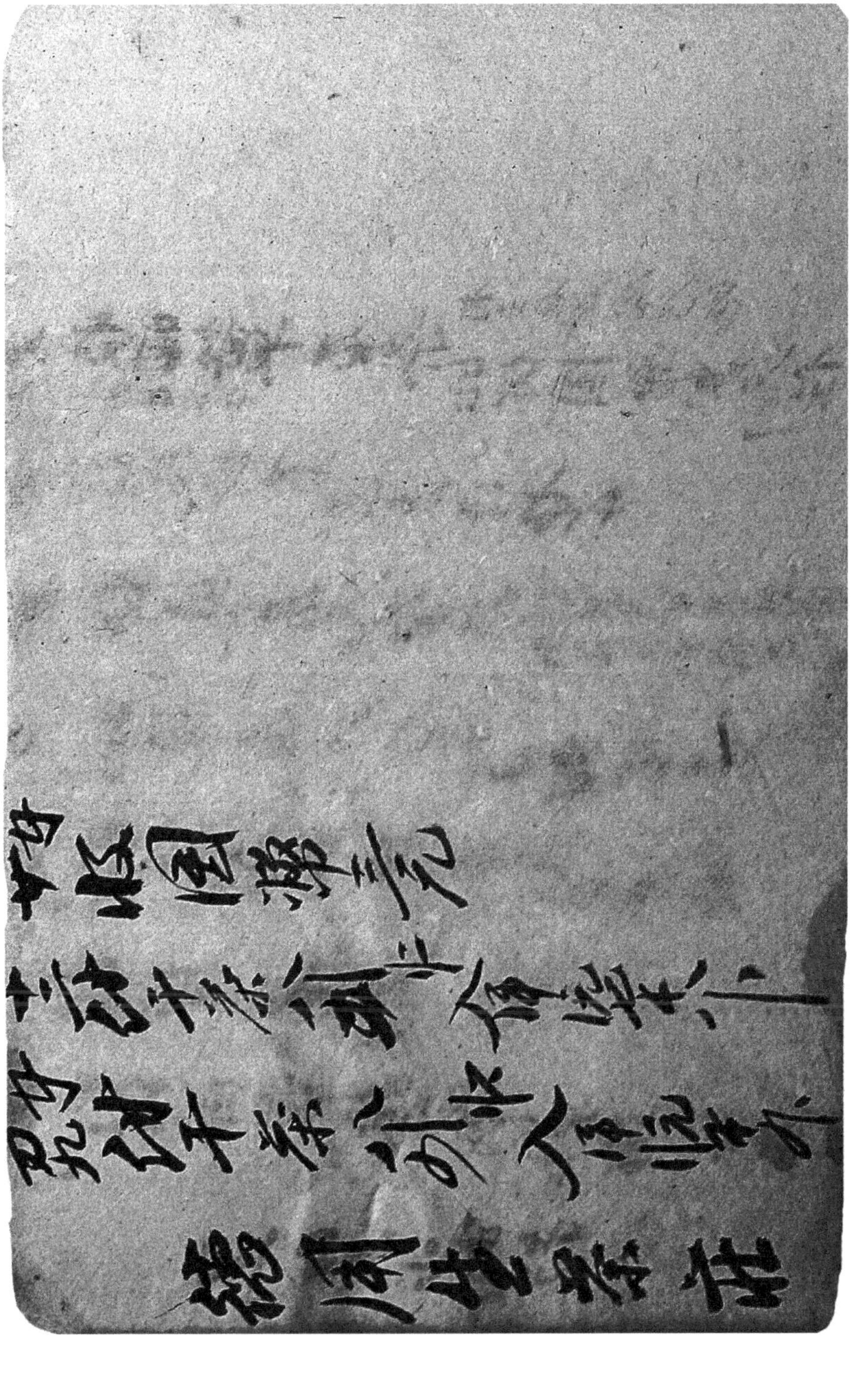

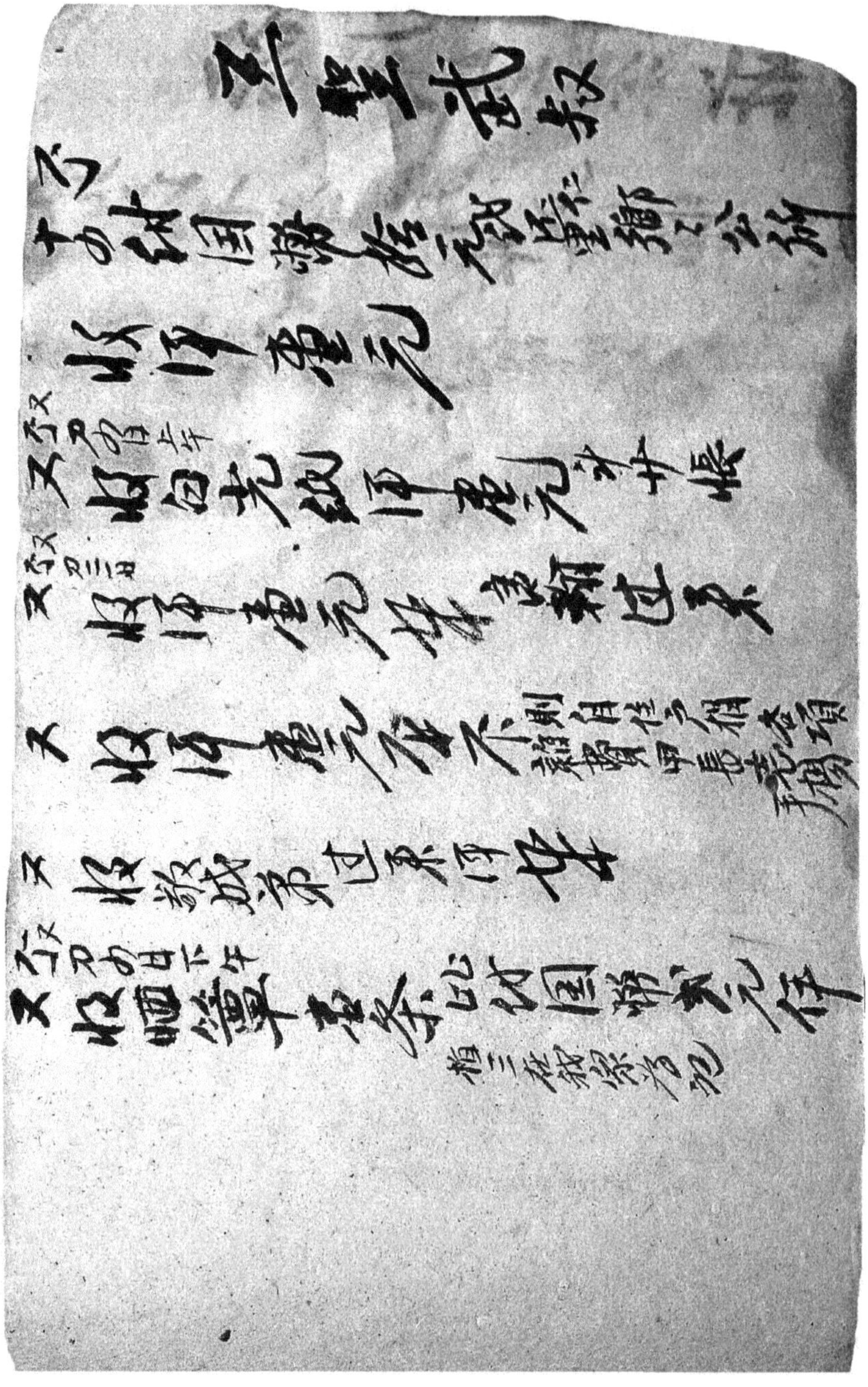

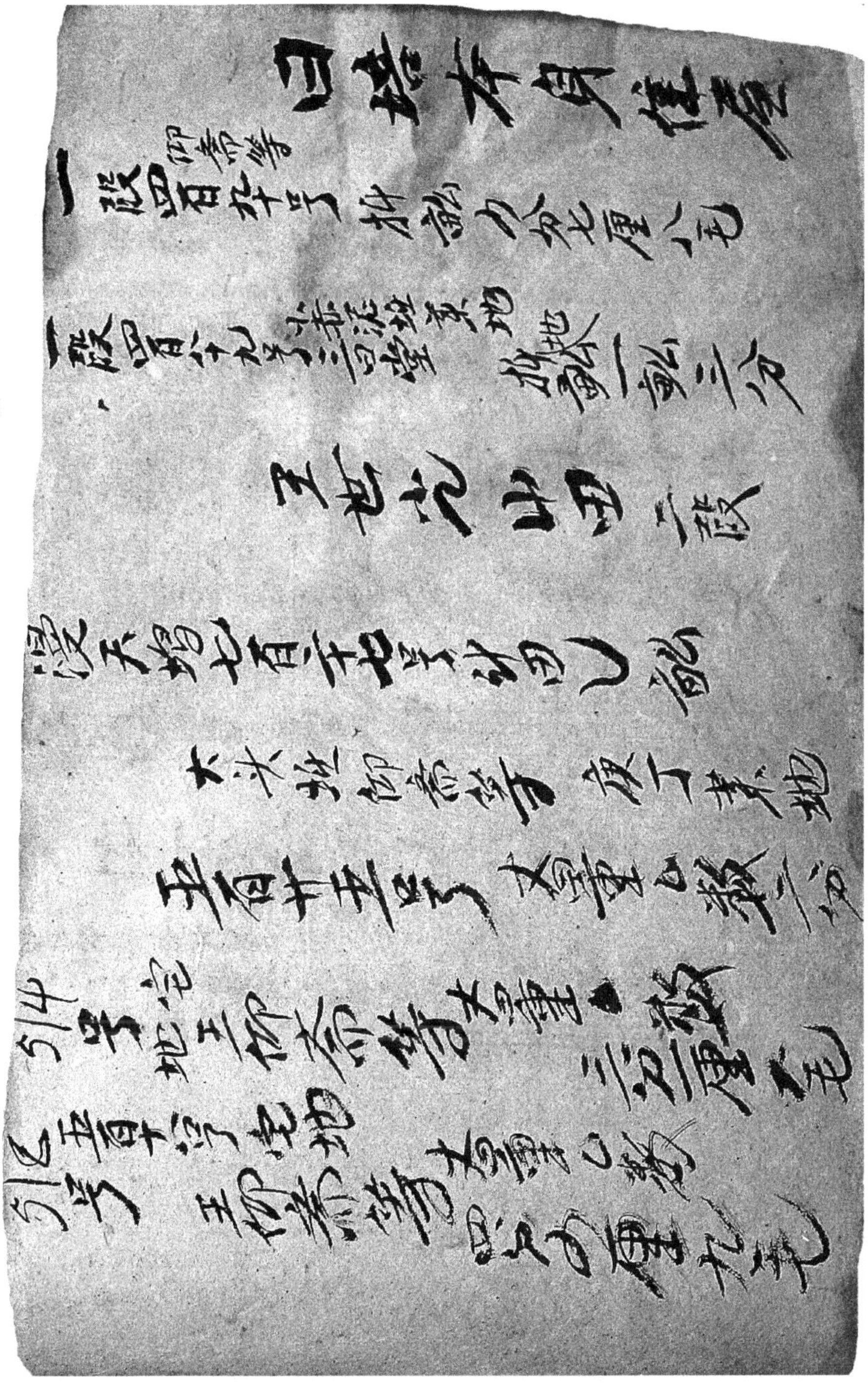

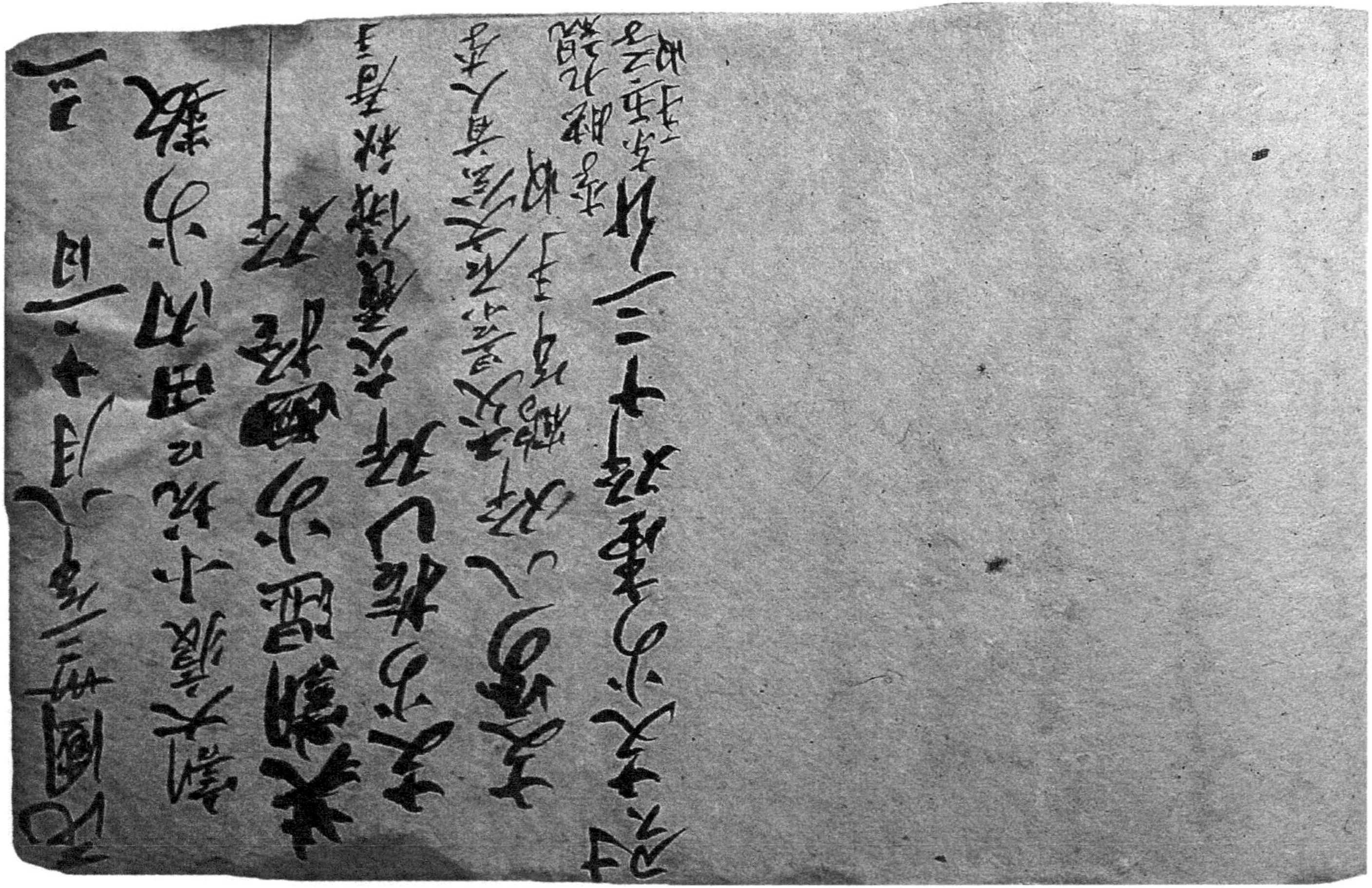

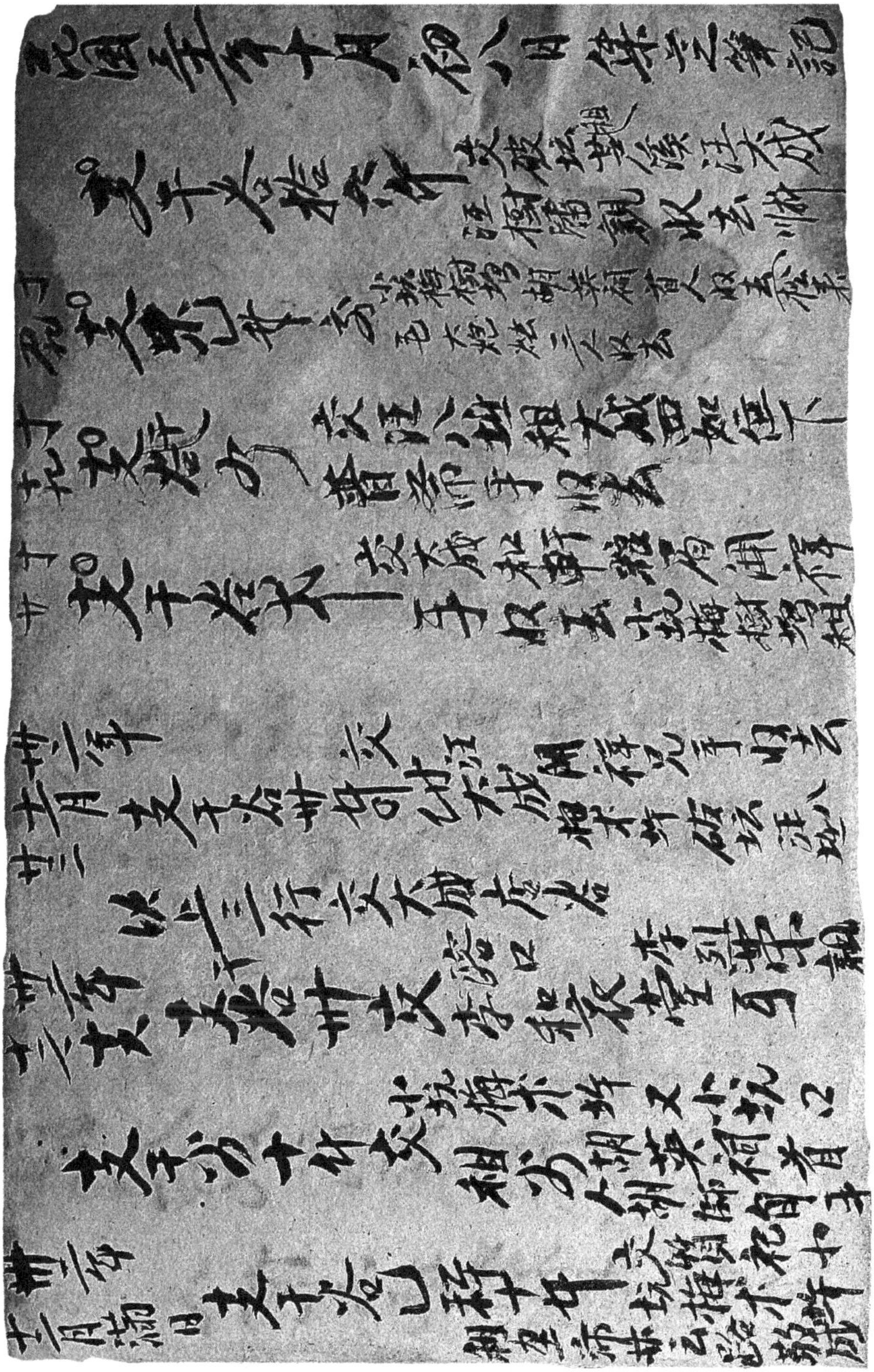

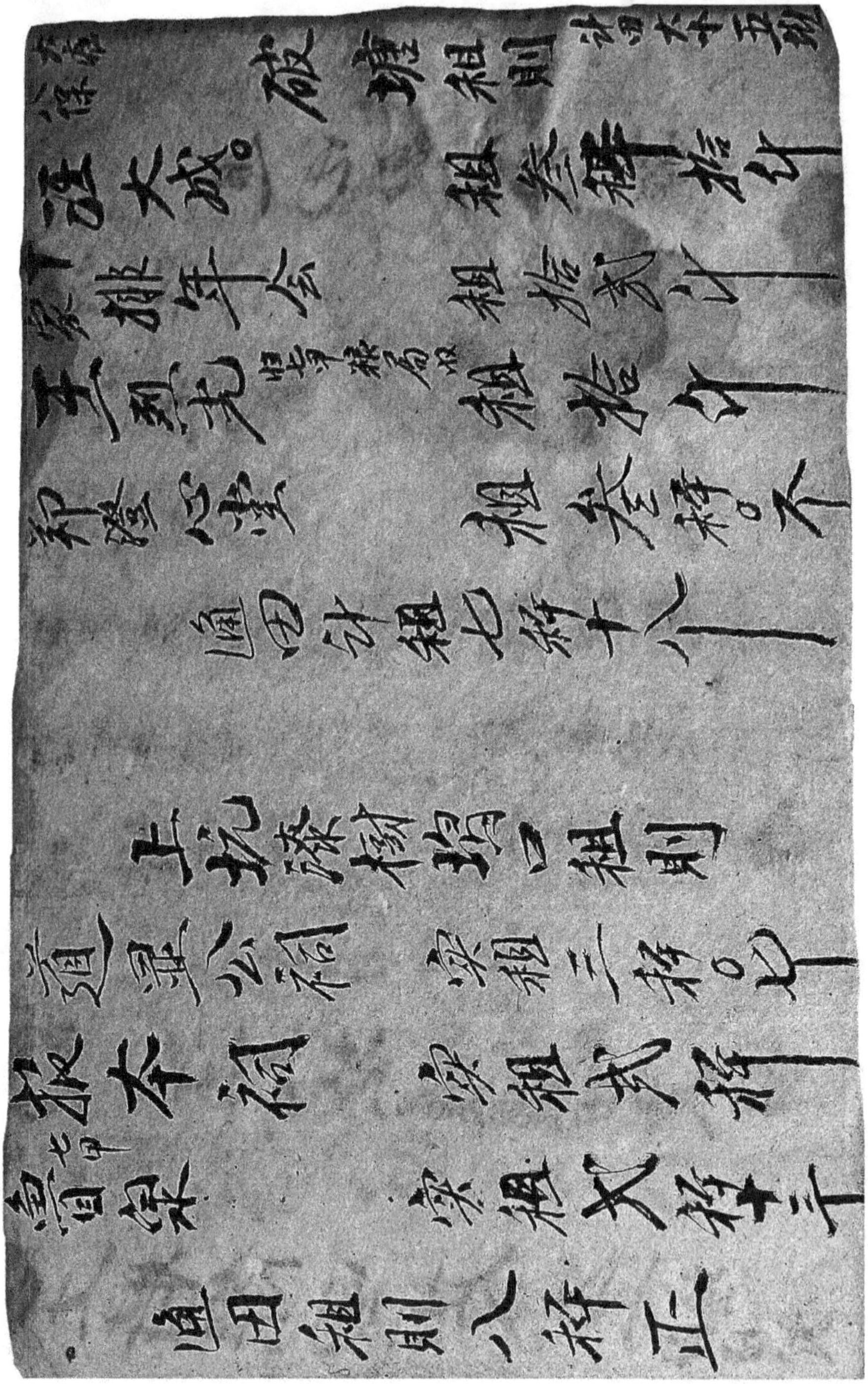

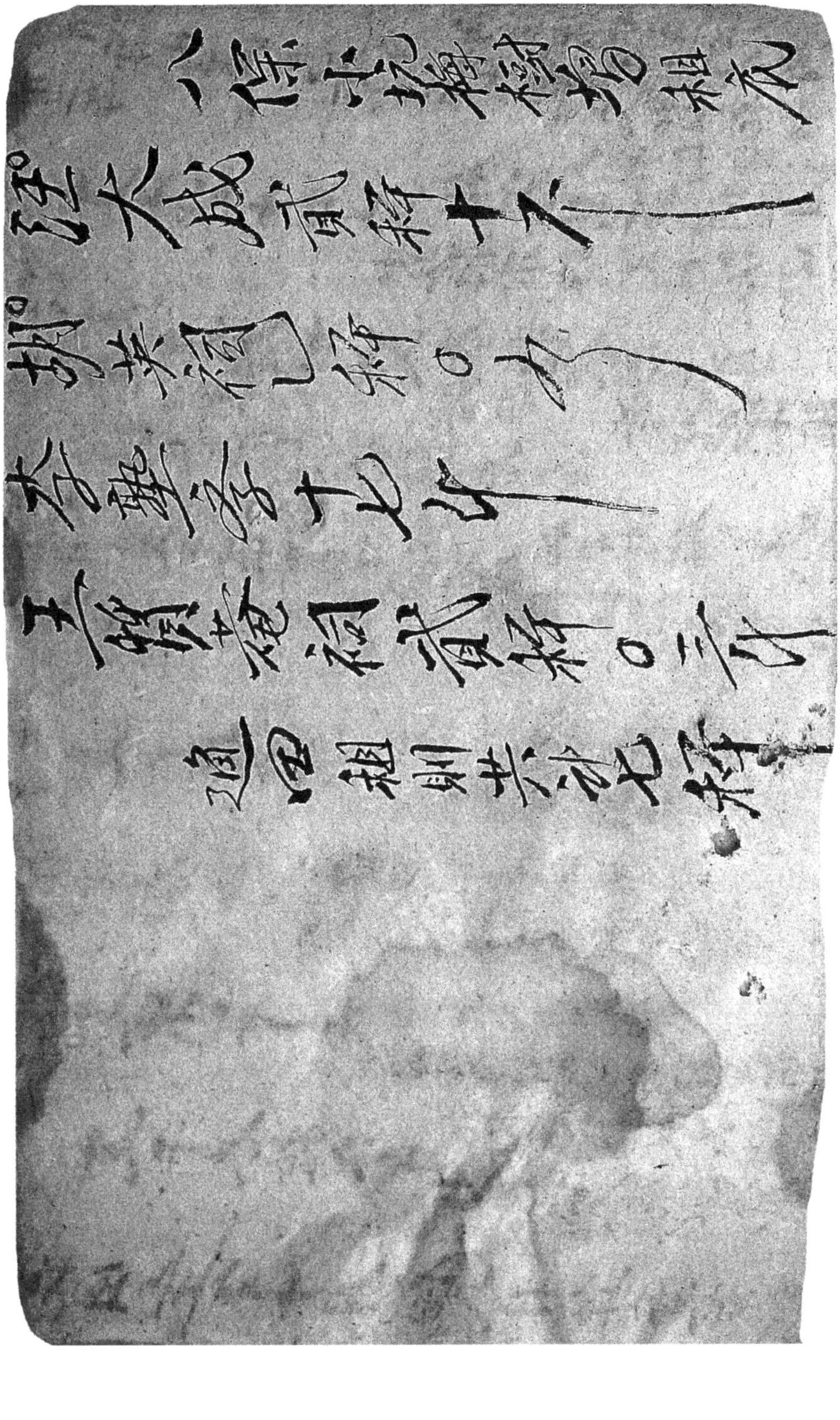

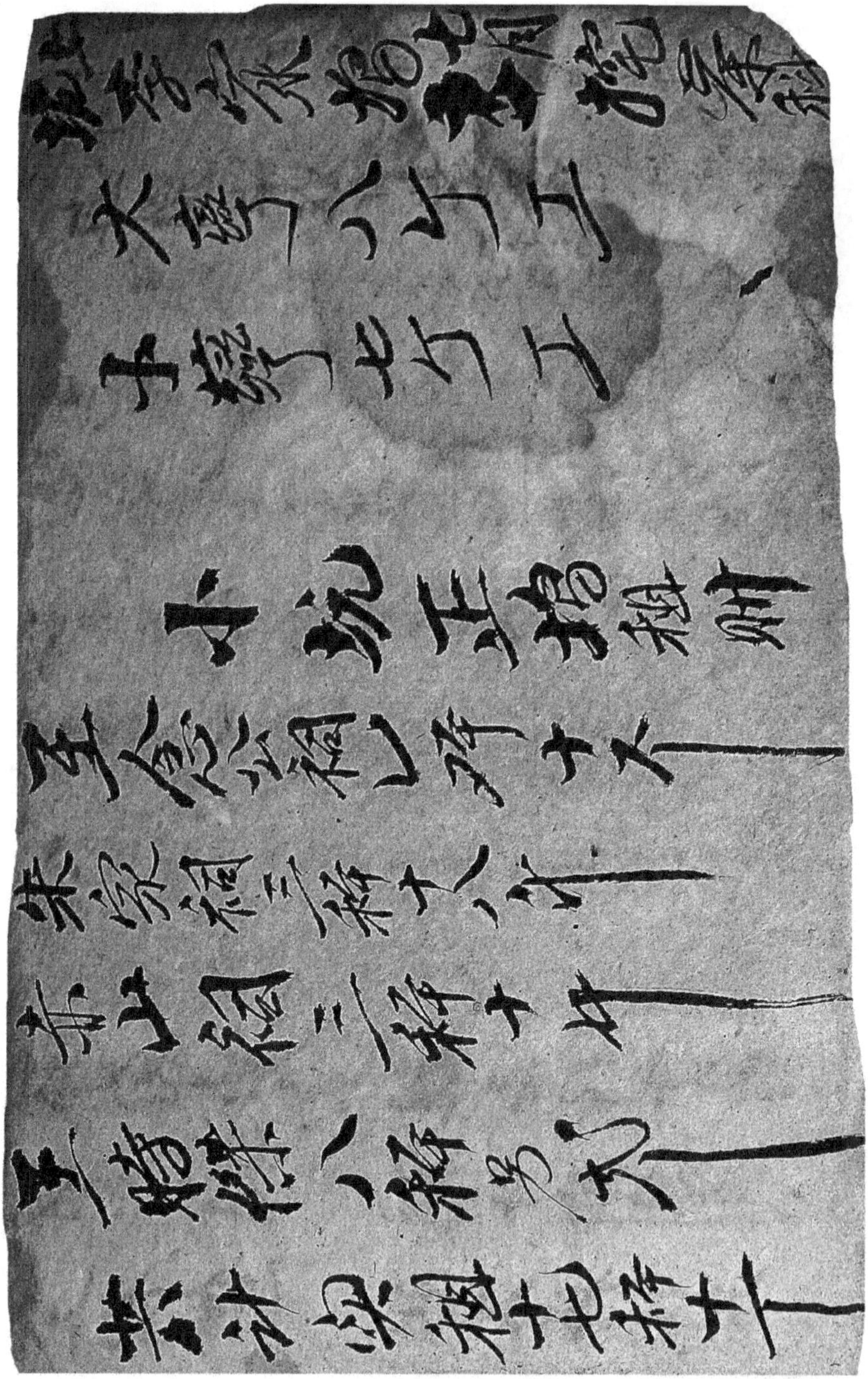

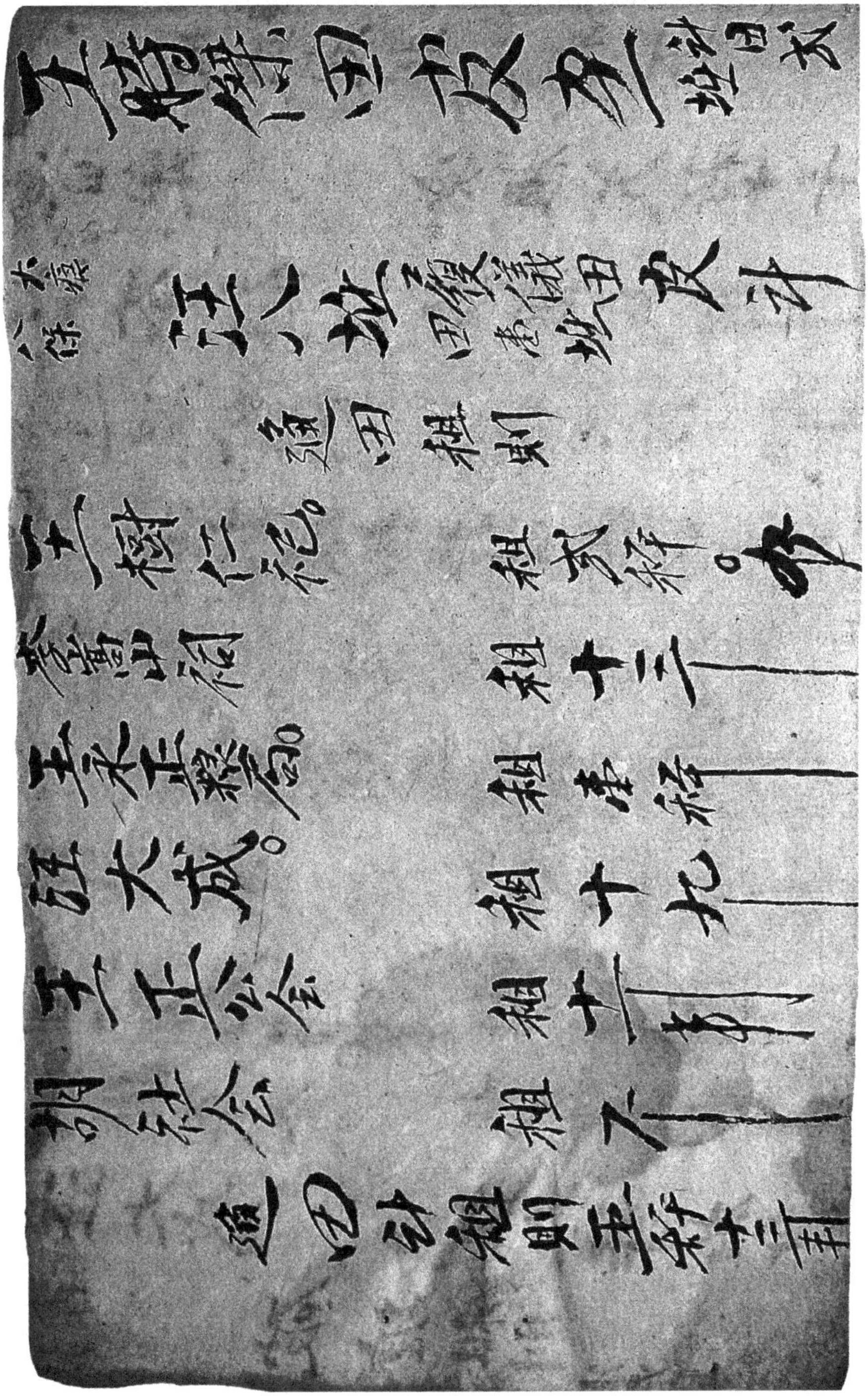

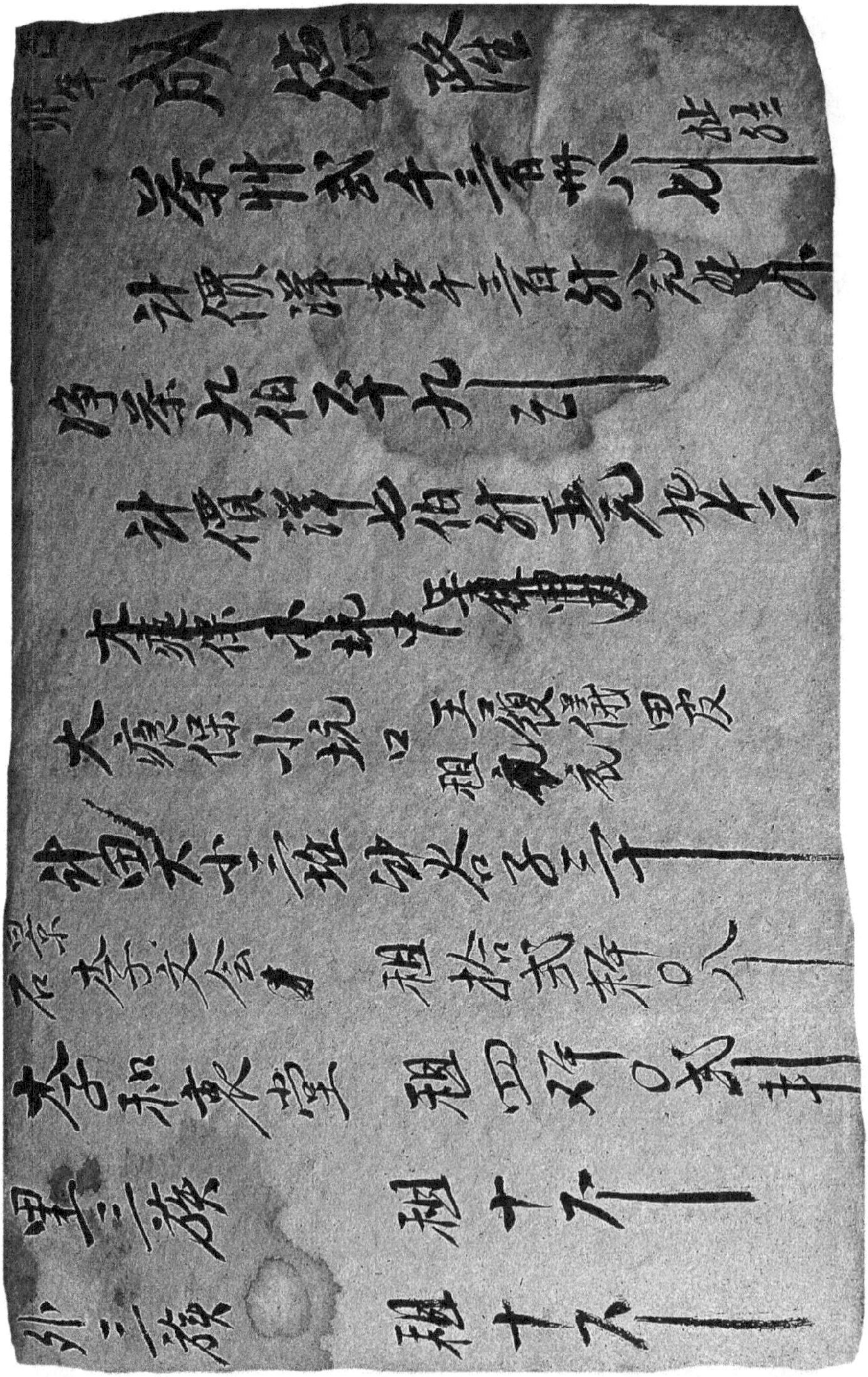

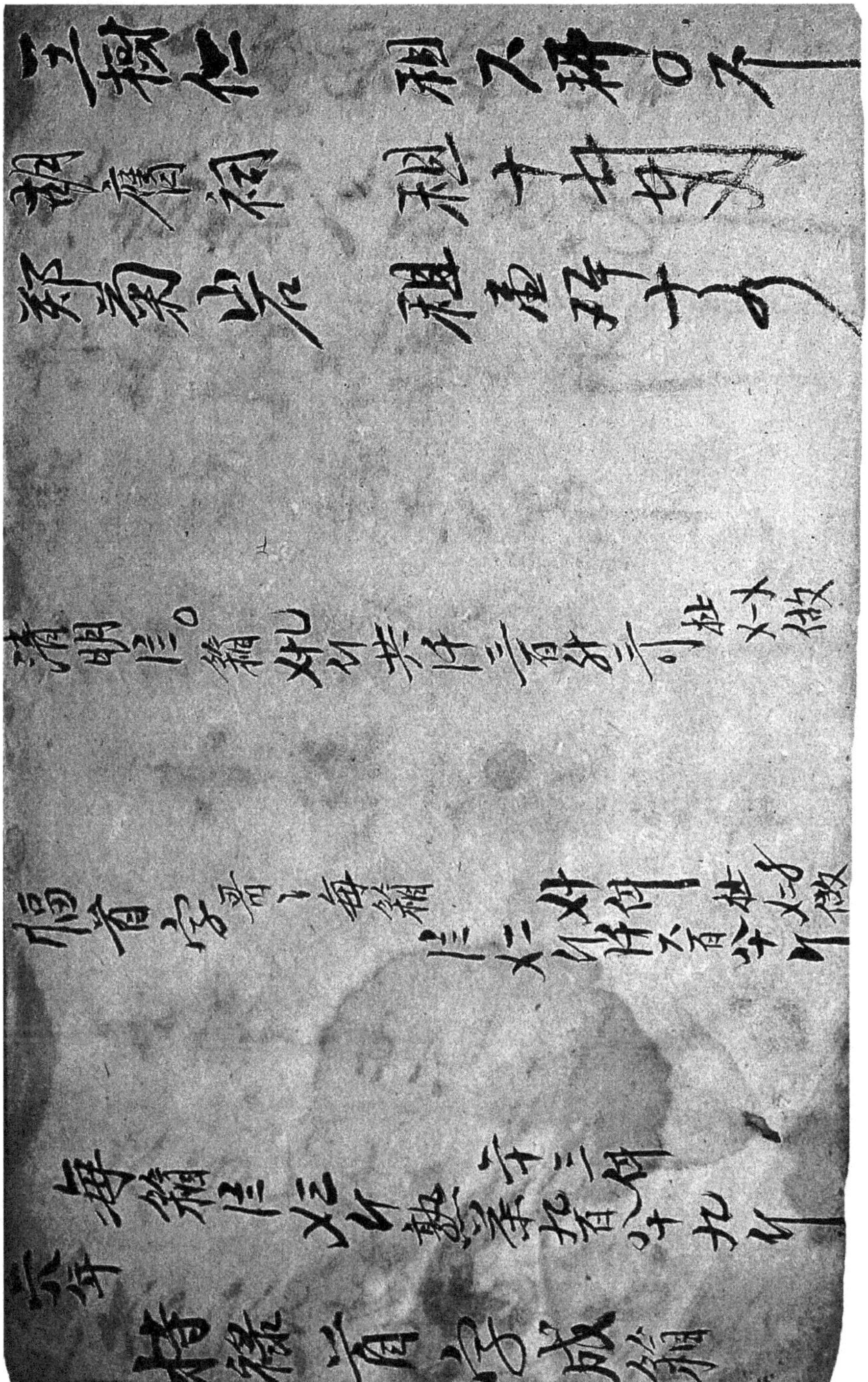

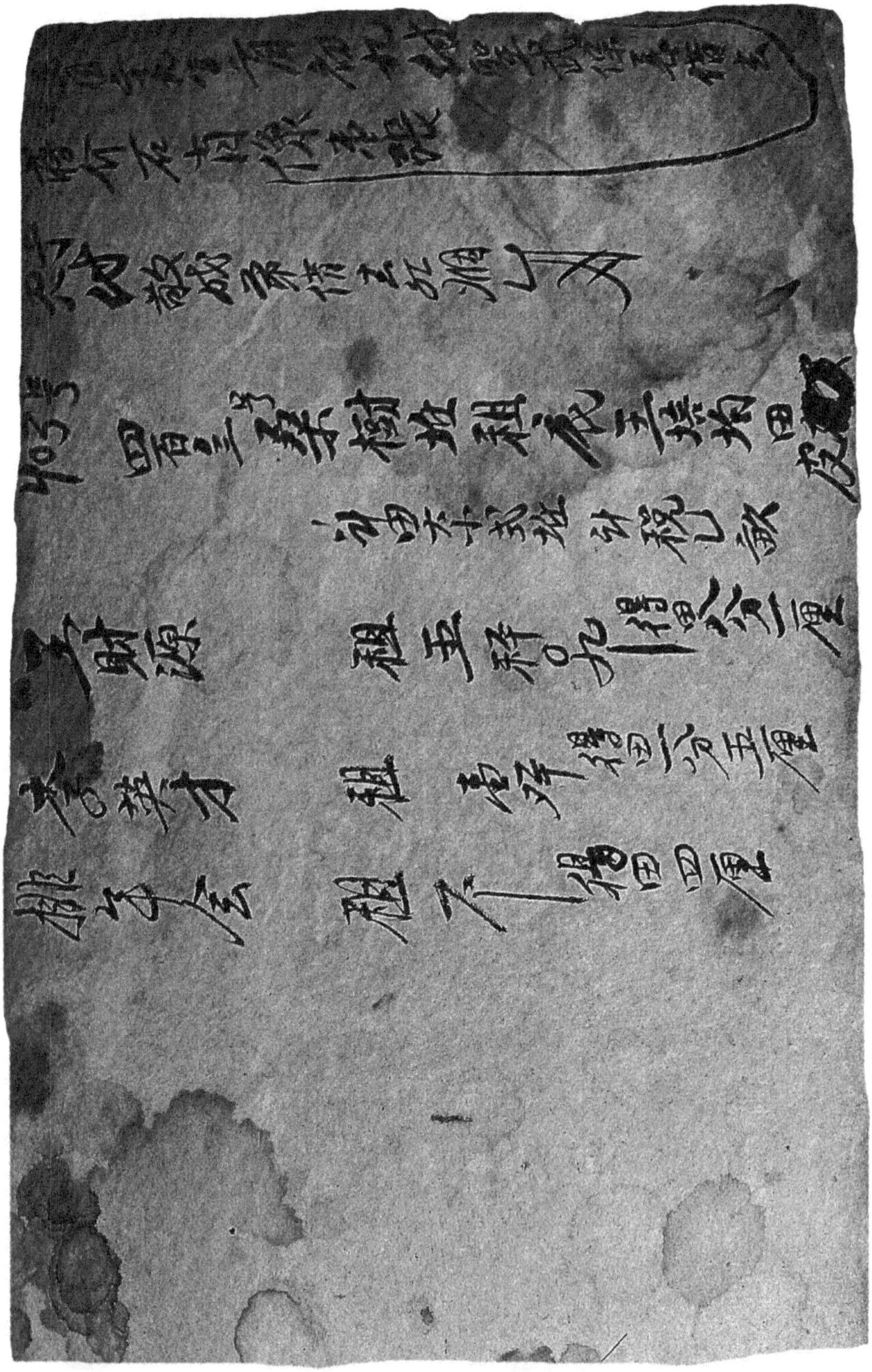

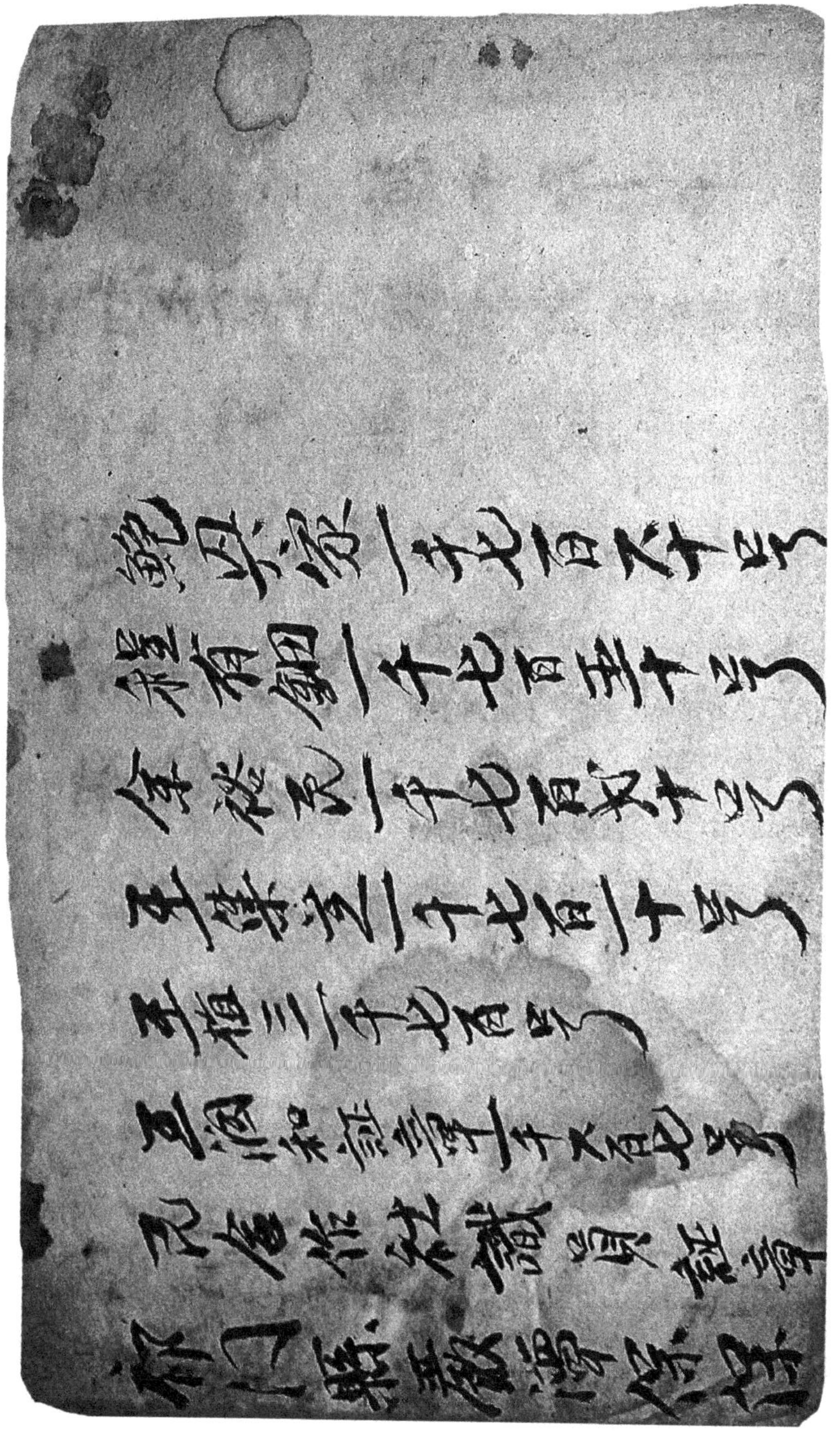

三月初三日方右

天仙藤二钱 金毛狗三钱 川羌活一钱

海楓藤二钱 鮮紅花卅八 姜寸朴一钱五

除浸 全當歸二钱 川牛膝二钱 川續斷二钱

除炒 真虎骨四钱 威靈仙一钱五

[illegible] 醋炙 炒龜板四钱 肉蓯蓉二钱

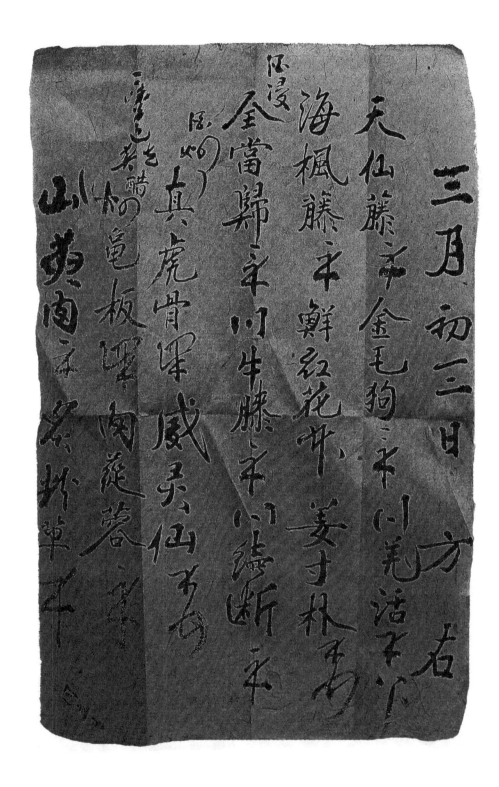

山萸肉二钱 炙粉草一钱

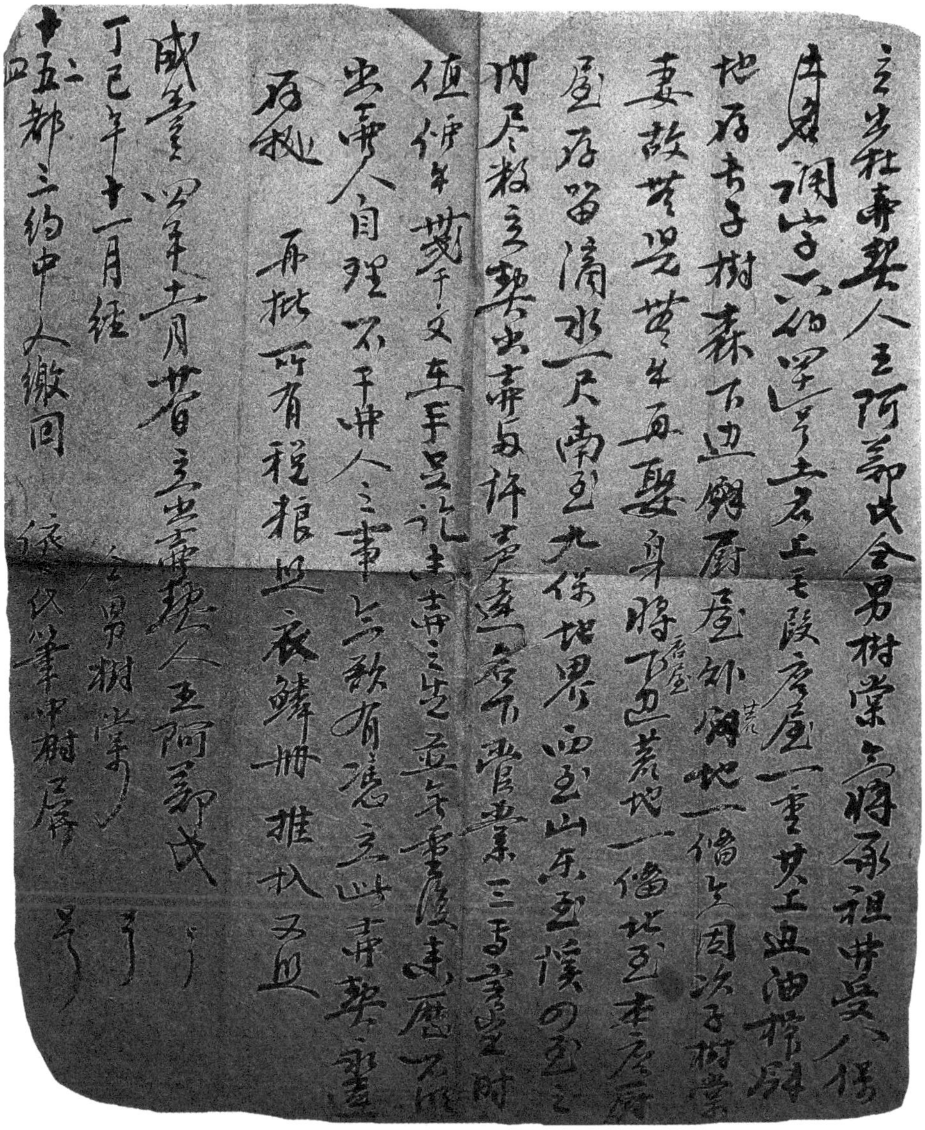

立出杜卖契人王阿郑氏仝男树棠今将承祖并受人[illegible]
舟[illegible]润字六佰[illegible]号土名上毛段店屋一重并上边油榨厨
地厅中子树森下边斛厨屋外园地（荒）一备，今因次子树棠
妻故并无足苹再娶，身将下边（店屋）荒地一备地至本店屋
屋厅留清水一尺，南至九保地界，西至山，东至墺，四至之
内尽数立契出卖与许声远名下管业，三面言定时
值价钱[illegible]千文，在手足讫，未卖之先并无重复，来历不明，
出卖人自理，不干受人之事，今欲有凭，立此卖契为照。
存照　再批所有粮[illegible]过户推扒入过
咸丰四年十一月廿日　立出卖契人王阿郑氏
丁巳年十一月经　仝男树棠
十五都三约中人缴回　依口代笔中树[illegible]

后　记

本丛书虽然为2018年度国家出版基金资助项目，但资料搜集却经过十几年的时间。笔者2011年的硕士论文为《茶业经济与社会变迁——以晚清民国时期的祁门县为中心》，其中就搜集了不少近代祁门红茶史料。该论文于2014年获得安徽省哲学社会科学规划后期资助项目，经过修改，于2017年出版《近代祁门茶业经济研究》一书。在撰写本丛书的过程中，笔者先后到广州、合肥、上海、北京等地查阅资料，同时还在祁门县进行大量田野考察，也搜集了一些民间文献。这些资料为本丛书的出版奠定了坚实的基础。

2018年获得国家出版基金资助后，笔者在以前资料积累的基础上，多次赴屯溪、祁门、合肥、上海、北京等地查阅资料，搜集了很多报刊资料和珍稀的茶商账簿、分家书等。这些资料进一步丰富了本丛书的内容。

祁门红茶资料浩如烟海，又极为分散，因此，搜集、整理颇为不易。在十多年的资料整理中，笔者付出了很多心血，也得到了很多朋友、研究生的大力帮助。祁门县的胡永久先生、支品太先生、倪群先生、马立中先生、汪胜松先生等给笔者提供了很多帮助，他们要么提供资料，要么陪同笔者一起下乡考察。安徽大学徽学研究中心的刘伯山研究员还无私地将其搜集的《民国二十八年祁门王记集芝茶草、干茶总账》提供给笔者使用。安徽大学徽学研究中心的硕士研究生汪奔、安徽师范大学历史与社会学院的硕士研究生梁碧颖、王畅等帮助笔者整理和录入不少资料。对于他们的帮助一并表示感谢。

在课题申报、图书编辑出版的过程中，安徽师范大学出版社社长张奇才教授非常重视，并给予了极大支持，出版社诸多工作人员也做了很多工作。孙新文主任总体负责本丛书的策划、出版，做了大量工作。吴顺安、郭行洲、谢晓博、桑国磊、祝凤霞、何章艳、汪碧颖、蒋璐、李慧芳、牛佳等诸位老师为本丛书的编辑、校对付出了不少心血。在书稿校对中，恩师王世华教授对文字、标点、资料编排规范等内容进行全面审订，避免了很多错误，为丛书增色不少。对于他们在本丛书出版中所做的工作表示感谢。

本丛书为祁门红茶资料的首次系统整理，有利于推动近代祁门红茶历史文化的研究。但资料的搜集整理是一项长期的工作，虽然笔者已经过十多年的努力，但仍有很多资料，如外文资料、档案资料等涉猎不多。这些资料的搜集、整理只好留在今后再进行。因笔者的学识有限，本丛书难免存在一些舛误，敬请专家学者批评指正。

康 健

2020 年 5 月 20 日